普通高等教育“十三五”规划教材

冶金概论

主　编　吕学伟
副主编　龙木军　扈玫珑

北京
冶金工业出版社
2025

内 容 提 要

本书以介绍钢铁、有色冶金工艺流程及与冶炼相关的专业知识为主，内容涵盖了铁冶金、钢冶金、铝冶金、钛冶金、镁冶金、铅锌冶金，涉及的冶炼方法有碳热还原、电解、真空冶炼、硫化物冶金、湿法冶金等冶金工业常见冶炼方法。重点介绍了各种金属冶金的基本原理、冶炼工艺及设备以及生产流程，并注重理论与实践相结合，具有一定的指导性和实用性。

本书主要供高等院校材料、冶金、热能、机械、化学等专业高年级本科生和研究生教学使用，同时也可供从事冶金、材料相关工作的工程技术人员参阅。

图书在版编目(CIP)数据

冶金概论/吕学伟主编．—北京：冶金工业出版社，2017.4（2025.8 重印）
普通高等教育“十三五”规划教材
ISBN 978-7-5024-7475-1

Ⅰ.①冶…　Ⅱ.①吕…　Ⅲ.①冶金工业—高等学校—教材　Ⅳ.①TF

中国版本图书馆 CIP 数据核字（2017）第 075034 号

冶金概论

出版发行	冶金工业出版社	**电　　话**	(010)64027926
地　　址	北京市东城区嵩祝院北巷 39 号	**邮　　编**	100009
网　　址	www.mip1953.com	**电子信箱**	service@mip1953.com

责任编辑　夏小雪　美术编辑　吕欣童　版式设计　彭子赫
责任校对　李　娜　责任印制　禹　蕊
北京虎彩文化传播有限公司印刷
2017 年 4 月第 1 版，2025 年 8 月第 4 次印刷
787mm×1092mm　1/16；13.75 印张；332 千字；211 页
定价 36.00 元

投稿电话　(010)64027932　投稿信箱　tougao@cnmip.com.cn
营销中心电话　(010)64044283
冶金工业出版社天猫旗舰店　yjgycbs.tmall.com

前　言

从人类历史的发展来看，材料的进步是社会文明的体现，更是社会发展的推动力。冶金是从矿石中提取或富集金属或金属化合物的过程，是整个材料工业的前期阶段，联接着矿物加工过程和材料成型过程。冶金过程通常分为化学冶金（或者称为过程冶金）和物理冶金。本书重点讲述化学冶金，主要涉及几种金属冶金的基本原理、工艺流程、设备操作、发展趋势等内容。

本书共分7章，分别为绪论、铁冶金、钢冶金、铝冶金、钛冶金、镁冶金、铅锌冶金。从金属分类角度看，钢铁属于黑色金属，铝、钛、镁、铅和锌属于有色金属；镁、铝和钛属于轻金属，铅属于重金属。从冶炼工艺角度看，钢铁冶金属于碳热还原工艺，铝冶金属于电冶金工艺，钛冶金属于镁热还原工艺，镁冶金属于真空硅热还原工艺，都是典型的火法冶金工艺；铅锌冶金主要为湿法冶金工艺。从原料种类看，钢铁、铝、钛都为氧化物，而铅锌为硫化物。本书的设置保证了相对多样性，也在一定程度上考虑了重庆大学冶金及材料学科发展的特色，如长期从事钒钛磁铁矿冶金及资源综合利用的研究积累、镁合金材料国家工程中心的研究需求等。此外，本书还涉及金属的国内外资源存储与分布情况、简要的国内冶金发展历史，通过大量的工艺流程图、设备示意图，以及不同工艺对比等内容，增强直观性和实用性。

本书不仅适用于冶金类专业，也适用于非冶金类工科本科生或研究生，如材料科学与工程专业、机械工程专业、化学工程专业等。

本书由重庆大学吕学伟主编，各章节的分工为：铁冶金（任山）、钢冶金（龙木军）、铝冶金（吕学伟、张文娟、辛云涛）、钛冶金（扈玫珑）、镁冶金（胡丽文、徐健）、铅锌冶金（杨剑）。在本书编写过程中，重庆大学的白晨光教授、陈登福教授及冶金系其他教师提出了许多宝贵的建议，在此表示由衷的感谢。

由于作者水平所限，书中难免有不妥之处，敬请广大读者批评与指正。

作　者

2017年2月

目　　录

1 绪　论

1.1 材料进步是人类文明发展的基础

人类社会发展的历史证明，材料是人类生存和发展、征服自然和改造自然的物质基础。纵观人类利用材料的历史，可以清楚地看到，每一种重要的新材料的发现和应用，都使人类支配自然的能力提高到一个新的水平。材料科学技术的每一次重大突破，都会引起生产技术的革命，大大加速社会发展的进程，并给社会生产和人们生活带来巨大的变化。在遥远的古代，人类以石器为主要生产工具，他们在寻找石器的过程中认识了矿石，并在烧陶生产中发展了冶铜术，开创了冶金技术。公元前 5000 年，人类进入青铜器时代。公元前 1200 年左右，人类进入了铁器时代。后来制铁工业迅速发展，成为 18 世纪产业革命的重要物质基础。材料对社会、经济及科学技术活动的影响面大、带动作用强，既是支撑国民经济发展的基础产业，也是当代科技创新的前沿，更是人类社会进步的里程碑，是社会文明程度的重要标志。人类文明与材料出现的关系如图 1-1 所示。

图 1-1　人类文明与材料出现的关系

20 世纪后期，基础科学、工程技术不断进步，材料科学技术取得了一系列创新的突破，新材料大批涌现，应用领域和规模不断扩大，已经成为当代极富活力的高新技术产业。科学技术突飞猛进、日新月异，作为“发明之母”和“产业粮食”的新材料研制更是异常活跃，出现了一个“材料革命”的新时代。当今国际社会公认，材料、能源和信息技术是现代文明的三大支柱。所谓材料，是指人类能够用来制作有用物件的物质。所谓新材料，主要是指最近发展或正在发展中的具有比传统材料更为优异性能的一类材料。目前世界上传统材料已有几十万种，而新材料的品种正以每年大约5%的速度增长。

1.2 金属材料发展和应用的历史

金属材料是一种历史悠久、发展成熟的工程材料。我国早在商朝即有青铜器出现，春秋战国时代开始使用铁器，铝合金的运用也已有一百多年的历史，就连钛合金都已发展六十多年了。随着人类文明的演进，金属材料一直扮演着重要的角色，凡与我们生活息息相关的衣、食、住、行，无不处处见其踪迹，如陆海空各类运输工具、桥梁、建筑、机械、国防工业等不胜枚举。时至今日，面对21世纪人类科技虽然已推进到太空时代，电子信息时代，各种新兴的材料如高分子材料、半导体材料、光电材料的白热化竞争，金属材料却没有因此而失去其魅力，反之在电脑、程控、材料等科技的支援下，金属材料不断开发出新的应用领域，仍是充满着无限发展的生命力。如钢铁材料的年用量从第二次世界大战之后的不足2亿吨，快速成长到目前的近20亿吨，是仅次于混凝土，用量排名第二的工程材料。而铝、镁、钛因其轻金属的特性，成为电子及通讯产业中新兴的结构材料，用于机壳、内构件以及支架。

虽然轻金属应用于制造业由来已久，但是在新兴产业中一直未受到太大的关注，直到20世纪80年代中期开始，欧美汽车工业希望朝轻量化发展时，才开始重视轻金属的应用。轻金属合金因为符合能源节约、降低空气污染、可回收再生及生产过程清洁环保等要求，所以逐渐受到重视且已应用在实际产品上，如今商品更新换代速度极快，某些产品的使用周期缩短而大量增加废弃产品。轻金属大多具有易回收再利用的优点，此外精炼技术的不断改善，也大幅增加了回收效率，更充分达到资源再利用的目的。

铝合金发展至今已超过100年，因此应用范围极广，成为重要的基本材料之一，其规模仅次于钢铁工业，远大于镁合金、钛合金及工程塑胶等结构材料产业。如今，除了航空工业之外，日常生活用品也有许多应用铝合金的产品，如铝合金门窗、自行车架甚至铝箔包都是。笔记本电脑厂商也推出具有铝合金外壳的产品。而运输工具轻量化更是各国不懈追求的目标。在日本使用于地铁、新干线等全铝合金打造的车厢已超过4500辆，最近正在积极研发适用于超高速、磁悬浮列车的铝合金车厢。德国奥迪汽车公司的A2型汽车，其车体即为铝质结构。

镁合金产品在全球性轻量化、省能源的趋势下，已成为21世纪结构材料的主要原料之一，并有逐渐超越工程塑胶制品的趋势，近年来在环保回收潮流的趋势下，镁合金以其较易于回收再利用的特性，逐渐成为结构材料的极佳选择。

钛金属及钛合金因其高强度、高耐蚀性及极佳的表面质感，故也成为高端通讯产品的机壳材料。不过全球钛金属市场仍以传统航空工业为主，近年来，钛合金在其他行业的应用发展迅速，如民生、建筑、体育、休闲等产业。以钛合金轻量化、高强度以及抗腐蚀性的特性，将可成为极佳的结构材料，如美国量产的汽车NSX-Acura钛制的连接杆、日本的TOYOTA轿车也采用了粉末冶金法制造的钛质阀门。

由于IT产品的使用正在从桌面型发展到携带型，甚至是口袋型，因此采用的相关元件也快速地朝轻薄短小发展，其所采用的框件、壳件、散热元件、精密功能元件等，除了轻量化外还需兼具高强度、耐磨、散热与抗电磁波干扰，所以正竞相采用铝、镁、钛等质轻的合金材料。另外在半导体、主机板、显示器及各项周边元件产业上，金属材料也扮演着极重要的角色，如溅镀靶材、封装用的金线、锡球、金属网罩等。

近十年来，“纳米热”遍及全球，纳米技术、信息技术和生物技术一样，都对21世纪的经济、国防和社会产生重大影响，并可能引导下一场工业革命。金属材料在此热潮中也未缺席。将通常的金属催化剂如铁（Fe）、钴（Co）、镍（Ni）、钯（Pd）、铂（Pt）制备成纳米颗粒，可大幅改善催化效果。例如30nm粒级的镍粉可将有机化学中的加氢和脱氢反应速率提高15倍。纳米级颗粒除了能够提高催化作用以外，它们还是有效的助燃剂。例如，在火箭发动机的固体燃料中添加约1%的铝或镍的纳米级微粒，可以大幅提高发动机的燃烧效率，每克燃料的燃烧热可以增加1倍。纳米晶体铜在室温轧制过程中出现超塑性延展性，伸长率超过5000%，且不出现普通铜冷轧过程中的加工硬化现象。纳米晶体铜或银的硬度和屈服强度分别比常规材料高50倍及12倍。

总之，随着时代的进步，金属材料也不断地发展其新的应用领域。本书仅针对具有代表性的几种金属材料的冶金过程进行提纲挈领性的介绍，以期望读者，尤其是与金属材料相关的非冶金类专业的学生、专业技术人员，能够较系统地了解金属的冶金过程。

1.3 金属材料的分类、性能和用途

化学元素周期表中的金属元素共有92种。其中，24种是主族元素，其他为副族元素。此外，还有7种类金属。按照不同的标准，金属材料可以分为很多类。通常最常见的可以分为黑色金属和有色金属。黑色金属是指以铁、锰、铬或以它们为主而形成的具有金属特性的物质。有色金属泛指除黑色金属以外的金属材料。因此，有色金属涉及的范围很广：按照材料的密度分，可以分为轻金属（密度小于4.5g/cm^3）和重金属（密度大于4.5g/cm^3）。按照在地壳中的丰度，可分为常见金属和稀有金属；按照金属的相对价格划分，可以分为普通金属和贵金属；此外，还有难熔金属、稀散金属等说法。

金属材料，尤其是钢铁，之所有能够对人类文明的发展发挥着重要的作用，一方面是由于它具有比其他材料更优越的综合性能，包括物理性能、化学性能、力学性能、工艺性能等，可以在很宽的范围内满足工业及民用的各种不同需求；另一方面在于相对于其他材料，常见金属材料的生产制备成本较低，回收和循环利用的优势明显。

现代工农业生产和人民的日常生活对金属材料性能提出了各种要求，归纳起来，这些性能主要有两大类：一类是工艺性能，另一类是使用性能。

（1）工艺性能。金属材料从冶炼到制造成具有特定功能的部件之前，需要经过铸造、压力加工、机械加工、热处理以及焊接等工艺过程。因此，满足某种功能的部件是否能够成功生产出来受到其所用材料工艺性能的制约。这些工艺性能包括铸造性、锻造性、深冲性、弯曲性、切削性、焊接性、淬透性等。

（2）使用性能。金属材料的部件在使用过程中要求它能够适应或抵抗作用到它上面的各种外界作用。这些外界作用或单一或复杂，既有质的区别，又有量的不同。这些外界作用决定着加工这些部件所需要的材料的性质。例如，作为结构材料，一般都首先要求分别或同时承受各种动力学或静力学的作用，但随着使用条件不同，又会附加对抵抗其他作用

的要求，如大气下要求抗大气腐蚀；航海中要求抗海水腐蚀；化工上要求抗各种化学介质的腐蚀；电机上要求抵抗顺应电磁场的作用；原子能工业则要求抗辐射作用；空间技术则要求耐超高温或低温的性能等。金属材料满足这些要求的能力，合起来统称为使用性能，分别称为力学性能、抗腐蚀性能、电磁性能、耐热性能等。

金属新材料按功能和应用领域可划分为高性能金属结构材料和金属功能材料。高性能金属结构材料指与传统结构材料相比具备更高的耐高温性、抗腐蚀性、高延展性等特性的新型金属材料，主要包括钛、镁、锆及其合金、钽铌、硬质材料等，以及高端特殊钢、铝新型材等。金属功能材料指具有辅助实现光、电、磁或其他特殊功能的材料，包括磁性材料、金属能源材料、催化净化材料、信息材料、超导材料、功能陶瓷材料等。

1.4　金属材料的冶金工艺

冶金就是从矿石中提取金属或金属化合物，用各种方法将金属制成具有一定性能的金属材料的过程和工艺。冶金主要包括火法冶金、湿法冶金以及电冶金等。

火法冶金是在高温条件下进行的冶炼过程。矿石或精矿中的部分或全部矿物在高温下经过一系列物理化学变化，生成另一种形态的化合物或单质，分别富集在气体、液体或固体产物中，达到所要提取的金属与脉石及其他杂质分离的目的。实现火法冶金过程所需热能，通常是依靠燃料来供给，也有依靠过程中的化学反应来供给的，如硫化矿的氧化焙烧和熔炼就无需由燃料供热；金属热还原过程也是自热进行的。火法冶金包括干燥、分解、焙烧、熔炼、精炼、蒸馏等过程。

湿法冶金是在溶液中进行的冶金过程。湿法冶金温度不高，一般低于100℃，现代湿法冶金中的高温高压过程，温度也不过200℃左右，极个别情况温度可达300℃。湿法冶金包括浸出、净化、制备金属等过程。浸出用适当的溶剂处理矿石或精矿，使要提取的金属成某种离子（阳离子或络阴离子）形态进入溶液，而脉石及其他杂质则不溶解，这样的过程称为浸出。浸出后经澄清和过滤，得到含金属（离子）的浸出液和由脉石矿物组成的不溶残渣（浸出渣）。对某些难浸出的矿石或精矿，在浸出前常常需要进行预备处理，使被提取的金属转变为易于浸出的某种化合物或盐类。例如，转变为可溶性的硫酸盐而进行的硫酸化焙烧等，都是常用的预备处理方法。在浸出过程中，常常有部分金属或非金属杂质与被提取金属一道进入溶液，从溶液中除去这些杂质的过程称为净化。制备金属是指用置换、还原、电积等方法从净化液中将金属提取出来的过程。

电冶金是利用电能提取金属的方法。根据利用电能效应的不同，电冶金又分为电热冶金和电化学冶金。在电热冶金的过程中，按其物理化学变化的实质来讲，与火法冶金过程差别不大，两者的主要区别只是冶炼时热能来源不同。电化学冶金（电解和电积）是利用电化学反应，使金属从含金属盐类的溶液或熔体中析出。前者称为溶液电解，如铜的电解精炼和锌的电积，可列入湿法冶金一类；后者称为熔盐电解，不仅利用电能的化学效应，而且也利用电能转变为热能，借以加热金属盐类使之成为熔体，故也可列入火法冶金一类。从矿石或精矿中提取金属的生产工艺流程，常常是既有火法过程，又有湿法过程，即使是以火法为主的工艺流程，如硫化镍精矿的火法冶炼，最后还需要有湿法的电解精炼过程；而在湿法炼锌中，硫化锌精矿还需要用高温氧化焙烧对原料进行炼前处理。

近年来，真空作为一种辅助手段越来越多地应用到了冶金过程中，逐渐发展成为一种具有明显特点的方法。因为在真空或惰性气体保护下进行冶金作业，可以实现大气中无法进行的冶金过程，能防止金属氧化，分离沸点不同的物质，除去金属中的气体或杂质，增强金属中碳的脱氧能力，提高金属和合金的质量。一般认为，压力在低于0.1MPa的条件下进行金属的冶炼、提纯、精炼等处理的工艺常被称作“真空冶金”。

2 铁 冶 金

本章导读

现代炼铁工业主要有两大环节：原料准备和高炉冶炼。高炉炼铁就是在高温环境下将铁矿石中的铁从氧化物中分离出来，常用的还原剂是焦炭及其反应产物CO。本章节将对各生产过程的基本理论、工艺设备和生产特点进行系统的阐述。

2.1 概 述

2.1.1 炼铁工业的发展状况

由矿石到钢材的生产可分为两个流程：高炉—转炉—轧机流程（长流程）以及直接还原或熔融还原—电炉—轧机流程（短流程）。

2.1.2 含铁原料及其他辅助原料

高炉冶炼用的原料主要有铁矿石（天然富矿和人造富矿）、燃料（焦炭与喷吹燃料）、熔剂（石灰石与白云石等）。冶炼1t生铁需要1.5～2.0t矿石、0.35～0.6t焦炭、0.2～0.4t熔剂。高炉冶炼是连续的生产过程，因此，必须尽可能为其提供数量充足、品位高、强度好、粒度均匀、粉末少、有害杂质少及性能稳定的原料。

2.1.2.1 铁矿石

A 铁矿石的分类及特性

含铁量在50%以上的天然富矿经适当破碎、筛分处理后可直接用于高炉冶炼。贫铁矿一般不能直接入炉，需破碎、富选并重新造块，制成人造富矿再入高炉。人造富矿含铁量一般在55%～65%之间。由于人造富矿事先经过焙烧或烧结高温处理，因此又称为熟料，其冶金性能远比天然富矿优越，是现代高炉冶炼的主要原料。天然块矿通常称为生料。

天然铁矿石按其主要矿物分为磁铁矿、赤铁矿、褐铁矿和菱铁矿等几种，主要矿相组成及特征见表2-1。

B 铁矿石质量

a 含铁品位

矿石品位基本上决定了矿石的价格，即冶炼的经济价值。若含铁品位低需经富选才能入炉的为贫矿。划分富矿与贫矿没有统一的标准，此界限将随选矿及冶炼技术水平的提高而变化。

表 2-1 常见铁矿石的组成及特征

矿石名称	化学式	理论含铁量 $w(Fe)/\%$	矿石密度 $/t \cdot m^{-3}$	颜色	冶炼性能		
					实际含铁量 $w(Fe)/\%$	有害杂质	强度及还原性
磁铁矿	Fe_3O_4	72.4	5.2	黑色	45～70	S、P 高	坚硬、致密、难还原
赤铁矿	Fe_2O_3	70.0	4.9～5.3	红色	55～60	S、P 低	软、较易破碎、易还原
褐铁矿	$2Fe_2O_3 \cdot H_2O$ $Fe_2O_3 \cdot H_2O$ $3Fe_2O_3 \cdot 4H_2O$ $2Fe_2O_3 \cdot 3H_2O$	66.1 62.9 60.9 60.0	4.0～5.0 4.0～4.5 3.0～4.4 3.0～4.2	黄褐色 暗褐色 绒褐色	37～55	S 低、P 高低不等	疏松、易还原
菱铁矿	$FeCO_3$	48.2	3.8	灰色带黄褐色	30～40	S 低、P 高	易破碎、焙烧后易还原

一般将矿石中铁的质量分数高于65%，而S、P等杂质少的矿石，供直接还原法和熔融还原法使用。而矿石中铁的质量分数50%～65%可供高炉使用。我国富矿储量很少，绝大部分是铁的质量分数为30%左右的贫矿，要经过富选才能使用。

b 脉石的成分及分布

铁矿石中的脉石包括 SiO_2、Al_2O_3、CaO 及 MgO 等氧化物，在高炉冶炼条件下，这些氧化物不能或很难被还原为金属，最终以炉渣形式与金属分离。因为只有当渣中碱性氧化物（CaO、MgO 等）与酸性氧化物（SiO_2 等）的质量分数大体相等时，渣的熔点才较低，黏度也较小，这样才利于在炉内处理而不至于有碍正常操作。为此，实际操作中应根据铁矿石带入的脉石成分和数量，配加适当的“助熔剂”，简称“熔剂”，得到性能较理想的炉渣。此外造渣物的另一个重要来源——焦炭及煤粉灰分，几乎是100%的酸性氧化物，而大多数铁矿石中的脉石也是酸性氧化物，故通常要消耗相当数量的石灰石（$CaCO_3$）或白云石（$CaCO_3$、$MgCO_3$）等碱性氧化物作为熔剂。若矿石的脉石成分中碱性氧化物较多，甚至以碱性物为主，必然会节省燃料灰分中的酸性氧化物造渣所需外加的熔剂量。

有些矿石中 Al_2O_3 的质量分数很高，也是不利的，原因是 Al_2O_3 将大大地提高炉渣的熔点。

矿石中（CaO + MgO）质量分数适当的矿石，可允许矿石中铁的质量分数低些，冶炼仍然是经济的。用扣除（CaO + MgO）后的折算铁质量分数对不同矿石进行评价和对比是合理的。

矿石中脉石的结构和分布，特别对于贫矿，是很重要的特性。如果含铁矿物结晶的颗粒比较粗大，则在选矿过程中容易实现有用矿物的单体分离，从而使有用元素达到有效的富集。相反，如果含铁矿物呈现细晶粒嵌布于脉石矿物的晶粒中，则要消耗更多的能量以细碎矿石才能实现有用矿物的单体分离。

此外，有用矿物及脉石矿物的结构又决定了矿石的致密程度，影响矿石的机械强度及还原性。矿石要具有一定的机械强度，但又不宜过度致密，以致难以进行加工和被还原。

c　有害元素的含量

矿石中除去不能还原而造渣的氧化物外，常含有其他化合物，它们可以被还原为元素形态。其中有的可与铁形成合金，有的则不能，有的则是有害的。

常见的有害元素是S、P；较少见的有碱金属（K、Na等）以及Cu、Pb、Zn、F及As等。

S、P、As和Cu易还原为元素并进入生铁，对铁及其后的钢及钢材的性能有害。碱金属及Zn、Pb和F等虽不能进入生铁，但易于破坏炉衬，或易于挥发并在炉内循环富集造成结瘤事故，或污染环境有害人身健康。事先用选矿法除去这些有害杂质，或困难很大，或代价太高，迫使高炉炉料中限制这些矿石用量的百分比，从而极大地降低了这些矿石的使用价值。

各种有害杂质的危害及界限含量见表2-2。

表2-2　矿石中有害杂质的危害及界限含量

元素	允许的质量分数/%	危害及某些说明	
S	≤0.3	使钢产生“热脆”，易轧裂	
P	≤0.3	对酸性转炉生铁	磷使钢产生“冷脆”，烧结及炼铁过程都不能除磷；矿石允许含磷量 $w(P_{矿})$ 可按下式计算：$w(P_{矿})=\frac{[w(P_{矿})-w(P_{熔焦附})]\times w(Fe_{矿})}{w(Fe_{铁})}(\%)$
	0.2～1.2	对碱性转炉生铁	
	0.05～0.15	对普通铸造生铁	
	0.15～0.6	对高磷铸造生铁	
Zn	≤0.1～0.2	Zn在900℃挥发，上升后冷凝沉积于炉墙，使炉墙膨胀，破坏炉壳，烧结时可除去50%～60%的Zn	
Pb	≤0.1	Pb易还原，密度大，与Fe分离沉于炉底，破坏砖衬。Pb蒸气在上部循环累积，形成炉瘤，破坏炉衬	
Cu	≤0.2	少量Cu可改善钢的耐腐蚀性，但Cu过多使钢热脆，不易焊接和轧制。Cu易还原并进入生铁	
As	≤0.07	砷使钢“冷脆”，不易焊接，生铁 $w(As)\leq0.1\%$。炼优质钢时，铁中不应有砷	
Ti	（TiO_2）15～16	钛在钢中是一种有益元素，但高炉渣中钛的碳化物和氮化物增加，会使炉渣变稠、带铁	
K，Na		易挥发，在炉内循环累积，造成结瘤，降低焦炭及矿石的强度	
F		氟高温下气化，腐蚀金属，危害农作物及人体，CaF_2侵蚀破坏炉衬	

d　有益元素

有些与Fe伴生的元素可被还原并进入生铁，并能改善钢铁材料的性能。这些有益元素有Cr、Ni、V及Nb等。还有的矿石中的伴生元素有极高的单独分离提取的价值，如Ti及稀土元素等。某些情况下，这些元素的品位已达到可单独分离利用的程度，虽然其绝对含量相对于铁仍是少量的，但其价值已远超过铁矿石本身，则这类矿石应作为宝贵的综合利用的资源。

e　矿石的还原性

矿石在炉内被煤气还原的难易程度称为“还原性”。冶炼易还原的矿石可降低碳素消耗量。矿石的还原性与其结构，特别是开口的微气孔率及气孔的分布状态有关。一般赤铁矿不如磁铁矿致密，还原性好。褐铁矿及菱铁矿在炉内受热后，其所含碳酸盐及结晶水或分解或挥发，留下孔洞，形成疏松多孔的结构便于煤气的渗透，故此类矿石的还原性好。

f　矿石的高温性能

矿石是在炉内逐渐受热、升温的过程中被还原的。矿石在受热及被还原的过程中及还原后都不应因强度下降而破碎，以免矿粉堵塞煤气流通孔道，造成冶炼过程的障碍。

为了在熔化造渣之前，铁的氧化物更多地被煤气还原，矿石的软化熔融温度不可过低，软化与熔融的温度区间不可过宽。这样一方面可保证炉内有良好的透气性，另一方面可使矿石在软熔前达到较高的还原度，以减少高温直接还原度、降低能源消耗。

g　粒度和强度

入炉铁矿石应具有适宜的粒度和足够的强度。粒度过大会减少煤气与铁矿石的接触面积，使铁矿石不易还原；过小则增加气流阻力，同时易吹出炉外形成炉尘损失；粒度大小不均，则严重影响料柱透气性。因此，大块应破碎，粉末应筛除，粒度应适宜而均匀。一般要求矿石粒度在5～40mm范围，并力求缩小上下限粒度差。

铁矿石的强度是指铁矿石耐冲击、摩擦的强弱程度。随着高炉容积不断扩大，入炉铁矿石的强度也要相应提高。否则易生成粉末、碎块，一方面增加炉尘损失；另一方面使高炉料柱透气性变坏，引起炉况不顺。

2.1.2.2　高炉熔剂

高炉冶炼中，除主要加入铁矿石和焦炭外，还要加入一定量的助熔物质，即熔剂。

A　熔剂的作用

熔剂在冶炼过程中的主要作用有两个：在高炉冶炼条件下，脉石及灰分不能熔化，必须加入熔剂以生成低熔点化合物，形成流动性好的炉渣，实现渣铁分离并自炉内顺畅排出。此外，加入熔剂形成一定碱度的炉渣，如 $w(CaO)/w(SiO_2)=1.0\sim1.2$，可去除生铁中有害杂质硫，提高生铁质量。

现代高炉大多使用高碱度烧结矿加酸性炉料。当烧结矿碱度适宜，酸性炉料配比准确，原料化学成分波动较小时，所需加入的熔剂量较少。一些重点企业熔剂用量小于1kg/t。

B　熔剂的种类

根据矿石中脉石成分的不同，高炉冶炼使用的熔剂，按其性质可分为碱性、酸性和中性三类：

(1) 碱性熔剂。矿石中的脉石主要为酸性氧化物时，则使用碱性熔剂。由于燃料灰分的成分都是酸性的，因此，普遍使用碱性熔剂。常用的碱性熔剂有石灰石（$CaCO_3$）和白云石（$CaCO_3\cdot MgCO_3$）。

(2) 酸性熔剂。高炉使用主要含碱性脉石的矿石冶炼时，可加入酸性熔剂。酸性熔剂主要有石英石（SiO_2）、均热炉渣（主要成分为 $2FeO$、SiO_2）及含酸性脉石的贫铁矿等。

(3) 中性熔剂。也称高铝质熔剂。当矿石和焦炭灰分中 Al_2O_3 很少，渣中 Al_2O_3 含量很低，炉渣流动性很差时，在炉料中加入高铝原料作熔剂，如铁矾土和黏土页岩。

当炉渣黏稠引起炉况失常时，还可短期适量加入萤石（CaF_2），以稀释炉渣和洗掉炉衬上的堆积物。常把萤石称为洗炉剂。

C 对熔剂的质量要求

对熔剂的质量要求主要是有效成分含量高。以碱性熔剂为例，要求其有效熔剂性高，即熔剂含有的碱性氧化物扣除其本身酸性物造渣需要的碱性氧化物后所余的碱性氧化物质量分数：

$$w(CaO+MgO)_{有效}=[w(CaO)+w(MgO)]-w(SiO_2)R$$

式中，$w(CaO)$、$w(MgO)$、$w(SiO_2)$ 分别为熔剂中各相应组分的质量分数，%；R 为造渣所要求的炉渣碱度 $m(CaO+MgO)/m(SiO_2)$。

另外，要求熔剂有害杂质 S、P 的含量要少。熔剂本身要有较高的机械强度，粒度要均匀，大小适中。

2.1.3 高炉燃料

高炉冶炼中，从铁矿石的还原到炉料的加热融化，都需要燃料的参与。焦炭是主要的燃料和还原剂，由于炼制焦炭必须使用结焦性能好的煤作原料，为解决焦炭资源紧缺，风口喷吹其他燃料技术近年来迅猛发展，以煤粉代替昂贵的焦炭。目前喷吹燃料用量已占全部燃料的10%～40%，主要有煤粉、重油和天然气等。

2.1.3.1 焦炭

焦炭的应用是高炉冶炼发展史上的一个重要里程碑。古代高炉使用木炭，17～18 世纪钢铁工业急速发展以及森林资源的急剧减少，木炭的供应成为冶金工业进一步发展的限制环节。使用储量更为丰富、强度更高的焦炭作为燃料，使得高炉可以不断地扩大容积。

（1）焦炭在高炉内的作用有：

1）在风口前燃烧，提供冶炼所需热量。

2）固体碳及其氧化产物 CO，是氧化物的还原剂。

3）在高温区，矿石软化熔融后，焦炭是炉内唯一以固态存在的物料，是支撑高达数十米料柱的骨架，同时又是风口前产生的煤气得以自下而上顺畅流动的透气性通路。

4）铁水渗碳。

随着冶炼技术的进步，焦比不断下降，但喷吹的燃料只能代替焦炭的渗碳、热源和还原剂作用，并不能代替焦炭料柱“骨架”作用。低焦比下，焦炭作为骨架保证炉内透气，透液性的作用更为突出。焦炭质量成为限制高炉生产发展的因素之一。

（2）高炉冶炼对焦炭质量的要求是：

1）强度。焦炭在入炉前要经过多次转运，在炉内下降过程中承受越来越高的温度和越来越大的料柱重力和摩擦力。如果焦炭没有足够的强度，则要被破碎，产生大量粉末，导致料柱透气性恶化、炉渣黏稠、渣中带铁以及风渣口大量破损等。测量焦炭强度的方法是转鼓试验。

2）固定碳及灰分含量。良好的冶金焦应含固定碳高而灰分低。焦炭灰分高则含碳低。由于灰分主要由酸性氧化物构成，故需多配加与灰分相等的碱性氧化物以造渣。高炉实际渣量的增加是灰分增加的两倍。此外，灰分高对焦炭强度有害。焦炭是依靠碳原子间形成平面网状结晶结构才具有强度的。如果碳原子间充斥着其他惰性质点，必然阻断了碳原子之间有效的结晶键的联结。

3）硫。焦炭带入的硫量，占冶炼单位质量生铁所需原料总硫量的80%左右。每吨生铁入炉原料带入的总硫量（称为“硫负荷”，kg/t）增大时，对高炉是个沉重的负担。为了保证生铁含硫量低于国家标准，必须提高炉温和炉渣碱度。这些措施要额外消耗能量，使产量降低、焦比升高。

4）挥发分含量。焦炭中挥发分含量代表焦炭在制造过程中受到干馏后的成熟程度，一般质量分数为0.8%～1.2%。原煤中挥发分含量高，在干馏过程中，大部分挥发分逸出。故焦炭中残留越多，如大于1.5%，则说明干馏时间短，往往不能构成结晶完善程度好、强度足够高的焦炭。挥发分过低，会形成小而结构脆弱的焦炭。

5）成分和性能的稳定性以及粒度。与所有入炉原料相同，焦炭成分和性能波动会导致高炉冶炼行程不稳定，对高炉提高生产效率及降低燃料消耗量十分不利。铁矿石和其他原料可以通过大型料场露天堆放，用混匀中和的办法减少其成分的波动，而焦炭不可以。一是配套焦炉生产能力不足以维持相当规模的焦炭储存量；更为重要的是焦炭长期储存会降低其品质。所以对焦炉生产的稳定性提出了更高的要求。

对焦炭的平均粒度要求有不同的考虑：一方面是缩小焦炭粒度可以使焦炉产品利用率提高，降低焦炭成本。小粒度的焦炭也可以配合低粒度铁矿石更好地加速炉内传热和传质过程，降低吨铁能耗。另一方面，焦炭粒度越大，则焦炭分层透气性越好。综合考虑两点因素，应在保证高炉操作顺行的前提下，尽量采用小粒度焦炭。

6）反应性。反应性是指焦炭与CO_2气体反应而气化的难易程度。在高炉内上升煤气中的CO_2与下降的焦炭块相遇而反应：$CO_2 + C(焦) = 2CO$。反应后的焦炭失重而产生裂缝，同时气孔壁变薄而失去强度。因此需要考虑反应后的热强度。对高炉用焦来讲希望反应性小一些。焦炭的反应性与焦炭的粒度、比表面积及碱金属、铁、钒等的催化作用有关。更重要的是要通过配煤、炼焦工艺等使生产出的焦炭具有抗反应性好的微观结构。

2.1.3.2 煤粉

高炉喷煤就是指从高炉风口向炉内直接喷吹磨细了的煤粉，以代替焦炭向高炉提供热量和还原剂。它的意义在于：

（1）以低价的煤代替了日趋贫乏且昂贵的冶金焦，降低了焦比，使高炉炼铁的成本大幅下降。

（2）高炉喷煤可以作为一种调剂炉况的手段。

（3）高炉喷煤可以改善炉缸工作状态，使高炉稳定顺行。

（4）为高炉提高风温和富氧鼓风创造条件。

（5）喷吹煤粉中的氢含量比焦炭带入的多，氢提高了煤气的还原能力和穿透扩散能力，有利于矿石的还原和高炉操作指标的改善。

（6）喷吹煤粉代替了部分焦炭，不仅缓解了焦炭的供需紧张状况，也减少了对炼焦设备的投资和建设，更降低了炼焦生产对环境的污染。

高炉喷吹用的煤粉，对其质量有如下要求：灰分含量低，固定碳含量高；含硫量低；可磨性好；粒度细；爆炸性弱；燃烧性和反应性好。

2.1.3.3 喷吹其他燃料

高炉喷吹用燃料除固体煤粉外面还有液体和气体。气体燃料有天然气、焦炉煤气、热转化气（裂化石油气、重油裂化气）。它们易与空气混合，燃烧效率高；可预热，提高燃烧温度，燃烧过程易于控制；输送方便。液体燃料常用重油，有时还会用柴油、焦油。

高炉喷吹气体和液体燃料的种类和数量主要取决于当地资源条件。

2.1.4 耐火材料

钢铁生产各环节的主要设备及其产品均处于高温状态，必须根据不同的设备及其不同工作部位的特殊需要选用不同的耐火材料。

钢铁工业是消耗耐火材料的大户，占所有工业耐火材料总消耗量的40% ~50%。

一般规定耐火材料的耐火度应高于1580℃，材质为无机非金属制品。耐火度在1580 ~1770℃范围内的为普通耐火材料，耐火度在1770 ~2000℃的为高级耐火材料，高于2000℃的为特殊耐火材料。

根据不同材料的化学特性耐火材料可分为：（1）酸性耐火材料，以 SiO_2 质为主；（2）碱性耐火材料，以 CaO、MgO 质为主；（3）中性耐火材料，以 Al_2O_3、Cr_2O_3 和 C 质等为主。

此外还有某些特殊的非氧化物材料，如 SiC、Si_3N_4、B_4C、BN 和 $MoSi_2$ 等。

按制造工艺和成品形态，耐火材料还可分为定形耐火材料，如各种耐火砖；不定形耐火材料，如固体状散料、具有可塑性的耐火泥、耐火纤维以及有良好流动性的泥浆等。

2.2 原料预处理工艺

细粒散料制成大块物料的工艺是工业生产中常见的一种生产过程，在炼铁工业中造块作业则以非常巨大的规模进行，且制块作业对炼铁生产的意义也远比其他工业生产的意义重要。这是因为炼铁反应大多在气流与固体填充物之间进行，稳定的操作要求填充床具有一定的透气性，这就要求炉料必须具有一定的粒度且粒度均匀。天然或加工的炉料（铁矿、熔剂及燃料）往往不具备这样的要求，细粒散料造块是满足这一要求最主要的手段。烧结和球团是铁矿粉造块的最重要的制块工艺。铁矿石开采中产生大量铁矿粉，同时低品位贫铁矿必须经过破碎才能富选精铁矿粉，使铁矿粉的烧结和球团成为规模最大的造块作业。其物料处理量占钢铁联合企业的第二位（仅次于炼铁生产）；能耗仅次于炼铁及轧钢而居第三位，成为现代钢铁工业中重要的生产工序。除了规模巨大外，铁矿粉造块还要求制成品有很好的性能，由于现代炼铁是大型作业，炉料翻倒次数多、落差大，制成块矿要有高的冷强度，如耐压强度要求每个料块要达到几千牛；炉料需要经历冶炼中的高温过程，要求一定的热强度，即在高温还原性气氛下具有耐压、耐磨及耐急热爆裂性能，炉料在高炉内经历物理化学反应，要求它具有良好的冶金性能，如还原性、软化性、熔融滴落性能等。因此，铁矿粉造块是一门技术复杂的专门学科。

铁矿粉造块方法种类很多，应用最广泛的是烧结法和球团法。粉矿经造块后获得的烧结矿和球团矿，统称为人造富矿或熟料，具有优于天然富矿的冶金性能，如还原性好、有合适的强度和较高的软熔温度。造块生产中配加一定量的熔剂，可制成有足够碱度的人造富矿，高炉冶炼过程可不加或少加熔剂，避免了熔剂分解吸热而消耗焦炭。造块过程还可去除矿石中某些有害杂质，如硫、砷、锌、钾、钠等，减少其对高炉的危害。高炉生产实践证明，使用质量良好的人造富矿，可使高炉冶炼各项技术经济指标得到大幅度提高，因而粉矿造块已成为钢铁冶金工业中不可缺少的一个重要生产工序。

由此可见，铁矿粉造块的目的是：

（1）将粉状料制成具有高温强度的块状料以适应高炉冶炼、直接还原等在流体力学方面的要求。

（2）通过造块，改善铁矿石的冶金性能，使高炉冶炼指标得到改善。

（3）通过造块去除某些有害杂质、回收有益元素，达到综合利用资源和扩大炼铁矿石原料资源的目标。

2.2.1 铁矿石烧结工艺

2.2.1.1 工艺过程

现代烧结生产是一种抽风烧结过程，即将铁矿粉、熔剂、燃料、辅助原料及返矿（前次未烧结好的烧结混合料）按一定比例组成混合料，配以适当的水分，经混合及制粒（造小球）后，铺于带式烧结机的台车上，在一定负压下点火，开始烧结。整个过程是在9.8～16kPa负压抽风下，自上而下进行的，在烧结机上取某一烧结断面，可见料层有明显的分层，依次出现烧结矿层、燃烧层、预热层、干燥层和过湿层，如图2-1所示，然后又相继消失，最后剩下烧结矿层。

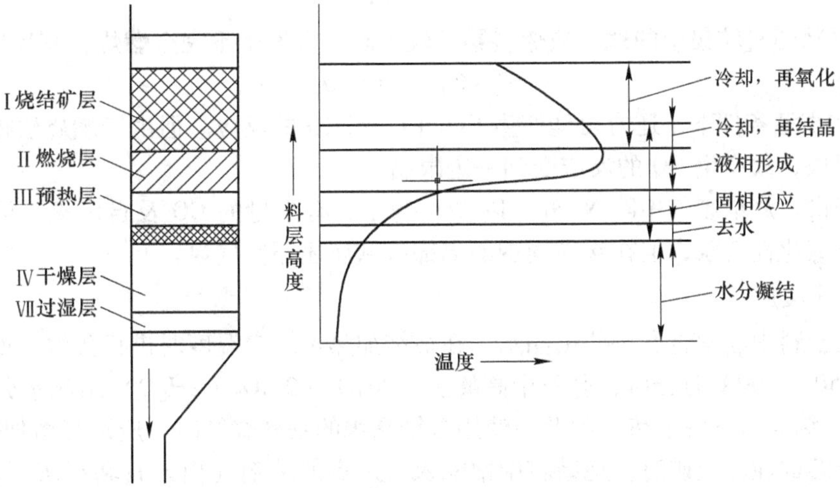

图2-1 烧结过程各层反应及温度分布

（1）烧结矿层，即成矿层，主要反应是液相凝固、矿物析晶、预热空气。由于抽风对成矿冷却程度不同，成矿层又分为冷烧结矿层和热烧结矿层，表层的烧结矿受冷空气急剧冷却作用，温度降低很快，矿物来不及释放能量而析晶，因而玻璃质较多，内应力大而性脆，在烧结机尾部卸矿时被破碎机击碎，经筛分进入返矿。其厚度一般为40～50mm。

（2）燃烧层，位于烧结矿层下面，主要反应为燃料燃烧，燃料燃烧温度可达1100～1500℃。混合料在固相反应作用下，软化、熔融及形成液相，此层厚度为15～50mm，它对烧结过程和烧结矿质量影响较大。燃烧层过厚，则透气性差，将导致产量降低；此层过薄，则烧结温度低，液相不足，烧结矿固结不好，强度低。

（3）预热层和干燥层，主要过程是混合料被燃烧层下来的热废气干燥和预热。由于热交换进行迅速剧烈，故废气温度很快从1500℃降至60～70℃。此层主要反应是水分蒸发、结晶水及碳酸盐分解、矿石的氧化还原以及固相反应等。该层厚度为20～40mm。

（4）过湿层（即冷料层）。因上层废气中带入较多的水气，进入冷料层温度降至露点以下时，水气将会大量冷凝于料层中，形成过湿层，从而破坏混合料中已造好的小球，影响料层透气性。生产中采用混合料预热等办法来解决此问题。

2.2.1.2 烧结过程主要反应

根据不同的温度和反应气氛条件，可将复杂的烧结物理化学反应综合过程分为如下部分。

A 燃烧反应

烧结所用的燃料主要是焦粉或无烟煤粉，它们占有大量的固定碳，在700℃时即可着火。烧结料中燃料同空气中氧气进行氧化燃烧时放出大量热及CO_2气体，是烧结过程一切物理化学反应的基础。混合料层碳燃烧具有以下特点：

（1）生产1t烧结矿所需的$1.3\times10^5\sim1.7\times10^5$kJ热量中，有80%～90%是燃料燃烧提供的，但燃料仅占混合料总量的3%～5%，按体积计算不到10%，在料层中分布稀疏，为保证迅速完全燃烧，就需要有较大的空气过剩系数（1.4～1.5），其主要反应为：

$$C + O_2 \xlongequal{\quad} CO_2$$

（2）局部燃料较集中的地方或燃料颗粒较大时，会发生不完全燃烧，其反应为：

$$2C + O_2 \xlongequal{\quad} 2CO$$

（3）在高温条件下，还有可能产生$CO_2 + C = 2CO$的反应。但由于燃烧层很薄，废气温度降低很快，故产生CO的反应受到一定限制。

总的来讲，烧结废气中除N_2外，以CO_2为主，有少量的CO及自由氧。可以认为烧结过程是弱氧化性气氛，但在炭粒周围的局部区域属还原性气氛。

B 分解反应

烧结混合料中经常含有一些结晶水，在烧结加热至一定温度时进行分解。如褐铁矿中结晶水在250～300℃时分解，脉石中高岭土（$Al_2O_3\cdot2SiO_2\cdot2H_2O$）结晶水分解温度为500℃以上。结晶水分解吸热，因此在使用含结晶水的物料烧结时，应适当增加燃料用量。

当生产熔剂性烧结矿时，烧结料中常配入一定量的熔剂（白云石和石灰石），这些碳酸盐在烧结过程中达到一定温度时会发生分解反应，其反应式如下：

$$CaCO_3 \xlongequal{\quad} CaO + CO_2 \text{（750℃以上）}$$

$$MgCO_3 \xlongequal{\quad} MgO + CO_2 \text{（720℃）}$$

由于烧结过程时间很短，为使碳酸盐完全分解，要求配入的熔剂粒度小于3mm。

C 还原与再氧化反应

在烧结过程中，靠近燃料颗粒处存在着还原性气体CO以及高温燃料颗粒，因此混合料中的铁、锰等氧化物将被还原：

$$3Fe_2O_3 + CO \xlongequal{\quad} 2Fe_3O_4 + CO_2$$

$$Fe_3O_4 + CO \xlongequal{\quad} 3FeO + CO_2$$

在远离燃料的混合料中，特别是在烧结矿层的冷却过程中有Fe_3O_4和FeO的再氧化现象，如：

$$2Fe_3O_4 + 0.5O_2 \xlongequal{} 3Fe_2O_3$$
$$3FeO + 0.5O_2 \xlongequal{} Fe_3O_4$$

D　脱硫反应

烧结过程是一个有效的脱硫过程，一般脱硫效率可达90%以上。烧结料中硫以有机硫、硫化物和硫酸盐形态存在。有机硫在烧结过程中挥发或燃烧成 SO_2 逸出，大部分硫化物通过氧化被脱除：

$$2FeS_2 + 5.5O_2 \xlongequal{} Fe_2O_3 + 4SO_2$$
$$2FeS + 3.5O_2 \xlongequal{} Fe_2O_3 + 2SO_2$$

生成的 SO_2 及 S_2 排入大气，对环境污染严重。另外，在烧结过程中还能去除其他有害元素，如 As、Pb、Zn、K、Na 等。这些均为有毒气体，所以烧结废气应作净化处理。

2.2.1.3　烧结过程中的固结

烧结料的固结经历了固相反应、液相生成和冷凝固结三个阶段。

A　固相反应

固相反应在烧结过程中占有很重要地位。固相反应是指烧结料在它们的接触界面上在液相生成之前以固体状态进行的反应，产物也是固态。由于通过固相反应形成了原始烧结料所没有的低熔点化合物，为烧结过程产生液相创造了条件，而液相是烧结过程中使矿粉成块和使烧结矿具有一定强度的主要条件。因此，固相反应的进行情况直接影响烧结矿的质量。

在铁矿粉烧结料中添加石灰时，主要矿物成分为 Fe_2O_3、Fe_3O_4、CaO、SiO_2 等，这些矿物颗粒间互相接触，在加热过程中发生固相化学反应，如图2-2所示。

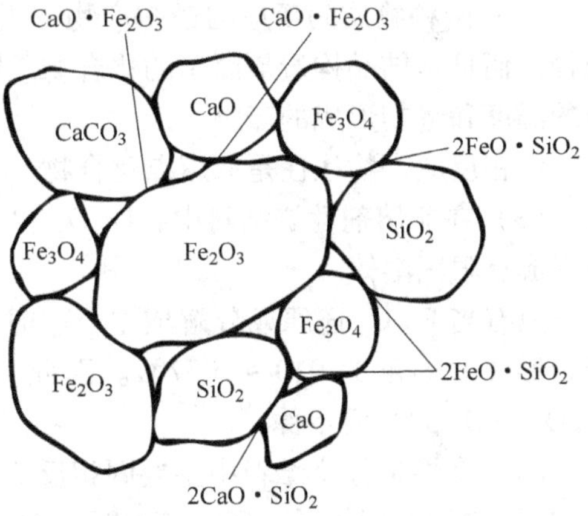

图2-2　烧结固相反应示意图

固相反应在温度较低的固体颗粒状态下进行，只局限于颗粒间的接触面发生位移，反应速度一般较慢，所以固相反应不可能得到充分发展，但固相反应生成的低熔点化合物为形成液相打下了基础。在烧结温度下可能进行的固相反应列于表2-3。

表2-3　烧结过程中可能产生的固相反应及开始反应温度

反　应　物	固相反应	开始反应温度/℃
$SiO_2 + Fe_2O_3$	Fe_2O_3 在 SiO_2 中的固溶体	575
$SiO_2 + 2CaO$	$CaO \cdot SiO_2$	500，610，690
$2MgO + SiO_2$	$2MgO \cdot SiO_2$	680
$MgO + Fe_2O_3$	$MgO \cdot Fe_2O_3$	600
$CaO + Fe_2O_3$	$CaO \cdot Fe_2O_3$	500，600，610，650
$CaCO_3 + Fe_2O_3$	$CaO \cdot Fe_2O_3$	590
$MgO + Al_2O_3$	$MgO \cdot Al_2O_3$	920，1000

续表 2-3

反应物	固相反应	开始反应温度/℃
$MgO + Fe_2O_3$	含镁浮氏体	700
$FeO + Al_2O_3$	$FeO \cdot Al_2O_3$	1100
$CaO + MgCO_3$	$CaCO_3 + MgO$	525
$CaO + MgSiO_3$	$CaSiO_3 + MgO$	560
$CaO + MnSiO_3$	$CaSiO_3 + MnO$	565
$CaO + Al_2O_3 \cdot SiO_2$	$CaSiO_3 + Al_2O_3$	530
$Fe_3O_4 + SiO_2$	$2FeO \cdot SiO_2$	990

大量研究表明固相反应有以下特点：

（1）均为放热反应。当反应物加热到固相反应开始的温度，并且周围也达到相同的温度时，反应放出热量，由于不能向外扩散，而使其本身的温度升高，这就加快了固相反应的速度。因此，固相反应一旦开始，它们的速度就会加快，直到反应物的形成。

（2）两种物质间反应的最初产物，无论其反应物的分子数之比如何，只能是一种化合物，而且是结晶构造最简单的化合物。因此，对于烧结生产有实际意义的是固相反应开始的温度和最初形成的产物。

固相反应产物往往是低熔点化合物，它们开始发生固相反应的温度见表 2-3。

（3）在非熔剂性烧结料中，Fe_2O_3 和 SiO_2 之间不发生固相反应，Fe_2O_3 只能溶入 SiO_2 中形成有限固溶体。

只有当 Fe_2O_3 还原或分解成 Fe_3O_4 时，才能与 SiO_2 反应生成低熔点的 $2FeO \cdot SiO_2$，开始形成的温度为 910 ~ 1057℃。因此，燃料用量较多和还原气氛是固相反应中产生 $2FeO \cdot SiO_2$ 的主要条件。

（4）在熔剂性烧结料中主要固相反应产物是 $CaO \cdot Fe_2O_3$。一方面是由于开始 $CaO \cdot Fe_2O_3$ 形成的温度较低（500 ~ 700℃）；另一方面，尽管 CaO 与 SiO_2 的亲和力远比 CaO 与 Fe_2O_3 的亲和力大，但烧结料中 CaO 与 Fe_2O_3 接触的机会多，在相同温度下形成 $CaO \cdot Fe_2O_3$ 的速度比形成 $CaO \cdot SiO_2$ 的速度快，因此熔剂性烧结矿固相反应产物中 $CaO \cdot Fe_2O_3$ 居多。由于 Fe_3O_4 不与 CaO 发生固相反应，只有 Fe_3O_4 氧化生成 Fe_2O_3 后才能生成 $CaO \cdot Fe_2O_3$，因此燃料用量低和强氧化气氛是固相反应生成 $CaO \cdot Fe_2O_3$ 的主要条件。

（5）固相反应的产物不等于烧结矿最终矿物组成。固相反应的结果产生低熔点化合物，促使烧结过程中产生大量的黏结相，有利于提高烧结矿强度。但固相反应的产物不等于烧结矿最终矿物组成，在后来的熔化过程中，这些复杂化合物大部分又分解成简单化合物。烧结矿是熔融物再结晶的产物，烧结矿的矿物组成受熔融物冷却再结晶规律的支配，而碱度是熔融物结晶作用的决定因素，因此，烧结矿的最终矿物，在燃料用量一定的条件下，主要决定于碱度。只有当燃料含量较低、液相数量较少时，固相反应的产物才能直接转入成品烧结矿中。

B 液相生成

烧结过程中一些低熔点物质在高温作用下，融化成液态物质，在冷却过程中，液态物质凝固而成为那些尚未融化和溶入液相的颗粒的坚固连接桥。因此，液相生成是烧结成型的基础，液态物质的数量和性质是影响烧结固结好坏，甚至烧结矿冶金性能优劣的最重要因素。

在烧结物料中，主要矿物都是高熔点的，在烧结温度下大多不能融化。而固相反应生成了低熔点化合物，它们在烧结过程所能达到的温度下都能形成液相，表2-4列出了能形成液相的化合物及其熔化温度。

表2-4 烧结原料特有的化合物和混合物熔化温度

系 统	液 相 特 性	熔化温度/℃
$FeO \cdot SiO_2$	$2FeO \cdot SiO_2$	1205
	$2FeO \cdot SiO_2 \cdot SiO_2$ 共熔混合物	1178
	$2FeO \cdot SiO_2 \cdot FeO$ 共熔混合物	1177
Fe_3O-$2FeO \cdot SiO_2$	$2FeO \cdot SiO_2 \cdot Fe_3O_4$ 共熔混合物	1142
MnO-SiO_2	$2MnO \cdot SiO_2$ 异分熔化	1323
MnO-Mn_2O_3-SiO_2	MnO-Mn_3O_4-$2MnO \cdot SiO_2$ 共熔混合物	1303
$2FeO \cdot SiO_2$-$2CaO \cdot SiO_2$	$(CaO)_x \cdot (FeO)_{2-x} \cdot SiO_2 (x=0.19)$	1150
$2CaO \cdot SiO_2 \cdot FeO$	$2CaO \cdot SiO_2$-FeO 共熔混合物	1280
Fe_2O_3-$CaO \cdot SiO_2$	$2CaO \cdot SiO_2$-$CaO \cdot Fe_3O_4$-$2CaO \cdot Fe_2O_3$ 共熔混合物	1192
$FeO \cdot Fe_2O_3 \cdot CaO$	(18% CaO + 82% FeO)-$2CaO \cdot Fe_2O_3$ 固溶体共熔混合物	1140
CaO-Fe_2O_3	$CaO \cdot Fe_2O_3 \rightarrow$ 液相 $+ 2CaO \cdot Fe_2O_3$ 异分熔化	1216
	$CaO \cdot Fe_2O_3$-$CaO \cdot 2Fe_2O_3$ 共熔混合物	1200
Fe_3O_4-Fe_2O_3-$CaO \cdot Fe_2O_3$	Fe_3O_4-$CaO \cdot Fe_2O_3$	1180
	Fe_2O_3-$2CaO \cdot Fe_2O_3$ 共熔混合物	

其中以下四种低熔点物系的作用最大：

（1）FeO-SiO_2 系。烧结料中总存在一定数量的 SiO_2，当铁氧化物还原或分解产生有 Fe_3O_4 和 FeO 时，与 SiO_2 彼此接触的 Fe_3O_4 或 FeO 在1000℃左右时可发生固相反应而形成低熔点化合物铁橄榄石（$2FeO \cdot SiO_2$），其成分为 FeO 72%、SiO_2 28%，熔点1205℃。$2FeO \cdot SiO_2$ 可分别与 SiO_2 和 FeO 形成熔化温度更低的共晶体 $2FeO \cdot SiO_2 - SiO_2$ 和 $2FeO \cdot SiO_2 - FeO$。前者成分为 FeO 62%、SiO_2 38%，熔点1178℃，后者成分为 FeO 76%、SiO_2 24%，熔点1177℃。此外，$2FeO \cdot SiO_2$ 还可与 Fe_3O_4 组成低熔点共晶混合物，其成分为 $2FeO \cdot SiO_2$ 83%、Fe_3O_4 17%，熔点仅1142℃，比铁橄榄石更低，它在烧结过程中首先形成液相。随着物料中 Fe_3O_4 的逐渐溶入液相，液相的熔点逐步上升，由此可见，在烧结酸性烧结料时，要使 Fe_3O_4 较多地溶入液相，需要加热到很高的温度，即配碳量要高。

硅酸铁体系液相是生产非熔剂性烧结矿的主要黏结相。其生成条件是较高的烧结温度和还原性气氛，以保证形成必要的 Fe_3O_4 或 FeO，且矿粉中含有较多的 SiO_2，液相数量与此密切相关。

形成足够数量的铁橄榄石体系液相，是使非熔剂性烧结矿获得良好强度的前提，这就要求有较高的燃料配比。但燃料不宜过多，否则液相生成过多，导致烧结矿还原性降低，并由于薄壁粗孔结构的出现，烧结矿有变脆的趋向。因此，在烧结矿强度足够的情况下不希望铁橄榄石过分发展。

（2）$CaO-SiO_2$ 系。生产熔剂性烧结矿，烧结料中加入较多的石灰石或生石灰时，它们与矿粉中的 SiO_2 作用，可形成硅酸钙体系的液相。该体系化合物有：硅灰石（$CaO \cdot SiO_2$），熔点为1544℃；硅钙石（$3CaO \cdot 2SiO_2$），熔点为1478℃，正硅酸钙（$2CaO \cdot SiO_2$），熔点为2130℃；硅酸三钙（$3CaO \cdot SiO_2$），熔点1900℃。另外，该体系还有3个共晶混合物：$CaO \cdot SiO_2-SiO_2$、$CaO \cdot SiO_2-3CaO \cdot 2SiO_2$ 和 $2CaO \cdot SiO_2-CaO$，其共晶温度分别为1436℃、1460℃和2065℃。

该体系的特点是：无论化合物或共晶混合物的熔化温度都很高，最低也在1436℃以上，因此，在烧结条件下不可能熔化形成一定数量的液相，故不能成为烧结料的主要黏结相。$2CaO \cdot SiO_2$ 熔化温度虽然很高，但它是该体系中固相反应的最初产物，在500～600℃下即开始出现，转入熔体中后不分解，因此在烧结矿中可能存在 $2CaO \cdot SiO_2$ 矿物，它的存在将影响烧结矿的强度。这是因为 $2CaO \cdot SiO_2$ 在冷却时，发生晶形转变。$2CaO \cdot SiO_2$ 在不同温度下有α、α′、β、γ四种晶形，它们的密度分别为3.07kg/m³、3.31kg/m³、3.28kg/m³、2.97kg/m³。$2CaO \cdot SiO_2$ 冷却时的晶形变化：α-$2CaO \cdot SiO_2$（1436℃）、β-$2CaO \cdot SiO_2$（675℃）、γ-$2CaO \cdot SiO_2$。

上述的正硅酸钙晶形变化中，影响最坏的是 β-$2CaO \cdot SiO_2$ 向 γ-$2CaO \cdot SiO_2$ 的晶形转化，因为这一晶形转变可使其体积增大10%，从而发生体积膨胀，导致烧结矿在冷却时自行粉碎。

为了防止或减少正硅酸钙 $2CaO \cdot SiO_2$ 的破坏作用，在生产中可采用以下措施：

1）使用粒度较小的石灰石、焦粉、矿粉；加强混合作业；改善 CaO 与 Fe_2O_3 的接触，尽量避免石灰石和燃料的偏析。

2）提高烧结矿的碱度。实践证明当烧结矿碱度提高到2.0以上时，剩余的 CaO 有助于形成 $3CaO \cdot SiO_2$ 和铁酸钙，当铁酸钙中 $2CaO \cdot SiO_2$ 含量不超过20%时，铁酸钙能稳定成 β-$2CaO \cdot SiO_2$ 晶形。此外，添加少量 MgO、Al_2O_3 也有稳定 β-$2CaO \cdot SiO_2$ 晶形转变的作用。

3）加入少量的含有磷、硼、铬等元素的化合物，如硼酸能有效地抑制烧结矿的粉化。

（3）$CaO-Fe_2O_3$ 系。用赤铁矿生产熔剂性烧结矿，或在燃料用量较低的情况下用磁铁矿生产熔剂性烧结矿时，可生成铁酸钙体系的液相成分。该体系的化合物：铁酸二钙（$2CaO \cdot Fe_2O_3$），熔点为1449℃，铁酸一钙（$CaO \cdot Fe_2O_3$），熔点为1216℃；二铁酸钙（$CaO \cdot 2Fe_2O_3$），其熔点为1226℃。二铁酸钙只在1155～1226℃范围内稳定。1150℃分解为 $CaO \cdot Fe_2O_3$ 及 Fe_2O_3；另外 $CaO \cdot Fe_2O_3$ 与 $CaO \cdot 2Fe_2O_3$ 能组成共晶混合物，熔点为1205℃。

该体系液相的特点是：

1）熔化温度低，而且一旦 $2CaO \cdot Fe_2O_3$ 液相生成后，当其中逐步溶入 Fe_2O_3 时，其熔化温度是逐步下降的。这是造成烧结矿碱度高、烧结温度较低、FeO 低的原因之一。

2）$CaO \cdot Fe_2O_3$ 不仅熔点低，而且生成速度快，它在500～700℃时就开始出现，并且是固相反应的最初产物，随温度升高，反应速度加快。烧结矿碱度不很高时，主要生成物是 $CaO \cdot Fe_2O_3$，当碱度达到2.0左右时，开始出现 $2CaO \cdot Fe_2O_3$。

3）当烧结料层中出现熔体时，由于熔体中 CaO 与 SiO_2 的亲和力远大于 CaO 与 Fe_2O_3 的亲和力，故当温度较高，最初以 CaO · Fe_2O_3 进入熔体中的 Fe_2O_3 将被 SiO_2 置换出来，甚至被还原成 FeO，只有在 CaO 含量高的情况下，才会保留较多的铁酸钙。以铁酸钙作烧结矿的主要黏结相时，烧结矿的强度和还原性都很好，这就是获得铁酸钙体系液相的重要意义。

获得铁酸钙体系液相的条件是：烧结温度较低，氧化性气氛较强，烧结料碱度高，石灰石粒度细并混合均匀。由于生成 CaO · Fe_2O_3 需要 Fe_2O_3，故烧结赤铁矿粉比烧结磁铁矿粉更有利于该体系的形成。

(4) CaO-SiO_2-FeO 系。生产熔剂性烧结矿，当燃料配用较多、烧结温度高、还原性气氛强时，引起铁氧化物的分解还原，产生 FeO，在此情况下，可形成铁橄榄石体系的液相成分。该体系的主要化合物有钙铁橄榄石（CaO · SiO_2 · FeO）、铁黄长石（2CaO · SiO_2 · FeO）、钙铁辉石（CaO · 2SiO_2 · FeO）和钙铁方柱石（2CaO · 2SiO_2 · FeO），其熔化温度依次为 1208℃、1280℃、1150℃和 1190℃。这些化合物的特点是，能够形成一系列的固溶体，并在固相中产生复杂的化学变化和分解作用。

钙铁橄榄石的生成条件与铁橄榄石相似，都需要高温和还原性气氛，但钙铁硅酸盐体系的熔化温度比铁橄榄石体系的低，且液相的黏度较小，从而使得烧结熔剂性烧结矿时，气流阻力比烧结非熔剂性烧结矿时要小，故能改善透气性，强化烧结过程。缺点是液相流动性过好，易形成薄壁大孔结构，使烧结矿变脆。

C 冷凝固结

随着燃烧带下移，料层上部烧结矿便开始冷却结晶。烧结矿在冷却过程中仍有许多物理化学变化发生，冷却过程对烧结矿品质影响很大。

随着烧结矿层的温度降低，其液相中的各种化合物开始冷却结晶。结晶的原则是：熔点高的矿物首先开始结晶析出，然后是熔点低的矿物析出，来不及结晶的就成为玻璃质。

a 冷却

冷却速度是影响冷却过程的主要因素。料层中不同部位的冷却速度差别很大，烧结矿表层温度下降快，一般为 120～130℃/min，下层为 40～50℃/min。冷却速度过快，结晶来不及发展，易形成无一定结晶形状的易破碎的玻璃质，这是表层烧结矿强度低的重要原因。冷却太慢也降低烧结机产量，造成烧结矿卸下温度太高，给运输胶带带来困难。

冷却速度受料层透气性、抽风速度、抽风量的影响。料层透气性好，抽风量大，冷却速度就快。解决冷却速度与烧结矿强度矛盾的有效途径是：既改善料层透气性，又增加料层厚度，这样既可维持烧结速度，又使表层强度差的烧结矿比例减少，产量和质量都得到保证。

b 凝固与结晶

随温度降低，液相逐渐冷凝，各种化合物开始结晶。未熔融的烧结料中的 Fe_2O_3、Fe_3O_4 颗粒，以及从烧结料中随抽风带来的结晶碎片、粉尘等都可充当晶核，然后围绕晶核，依各种矿物熔点高低先后结晶，晶核沿着传热方向，呈片状、针状、长条状和树枝状等不断长大。因各处冷却条件不同，晶粒发展也不一样。一般，表面层冷却速度快，结晶发展不完整易形成无一定结晶形状、易碎的玻璃质；下部料层冷却缓慢，结晶较完整，这是下部烧结矿层品质好的主要原因。液相冷凝速度过快，大量晶粒同时生成而互相冲突排挤，又因各种矿物的膨胀系数不同，结晶过程中烧结矿内部产生的内应力不易消除，甚至使烧结矿内部产生细微裂纹，降低了烧结矿的强度。

2.2.1.4　*烧结矿的矿物组成及结构*

烧结矿是烧结过程的最终产物。烧结矿的矿物组成和结构，是由烧结过程熔融体成分和冷却速度所决定的。而烧结矿的矿物组成和结构，在很多方面决定着烧结矿的冶金性能。因此，对烧结矿物组成、结构的研究，对控制和研究烧结矿的品质有十分重要的意义。目前对烧结矿矿物及其结构研究的方法很多。用显微镜观察，根据矿物晶形和光学性质不同，鉴定烧结矿的矿物组成和结构，是重要的方法之一。

A　*烧结矿的矿物组成*

烧结矿是由含铁矿物及脉石矿物形成的液相黏结而成的，其矿物组成随原料及烧结工艺条件不同而变化，主要受碱度和燃料用量的影响。对于普通矿粉生产的烧结矿，当碱度在0.5~5.0范围时，其主要矿物组成有：

(1) 含铁矿物为磁铁矿（Fe_3O_4）、赤铁矿（Fe_2O_3）、浮氏体（Fe_xO）。

(2) 黏结相矿物较复杂，主要有铁橄榄石（$2FeO \cdot SiO_2$）、钙铁橄榄石（$(CaO)_x \cdot (FeO)_{2-x} \cdot SiO_2, x=0.25 \sim 1.5$）、硅灰石（$CaO \cdot SiO_2$）、硅钙石（$3CaO \cdot 2SiO_2$）、正硅酸钙（$2CaO \cdot SiO_2$）、硅酸三钙（$3CaO \cdot SiO_2$）、铁酸钙（$CaO \cdot Fe_2O_3$，$2CaO \cdot Fe_2O_3$，$CaO \cdot 2Fe_2O_3$）、钙铁辉石（$CaO \cdot FeO \cdot 2SiO_2$）以及硅酸盐玻璃质等。

(3) 当脉石中Al_2O_3含量较高时，烧结矿中则出现铝黄长石（$2CaO \cdot Al_2O_3 \cdot SiO_2$）、铁铝酸四钙（$4CaO \cdot Al_2O_3 \cdot Fe_2O_3$）、铁黄长石（$2CaO \cdot Fe_2O_3 \cdot SiO_2$）以及钙铁榴石（$3CaO \cdot Fe_2O_3 \cdot 3SiO_2$）。

(4) 当MgO含量较多时，则可出现钙镁橄榄石（$CaO \cdot MgO \cdot SiO_2$）、镁黄长石（$2CaO \cdot MgO \cdot 2SiO_2$）及镁蔷薇辉石（$3CaO \cdot MgO \cdot 2SiO_2$）等。

(5) 当脉石中含有少量磷酸盐时，可能出现磷酸钙（$3CaO \cdot P_2O_5$）。

此外，还有少量反应不完全的游离石英（SiO_2）和游离石灰（CaO）等。以上矿物中，对于某一烧结矿来讲，不一定全部矿物都有，而且矿物数量有多有少。磁铁矿是最主要的矿物组成，并最早从熔体中结晶出来，有较完好的结晶形态，浮氏体含量则随烧结料中配碳比增高而增加。

B　*烧结矿的结构*

烧结矿的结构包括宏观结构和微观结构两个方面。宏观结构是指烧结矿的外观特征，用肉眼来判断烧结矿空隙的大小、孔隙分布及孔壁的厚薄，可分为三种结构。

(1) 微孔海绵状结构。当燃料用量和烧结温度适宜、液相生成量适度、黏度较大时，形成微孔海绵状结构，这种结构烧结矿还原性好，强度高。

(2) 粗孔蜂窝状结构。当燃料配比多、烧结温度高、液相生成多且黏度小时，形成粗孔蜂窝状结构，烧结矿表面和孔壁显得熔融光滑，其强度和还原性均较差；燃料配比更多，烧结温度过高时，产生过熔现象，形成气孔度很小的石头状结构，其强度尚好，但还原性很差。

(3) 松散状结构。燃料配比低，液相生成量少，烧结料颗粒仅点接触黏结，烧结矿强度很低。

烧结矿的微观结构一般是指在显微镜下观察所见到的烧结矿矿物结晶颗粒的形状、相对大小及它们相互结合排列的关系。常见的微观结构有以下几种：

（1）粒状结构。烧结矿中含铁矿物与黏结相矿物晶粒相互结合成粒状结构，分布均匀，强度较好。

（2）斑状结构。烧结矿中含铁矿物晶粒呈斑晶状与细粒的黏结相矿物互相结合成斑状结构，强度也较好。

（3）骸晶结构。烧结矿中早期结晶的含铁矿物晶粒，发育不完全，呈骨架状，其内部常为硅酸盐黏结相矿物充填，但仍保持含铁矿物结晶外形和边缘部分，形成骸晶结构。

（4）点状共晶结构。含铁矿物呈圆点状或树枝状分布于黏结相矿物中。

（5）熔蚀结构。含铁矿物被黏结相矿物所熔融，形成熔蚀结构。这是高碱度烧结矿的结构特点。含铁矿物与黏结相矿物接触紧密，强度较好。

（6）交织结构。含铁矿物与黏结相矿物彼此发展或交织构成，此种结构的烧结矿强度最好。

2.2.1.5 强化烧结技术措施

在实际生产中为了提高烧结矿的产量与质量，采取了一些改善烧结作业的技术措施，主要有以下几项。

A 混合料预热

混合料预热是为了将混合料温度提高到（或接近）露点温度，使气流温度保持在露点以上，以防止气流中水分凝结恶化料层的透气性。生产中常常是采用热返矿和蒸汽预热两种并用的预热手段，而且混合料粒度越细，预热后增产效果越显著。国外有的烧结结合二次能量利用，用冷却烧结矿的热废气吹入烧结料层，取得了很好的效果。

B 加生石灰或消石灰

混合料中配入一定量的生石灰代替石灰石粉，可以强化烧结过程。我国的实践证明，在细磨精矿粉烧结时，加入2% ~4%的生石灰可增产20% ~50%，对于强磁选赤精矿粉烧结，加入2% ~4%的生石灰也可取得同样的增产效果。

生石灰在混合料中消化成为极细的消石灰 $Ca(OH)_2$ 胶凝体颗粒，有利于混合料的混合制粒效果；此外，生石灰消化后的胶体颗粒具有较大的比表面积，可以吸附和持有较大量的水分而不会使料层失去原有的疏松性和透气性，在出现一定程度的过湿现象时，不致引起料球的破坏，能一定程度上消除过湿层的负面影响。

但生石灰消化时，体积激增，并放出热量使混合料中水分蒸发，如掌握不当，对混合料的成球反而有破坏作用。故其用量要适当，而且要在混合料装上台车之前消耗完毕。因此应使用活性大、不过烧的生石灰，且粒度应小于5mm。

为解决生石灰使用中的问题，有些厂家使用消石灰代替生石灰，消石灰是已经消化成 $Ca(OH)_2$ 的胶体颗粒，而且吸足了水，它能加固料球的强度并提高其稳定性，使之在干燥或过湿条件下保持不破。但在实际生产中，消石灰含水往往波动极大，且结成块，在混合料中分布很不均匀，降低了其使用效果。为此，有些工厂使用石灰乳代替消石灰，使其在混合料中分布均匀，但其浓度要很好地控制，否则太浓不易流动，起不到均匀混合料的作用；太稀则 $Ca(OH)_2$ 含量太低。

C 热风烧结

为了克服烧结层上下温度和热量不均造成的上部固结不好、下部过熔，以及上部因抽入冷风急冷，形成大量玻璃质，产生较大的内应力和裂纹而使烧结矿强度变差等，可在点火后一段时间内用热风（500℃）供气烧结。热风带入的物理热使烧结料层上下部热量和温度分布趋向均匀，而且上层烧结矿因抽入的是热风，处于高温作用下时间较长，大大减轻了因急冷造成的表层强度降低。为此，热风烧结具有改善表层烧结矿强度的重要作用。此外，热风烧结可降低混合料中的配碳量，从而降低气氛的还原性，也使烧结矿中 FeO 含量降低2% ~4%，而且燃料分布均匀程度提高，利于形成均匀分布的小气孔，提高烧结矿的气孔率。这些都使烧结矿的还原性得到提高。

获得热风的方法有将空气通过预热到要求温度供给烧结和利用气体和液体燃料的高温废气与空气混合形成的热气供给烧结。前者预热较复杂，而后者含氧低。为弥补这一缺陷，可在热气中加入一定数量的氧气。富氧不仅具有热废气烧结明显改善烧结矿质量的优点，而且氧浓度的提高有利于加快烧结速度。在富氧不超过25%的情况下，垂直烧结速度加快10% ~15%。目前，由于氧的来源和价格问题，尚未在生产中广泛应用。

D 分层布料和双层烧结

为了克服烧结矿上下层质量不均匀并节约燃料，可以分层布料，使烧结料层碳含量由上而下逐渐减少。也可以将混合料先铺台车高度的50% ~70%，点火烧结，当其进行到料层阻力下降时，再在其上铺其余的料，并进行第二次点火，这样在同一横断面上有两个烧结层同时向下移动。分层布料和双层烧结从理论上讲是合理的，工业试验也取得了良好的结果，但实际工业生产比较困难，它要求两套配料、供料、布料和点火设备同时工作，基建投资、设备维护增加很多。

E 偏析布料

由于传统布料器在烧结机台车上布的料层，在烧结过程中其下部透气性比上部的要差；又因烧结过程的自动蓄热作用，下部热量比上部的要多，因此，这种粒度和配碳量相对均一的布料方式是不适宜的。国外一些工厂做了大量研究，开发出多种偏析布料装置，投入实际生产后，取得良好的效果。这些偏析布料装置的共同特点是在烧结机台车上产生上部小颗粒多、下部大颗粒多的粒度偏析和料层碳含量上多下少的燃料量偏析。

2.2.1.6 烧结料层透气性

烧结过程必须向料层中送风，固体燃料的燃烧反应才能得以进行，混合料层才能获得必要的高温，烧结过程才能顺利实现。烧结过程之所以能顺利进行，就是气流在料层中自上而下运动的结果，如果没有气流运动，烧结过程就会终止。在料层中气流运动是畅通还是受阻，就是常说的透气性。

A 透气性的表示方法

烧结料层的透气性可以用两种方法来表示：

（1）在一定的压差条件下，可按单位时间内通过单位面积的烧结料层的气体量来表示料层的透气性。即在一定压差条件下，以单位时间内，通过单位面积烧结料层的气体流量大小表示料层透气性的高低。显然，在抽风面积一定时，单位时间内通过料层的空气量越大，则说明烧结料层的透气性越好。

（2）在一定料层厚度的抽风量不变的情况下，以气体通过料层时的压头损失 Δp 来表示料层的透气性，即按真空度（负压）大小来表示，真空度越高，透气性越差，反之亦然。由此可见，在料层透气性改善后，风机能力即使不变，也可增加通过料层的空气量。

研究烧结料层的透气性，应考虑两个方面：一是烧结料层原始的透气性；二是在点火后，烧结过程中的料层透气性。前者在一定的生产条件下变化不大，而后者由于烧结过程的特点，如料层被抽风压紧密实，烧结料层因温度升高产生软化、熔融、固结等，使透气性发生变化。因此，烧结料层的透气性对烧结生产的影响，主要取决于烧结过程的透气性，它的好坏决定着垂直速度的大小。

B 透气性的变化

烧结过程中烧结料层透气性的变化规律如图 2-3 所示。由图可以看出：在点火初期，料层被抽风压紧，气体温度骤然升高和液相开始生成，使料层阻力增加，负压升高。烧结矿层形成后，烧结矿层的阻力损失出现转平稳的阶段。随着烧结矿层的不断增厚及过湿层的逐渐消失，整个矿层阻力损失减小，透气性变好，所以负压又逐渐消失。

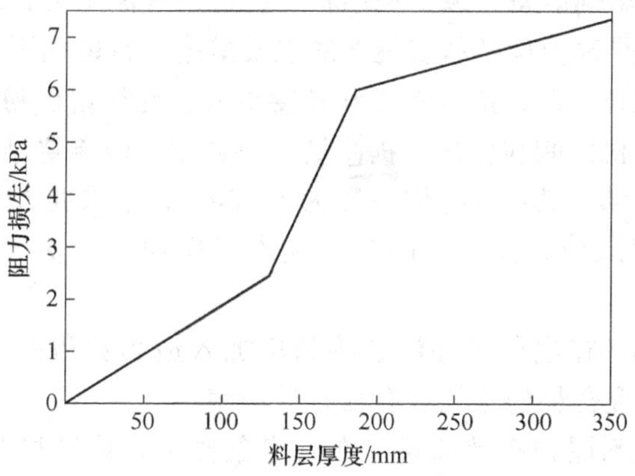

图 2-3 烧结料层中各层阻力损失的变化

废气流量的变化规律和负压的变化相呼应。当料层阻力增加时，在相同的压差作用下，废气流量降低；反之，则废气流量增加。

而温度的变化规律是和燃料燃烧及烧结矿层的自动蓄热作用相关的。

烧结料每一层的透气性相差是很大的。熔化带即燃烧带，与其他各带比较，阻力最大、透气性最差。因为这一带燃料燃烧，料层温度最高，并生成一定数量的液体，所以燃烧带气流阻力最大，显然，温度越高，液相量越多，熔化带厚度的增大，都会促使该层阻力增加。预热带和干燥带虽然厚度较小，但其单位厚度的气流阻力较大。这是因为湿料球粒干燥预热时会发生碎裂，料层空隙度变小，同时，预热带温度高，通过此层实际气流速度增加，从而增加了气体运动的阻力。过湿层气流阻力与原始料层比较，增大一倍左右。这是由于料层过湿，导致料粒的破坏。彼此黏结或堵塞孔隙，使料层孔隙度减小，增加了气流运动阻力。特别是烧结未经预热的细精矿时，过湿现象影响更为显著。烧结矿带即冷却带，由于烧结矿气孔多、阻力小，因此透气性好。随烧结过程自上而下进行，烧结矿层变厚，这一层的增加有利于改善整个料层中的透气性。但在烧结过融时，烧结矿气孔率下降、结构致密、透气性变差。

在烧结过程中，由于各带的厚度相应发生变化，故料层的总阻力是变化的。在开始阶段，由于烧结矿层尚未形成、料面点火温度高、抽风造成料层压紧以及过湿层的形成等原因，因此料层阻力升高。与此同时，固体燃料燃烧熔融物的形成，以及预热带干燥带混合料颗粒的破裂，也会使料层阻力增加。故点火后 2~4min，料层透气性急速下降。随后，由于烧结矿层的形成和增厚，以及过湿带的逐步消失，料层阻力逐渐下降，透气性增加。据此可以推论，垂直烧结速度并非固定不变，而是越向下速度越快。

除此以外，应该指出气流在料层各处分布的均匀性，对烧结生产有很大影响。不均匀的气流分布会造成不同的垂直烧结速度，而料层各处的不同垂直烧结速度反过来又会加重气流分布的不均匀性，这就必然产生料层中有些区域烧得好，有些区域烧得不好，势必产生烧不透的夹生料。这不仅减少了烧结成品率，而且也降低了返矿品质，破坏正常的烧结过程。因此，均匀布料和减少粒度偏析是保证透气性均匀的必要手段。

C 改善料层透气性的主要措施

加强原料、燃料、熔剂准备，减少烧结料层各带的气流阻力，改进烧结设备，减少漏风及提高抽风机能力等是改善烧结料层透气的主要措施，具体如下：

（1）加强烧结料准备，改进原料粒度和粒度组成，配加富矿粉、返矿。

（2）加强二次混合机的制粒作用，提高烧结料粒度，改善烧结料粒度组成。

（3）使用小球料烧结，其球粒上限一般为 6~8mm，下限要大于 1.2~1.5mm。

（4）适宜的混合料水分。铁矿石的亲水性依下列顺序依次增强：磁铁矿、赤铁矿、菱铁矿、褐铁矿。

（5）添加物的作用。在生产中往混合物料里加入适当数量的消石灰、生石灰、皂土等黏结性物质，对改善混合料的透气性有良好的作用。

（6）增加通过烧结料层的有效风量。在一定条件下，烧结机产量与垂直烧结速度成正比，而垂直烧结速度，则随通过料层的风量增加而增快。

2.2.1.7 烧结新工艺

随着钢铁工业的发展和科学技术的进步，高炉冶炼对烧结矿质量提出了更高要求：良好的热态性能和冷强度，稳定、适宜的化学组成。

近年来各烧结厂普遍采用了一些强化措施，如配加生石灰，强化混合制粒，安装松料器，提高抽风负压，厚料层低碳烧结及采用新型高效点火器等，使传统的烧结法在工艺技术和产品质量方面都达到了较高水平，但仍存在能耗高、产品质量差及对原料粒度范围适应性较小的缺点，为此，广大的造块工作者进行了大量研究工作，提出和开发了不少新工艺、新技术，其中低温烧结、小球烧结、燃料分加最为人们所关注。

A 低温烧结

低温烧结法就是指在较低温度（1250~1300℃）下生产烧结矿的过程。低温烧结工艺的理论基础是“铁酸钙理论”。铁酸钙特别是针状复合铁酸钙（常以 SFCA 表示）是还原性和强度均好的矿物，但是它只能在较低的烧结温度（1250~1280℃）下获得，为促进 SFCA 的生成，在以磁铁矿粉为原料的烧结中，要求 $w(Al_2O_3)/w(SiO_2)$ 在 0.1~0.4 范围内。

低温烧结法是目前烧结工艺中一项先进技术，它具有节能和改善烧结矿性能两大优点。其特点如下：

（1）烧结温度低，高温持续时间长。

（2）胶结相为针状铁酸钙。

（3）显微结构为交织残余结构。低温烧结是部分熔化物去黏结部分未熔化矿物的工艺。在国外，烧结料主要是赤铁矿粉，因此，其残余结构主要是赤铁矿，我国以磁铁矿为主，因此，反映残余结构以磁铁矿为主，致使我国低温还原粉化指标比国外要低。

（4）要有适宜的碱度。我国铁精矿绝大多数为酸性矿，为要获得针状铁酸钙，必须添加适量的石灰石等，使其达到一定的碱度。

（5）要有合理的工艺操作制度，如要重视原料整粒、加强混合制粒和合理的烧结制度。

B 小球烧结

小球烧结是将混合料制成一定粒度的小球（粒度上限一般为6～8mm，下限不小于1.5～2mm）后进行烧结。

小球团烧结法工艺流程和特点为：

（1）增设了造球设施。将全部混合料制成小球团是小球团烧结的核心，混合料经一次混合后进入造球系统，在圆盘造球机内进行造球。增加造球设施的目的在于使用以细精矿为主的原料，经造球后料层透气性远比普通烧结要好，易于实行高料层、低负压生产。

（2）增加外滚煤粉工艺环节。小球团烧结法的燃料添加方式是以小球外滚煤粉为主（70%～80%）。小球内部仅配加少量煤粉（20%～30%）。煤粉粒度以小于1mm为宜，外滚煤粉能有效改善固体燃料的燃烧效率。

（3）采用新型布料系统。因采用一般烧结的辊式布料机会造成生球破裂，小球工艺采用梭式胶带机和两条与烧结机同样宽的胶带，靠沿烧结机宽度上的偏析布料。另一种布料方式是采用摆动胶带机配宽胶带机，将球布到辊式布料机上，以解决在料层厚度上的合理偏析布料，而将大球布在底下，小球及脱落煤粉布在上部，改善球层透气性，又有利烧结过程中热量的合理分布。

（4）烧结点火前设置干燥段。与常规烧结工艺比较，烧结料铺在烧结机台车上后，如直接送点火器下面，生球受高温热气流冲击，由于小球内水分迅速蒸发产生热应力易导致小球破裂，恶化烧结料层透气性。因此，在点火前设置干燥段是必要的。

（5）产品为外形不规则的小球集合体。

C 燃料分加

燃料分加就是将配入烧结混合料中的燃料分两次加入。一部分燃料在配料室加入，与铁料、熔剂在一次混合机内混匀，再运送到二次混合机内造球；另一部分燃料则在混合料基本成球后再加入，使之存在于料球表面，这种操作称为外配燃料。这样做既可改善燃料的燃烧条件，又可减少燃料与铁料接触还原而造成的燃料损失。同时，由于燃料的密度小，在布料过程中可增加上层的燃料量而形成燃料的合理偏析。在分加燃料时，应根据混合料的性质，选择合适的内、外燃料配比。

2.2.2 铁矿石球团工艺

由于高炉炼铁对铁矿石品位的要求日益提高，贫铁矿资源被大量开发利用以及选矿工业的发展，提供了大量细磨铁精矿粉。这样的细磨精矿粉用于烧结不仅工艺技术困难，烧结生产指标恶化，而且能耗浪费。为了经济合理地利用这种精矿粉，早在20世纪20年代，瑞典就提出了生产球团矿的方法。20世纪40年代，美国开采出低品位铁燧岩磁铁矿，精选出的矿粉粒度极细，难以烧结。工业规模的球团生产于20世纪50年代逐渐获得应用，并使高炉生产用原料结构发生了变化。而从经济和实际冶炼效果上看，高炉全部使用烧结矿的炉料结构未必合理，高炉使用部分球团矿对冶炼过程是有益的。

球团矿的种类很多，根据其固结机理的不同，可分为高温固结球团（即氧化焙烧球团、金属化球团等）和常温固结球团（冷固球团）两类。目前球团矿生产以酸性氧化球团矿为主，所以在后续的介绍中以这类球团矿的内容为重点。

2.2.2.1 球团矿质量指标

A 生球质量指标

质量优良的生球是获得高产、优质球团矿的先决条件。优质生球必须具有适宜而均匀的粒度、足够的抗压强度和落下强度及良好的抗热冲击性。

（1）生球粒度。近年来球团粒度逐渐变小，生产实践表明，粒度为6～12mm的球团较理想。在高炉中由于球团粒度均匀、孔隙度大、气流阻力小、还原速度快，为高炉高产低耗提供了有利条件，故目前大多数生产厂家都以生产6～16mm的球团为目标。

（2）生球抗压强度。生球必须具有一定的抗压强度，以承受生球在热固结过程中的各种应力、台车上料层的压力和抽风负压的作用等。抗压强度使用压力机进行检测。一般选取10个粒度均匀的生球（通常直径为12.5mm）在压力机上加压，直到破裂为止。以生球破裂时的平均压力值作为生球平均抗压强度。生球的抗压强度随焙烧方法的不同而异，目前还没有统一标准，一般带式焙烧机要求单球9.8～29.4N，链箅机－回转窑为单球9.8N。

（3）生球落下强度。生球必须有足够的落下强度以保证运输过程中既不破裂又很少变形。其检验方法是：选取10个直径为12.5mm的生球，自2m高处自由落在钢板上（有的则落在皮带上），反复数次，直至如现裂纹或破裂为止。记录每个生球的落下次数并求出其平均值，作为落下强度指标。

（4）生球破裂温度。生球在干燥时受到水分强烈蒸发和快速加热所产生的应力作用，从而使生球产生破裂式剥落，影响了球团的质量。生球的破裂温度除了与干燥介质状态有关外，还与原料的组成及理化性质有关。

B 球团矿质量指标

球团矿质量要求的项目主要有粒度、机械强度、还原性、软化温度及熔点、化学成分及其稳定性。近年来，对高温还原条件下的强度以及热膨胀性能也开始重视。

（1）强度。冷强度是球团矿入炉前的一项重要指标。主要反映球团矿的抗冲击、抗摩擦、抗压的能力。检验方法包括落下试验、转鼓试验及抗压强度试验等。落下强度反映球团矿的抗冲击能力，即产品的耐转运能力。转鼓试验可同时反映出球团的抗冲击和抗摩擦的综合特性，是球团质量鉴定的主要手段之一。抗压强度可用材料试验机测定。

（2）还原性。评价球团矿还原性的主要指标是还原度，即还原过程中失去的氧量与试样在试验前氧化铁所含的总氧量之比的百分数表示。测定炼铁原料的还原性方法很多，但由于方法不同，还原结果难于进行相互比较。

与球团矿还原性能有关的指标还有低温还原粉化（500～600℃）、还原膨胀指标。

低温还原粉化的测定方法：将一定粒度范围的试样，在固定床中500℃下，用CO、CO_2 和 N_2 组成的还原气体进行静态还原。恒温还原60min后，试样经冷却，装入转鼓（ϕ30mm×200mm），转300转后取出，用6.3mm、3.15mm和0.5mm的方孔筛分级，分别计算各粒级量，用RDI表示球团矿的还原粉化性。

球团矿还原时体积膨胀的测定：用水银置换法测出球团矿还原前和冷却后体积，根据还原前后体积的变化和氧的损失，可计算出膨胀率和还原度。

（3）高温软化及熔融特性。球团矿和其他炉料一起降至高炉炉身下部受到煤气的还原，温度升高及至熔化。为了避免黏稠的熔化带扩大，造成煤气分布的恶化及降低料柱的透气性，应尽可能避免使用软化区间特别宽及熔点低的球团矿及其他炉料。

有关球团矿软化性能及软化温度的测定方法较多，但基本思路都是模拟高炉内气氛、温度和负荷条件，通过试样的收缩和膨胀及压降变化进行分析。

C　球团矿与烧结矿质量对比

日前国内外普遍认为球团矿比烧结矿在冶金性能上有以下优点：

（1）粒度小而均匀，有利于高炉料柱通气性改善和气流的均匀分布。通常，球团粒度在8～16mm或20mm的占90%～95%以上，即使整粒最好的烧结矿也难以相比。

（2）冷态强度（抗压和抗磨）高。在运输、装卸和贮存时产生粉末少。

（3）还原性好。有利于改善煤气化学能的利用。

（4）原料来源较宽，产品种类多。适于球团法处理的原料包括磁铁矿、赤铁矿、褐铁矿以及各种含铁粉尘、化工硫酸渣等，不仅能制造常规氧化球团，还可以生产还原球团、金属化球团等。

（5）适于处理细精矿粉。选矿技术的进步可经济地选出高品位细磨铁精矿，其粒度从-200网目（小于0.074mm）到-325网目（小于0.044mm）。这种过细精矿透气性不好，影响烧结矿产量和质量的提高。而过细精矿易于成球，球团强度也高，适于用球团方法处理。

由于冶金性能良好，自20世纪60年代以来球团矿生产得到很大发展。据统计，国外大型钢铁企业球团矿年生产能力超过2.8亿吨。

铁精矿粉的球团生产工艺过程包括生球形成和焙烧固结两个主要作业。

2.2.2.2　球团矿生球成型

把精矿粉、黏结剂等混合料，加水润湿滚动成球是生球形成的最基本条件。干燥的精矿粉像散沙一样，不会黏结成球，但加入水滴后，就会形成比水滴大的小球，故矿粉成球主要靠水的作用。

A　矿粉成球机理及造球过程力的作用

矿粉颗粒表面通常带有电荷，在颗粒表面空间形成电场，水分子又具有偶极构造，在电场作用下发生极化并与细磨粉料之间因静电引力而相互吸引。因此，水分子被牢固地吸附在矿粉表面上，形成吸附水膜。它是由吸附水和薄膜水组成的，也称为分子结合水。受外力作用，水分子排列紧密，具有很大的黏滞性，使颗粒彼此黏结。这就是细磨粉料成球后具有一定机械强度的原因之一。当粉料中水分进一步增加到超过最大结合水时，水分开始充填在矿粉颗粒间的空隙中，形成毛细水。这时，水在矿粉颗粒间隙中形成弯曲的液面，产生毛细压力，在其作用下将水滴周围的颗粒拉向水滴中心，形成小球。矿粉颗粒越细，表面亲水性越强，毛细力作用越大，越容易成球，可见毛细水在成球过程中起着主导作用。过多的水分在重力作用下会发生迁移，这种受重力作用的水称为重力水，显然对成球是不利的。在造球过程中，物料所含吸附水、薄膜水、毛细水、重力水的水分总含量称为全水量。

由上述分析可知，不同形态的水分对造球过程有着不同的作用，且对成球影响很大。原料温度过高，易形成过湿的生球，强度小，在运输和焙烧过程中容易互相黏结或变形；水分过低，生球成长过慢，强度也低。所以，造球配加的水分要适宜，通常磁、赤精矿粉造球的适宜湿度为8%～10%，褐铁矿粉为14%～28%。为改善矿粉成球性能，提高生球强度，要在造球料中加入某些添加剂，常用的有皂土（$Al_2O_3 \cdot 4SiO_2 \cdot H_2O + mH_2O$）、消石灰（$Ca(OH)_2$）、石灰石粉（$CaCO_3$）等。

造球过程大致可分为三个阶段：母球形成、母球长大和生球压紧。

（1）母球形成。矿粉颗粒被水润湿后，首先在其表面形成薄膜水；若进一步润湿，并且被润湿的颗粒互相接触，在触点处形成毛细水，靠毛细力作用，使两个或较多的颗粒连接起来，形成小球；继续增加水分，在机械滚动力作用下，小球内部颗粒重新排列，进一步密集，形成比较坚实稳定的小球，即称为母球。

（2）母球长大。母球在滚动过程中，彼此碰撞，母球被进一步压紧，引起内部颗粒间毛细管形状与尺寸的改变，从而使过剩的毛细水被挤到母球的表面上来。这样，过湿的母球表面靠毛细力的作用，将周围温度较低的粉矿粘到母球表面，由于不断向母球表面进行人工喷水，使母球表面润湿，而不断重复黏结周围矿粉，使母球逐渐长大，直至符合要求的尺寸。

（3）长大的母球被进一步压紧。正在长大的母球中，颗粒间的结合力主要靠毛细力联结，强度低。因此，当母球长到要求的尺寸时，应停止喷水润湿，使母球在机械力作用下，内部颗粒进一步重新排列，且其排列更加紧密，挤出多余的水分，获得强度更高的生球。

上述成球的三个阶段，是在造球机内靠加水润湿和滚动产生的机械力作用完成的。

B　矿粉造球设备

铁矿粉造球设备主要有圆盘造球机（图2-4）和圆筒造球机。我国广泛采用圆盘造球机，而欧美较多地采用圆筒机。圆盘机的优点是成球均匀、生产率高、基建和生产费用低；缺点是：操作不易稳定，实现高度的全自动控制有困难。圆盘式造球机的工艺参数有转数、倾角、容积填充率等。

2.2.2.3　球团焙烧固结

生球通过高温焙烧而固结，并具有足够的机械强度，同时还可去除部分有害元素。

A　球团固结机理

生球焙烧是复杂的物理化学过程。焙烧时，随着原始矿物组成、焙烧制度（主要是指气氛和温度）的不同，进行着不同的固相反应。生球焙烧存在如下几种固结方式。

图 2-4 圆盘造球机实物图

(1) 晶桥联结。Fe_2O_3 晶桥的形成。在氧化性气氛下，磁精矿粉生球加热到 200 ~ 300℃就开始氧化，800℃时形成 Fe_2O_3 外壳。新生的 Fe_2O_3 微晶中原子具有高度迁移能力，它们与相邻的颗粒黏结起来，形成晶桥。随着温度升高，微晶长大，使颗粒互相联结起来。当温度达到 900 ~ 1000℃以上时，Fe_3O_4 全部氧化成 Fe_2O_3；在 1000℃以上时，Fe_2O_3 微晶长大并再结晶，使颗粒结合成牢固的整体，球团的强度提高，如图 2-5(a)和(b)所示。

Fe_3O_4 或 Fe_2O_3 的再结晶与晶粒长大。在中性或还原性气氛中焙烧磁铁矿生球时，Fe_3O_4 晶粒在 900℃产生再结晶和晶粒长大，球团以“Fe_3O_4 晶桥键”使颗粒互相联结起来，如图 2-5（c）所示。

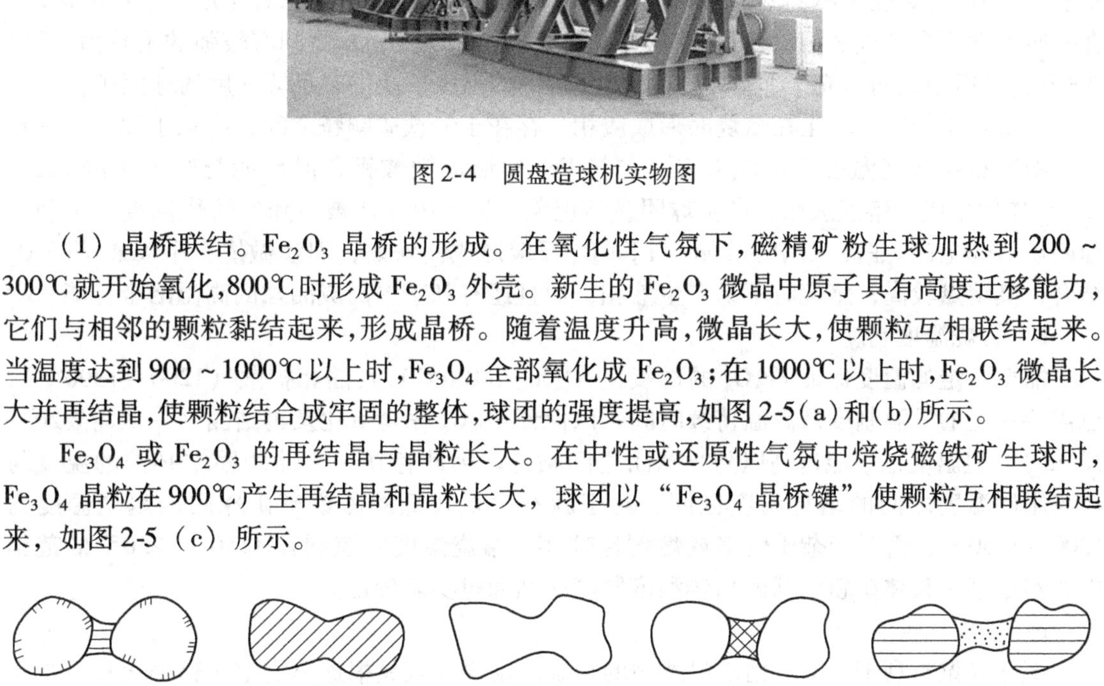

图 2-5 球团固结形式示意图

同样地，在中性或氧化性气氛中焙烧赤铁矿球团时，Fe_2O_3 在高温下也可以发生再结晶与晶粒长大而形成晶桥固结。

这种主要靠再结晶和晶粒长大的方式固结的球团，其强度较前一种低得多。

(2) 固相烧结固结。当温度提高到 1100℃时，生球内部颗粒间由于固相扩散而形成渣化联结颈，球团空隙减少，密度增加而形成一定的固结强度。

固相烧结固结在铁矿粉球团固结中有一定的作用，但属于次要的固结方式。

(3) 液相烧结固结。Fe_2SiO_4 液相的形成。在还原性或中性气氛中焙烧磁铁矿球团时，Fe_3O_4 与 SiO_2 作用，生成低熔点的 Fe_2SiO_4 液相，在冷却时各颗粒黏结起来，如图 2-5（d）所示。

生成铁酸钙或硅酸钙液相。在生产自熔性球团时，CaO 含量较高，在 1000℃以上的高温、强氧化性气氛中，有可能产生铁酸钙（$CaO \cdot Fe_2O_3$）或钙铁橄榄石（$CaO \cdot SiO_2 \cdot FeO$）低熔点化合物，如图 2-5（e）所示。

在球团矿焙烧过程中出现液相，尽管能提供一定的固结强度，但同时也会导致球团间的粘连，且有可能产生大块，因而实际生产中要加以严格控制，保证球团中液相产生量不超过5%。

B 影响球团矿焙烧固结的因素

a 造球原料的性能

首先是矿石种类，Fe_3O_4 在焙烧中氧化成 Fe_2O_3，并伴随晶型转变，能更好地构成晶桥。同时氧化放热，能耗较低，球团矿质量也较好。在强氧化性气氛中，脉石中的 SiO_2 与 Fe_2O_3 不发生反应，对焙烧无影响。但在中性和还原性气氛中，或 Fe_3O_4 未氧化成 Fe_2O_3 的区域，在一定温度下会形成液相，长石熔点低，而且流动性好，与 Fe_2O_3 之间有较强的附着力，所以焙烧时，长石熔化而填充于 Fe_2O_3 之间，能在较低的温度下获得有足够强度的球团矿。

其次是添加物，皂土在焙烧时形成渣相，存在于赤铁矿颗粒之间，有利于固结。消石灰和石灰石在焙烧温区下形成 CaO，它与 Fe_2O_3 形成铁酸钙，但也能与脉石中的 SiO_2、Al_2O_3 作用生成低熔点渣相，产生球团黏结现象。生产中往往被迫降低焙烧温度，不利于球团矿焙烧生产。白云石中的 MgO 与 Fe_2O_3 反应形成镁铁矿，而镁橄榄石中 MgO 与 SiO_2 结合，其熔点较高，焙烧时不易产生液相，而且还有利于提高成品球的高温冶金性能。

b 焙烧温度制度

需要一定的温度保证 Fe_3O_4 的再氧化（900～1100℃）及固相扩散（1200～1300℃），也需要一定的升温制度及高温持续时间，以保证 Fe_3O_4 完全氧化及再结晶（一般需要20～30min）。但温度也不能过高以防止球团之间粘连。因此存在一个球团固结必需的温度与最高限制温度之间的焙烧温度区间。对于脉石含量较低的磁铁精矿球团的焙烧温度为1300～1350℃，而对于杂质较多或熔剂性球团，焙烧温度应控制在1150～1250℃的范围内。对于某一具体矿粉的球团焙烧温度制度必须通过实验确定。

c 焙烧气氛

氧化气氛有利于 Fe_3O_4 精矿粉球团的焙烧。焙烧气氛是根据燃烧室产物中含氧量来划分，可通过改变燃烧的过剩空气系数来调节气氛。

d 球团粒度

生球粒度越大，需要的焙烧和高温持续时间越长，以保证氧向中心扩散和热量向中心传递，使 Fe_3O_4 完全氧化成 Fe_2O_3，并进行再结晶长大。对以 Fe_2O_3 矿粉制造的生球焙烧尤其重要，因为它内部无氧化放热，全部热量均需由外界传递进去。因此，希望将球团粒度控制在9～12mm。

应当指出，生产球团矿的精矿粉粒度对焙烧也有影响。一般来讲，精矿粉粒度越细，对焙烧越有利。为得到高强度的球团矿，宜将矿粉磨细。

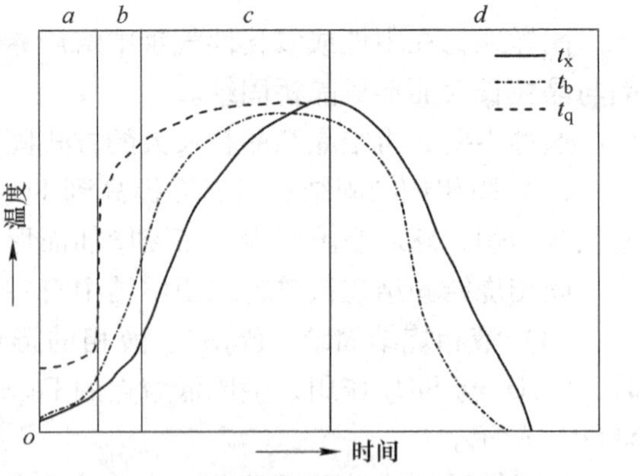

图2-6 球团焙烧过程温度变化情况

a—干燥；*b*—预热；*c*—焙烧；*d*—冷却

t_x—球团中心温度；t_b—表面温度；t_q—气体温度

C 球团焙烧工艺过程

生球高温焙烧包括干燥、预热、焙烧和

冷却四个阶段，如图2-6所示。对不同原料、不同焙烧设备，每个阶段的温度水平、延续时间以及气氛均不尽相同。但在整个焙烧过程中进行的一系列物理化学变化，如水分蒸发、碳酸盐分解、氧化和脱硫反应、粉矿固结、气体与固体间的传热等，基本上是相同的。焙烧过程需用气体或液体燃料燃烧产生高温废气进行加热。

（1）干燥过程。干燥过程目的是降低生球中的水分，以免在高温下焙烧时发生破裂，一般干燥温度为200～400℃。在干燥过程中，生球内部水分向外扩散，并从表面蒸发去除，所以温度高，气流速度快，有利于脱水。但干燥过程在400～600℃之间易发生生球爆裂，因此需严格控制干燥温度和气流速度。

（2）预热。干燥阶段尚未排完的水分，在预热阶段除净，同时产生某些固相反应，以及碳酸盐、硫化物的分解和氧化等反应。该阶段温度一般为600～1000℃。

（3）焙烧固结。预热过程中未完成的反应在焙烧固结阶段继续进行。此时主要进行铁氧化物的结晶和再结晶、晶粒长大、固相反应以及由其产生的低熔点化合物或共晶的熔化，形成部分液相，球团体积收缩及组织致密化。球团固结主要靠固相反应和再结晶，过多的液相会引起球团相互粘连成大块。

（4）球团均热。球团均热主要目的是使球团内晶体长大，再结晶充分，矿物组成均匀。该过程温度略低于焙烧温度。

（5）球团矿冷却。为将球团矿温度从1000℃以上降到运输带能承受的温度（90～120℃），并回收其热量，需将烧成的球团进行冷却，其冷却介质为空气。

2.2.2.4 球团焙烧设备

目前用于球团焙烧的设备，主要有竖炉、带式焙烧机和链箅机－回转窑三种。带式焙烧机（图2-7）的产量占全部焙烧设备生产球团矿总产量的比例最大，链箅机－回转窑（图2-8）次之，竖炉（图2-9）最小。此外，还有环式焙烧机等。

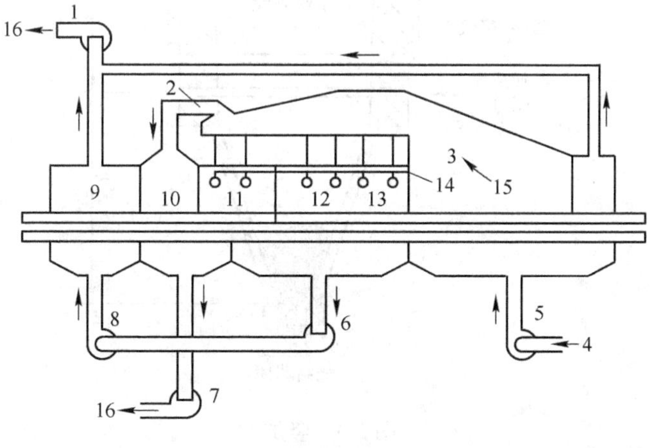

图2-7 带式焙烧机

1—烟罩排气风机；2—调节风；3—直接回热烟罩；4—冷风；5—冷却风机；6—风箱回热；7—排气风机；8—鼓风干燥风机；9—鼓风干燥；10—抽风干燥；11—预热；12—焙烧；13—均热；14—燃烧；15—冷却；16—废气

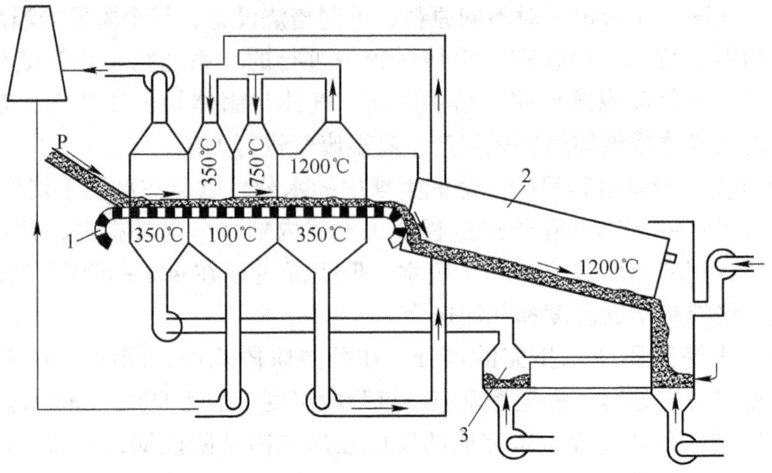

图 2-8　链箅机－回转窑

1—链箅机；2—回转窑；3—冷却机

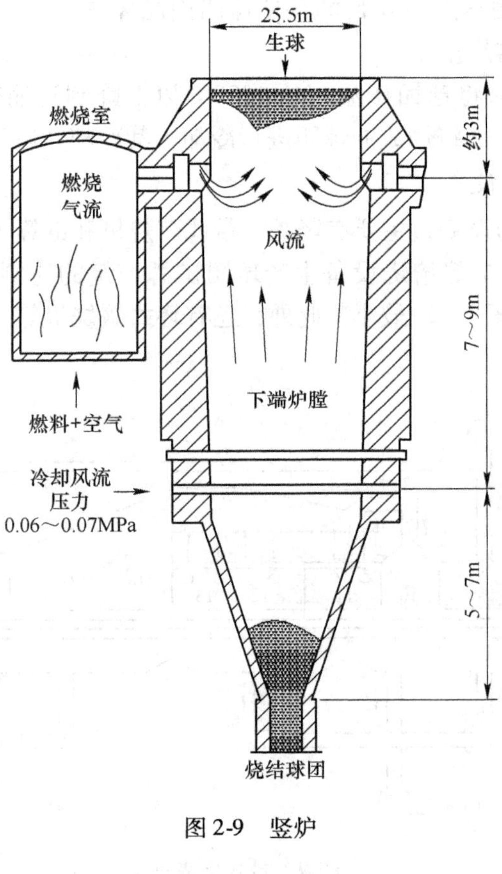

图 2-9　竖炉

2.2.3　煤炼焦工艺

现代焦炭生产过程分为洗煤、配煤、炼焦、熄焦及煤气和化工产品回收处理等工序，生产工艺流程如图 2-10 所示。

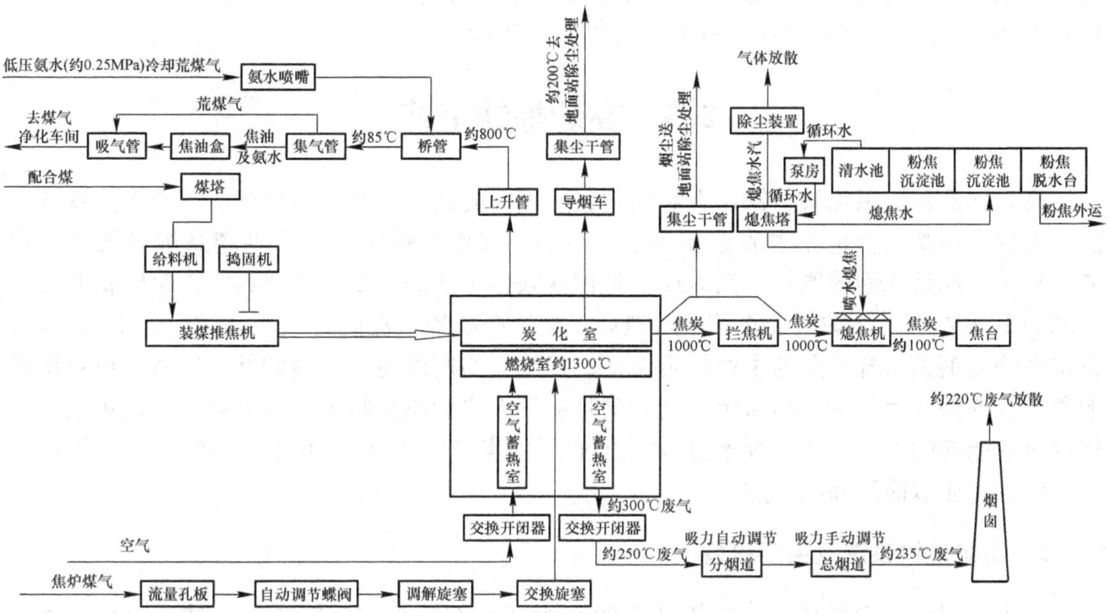

图 2-10 炼焦生产工艺流程示意图

（1）洗煤。原煤在炼焦前洗选，目的是降低煤中灰分和洗除其他杂质。

（2）配煤。可用于炼焦的煤主要有气煤、肥煤、焦煤和瘦煤等。配煤是将上述各种结焦性不同的煤经洗选后，按一定比例配合炼焦。目的是在保证焦炭质量的前提下，节约日趋减少的主焦煤，扩大炼焦用煤源，同时尽可能多地获得一些化工产品。

（3）炼焦。将配好的煤料，装入炼焦炉的炭化室，在隔绝空气的条件下，由两侧燃烧室供热，随温度升高经干燥、预热、热分解、软化、半焦、结焦成具有一定强度的焦炭。煤结焦过程见表 2-5。

表 2-5 煤结焦过程变化情况

结焦过程	温度区域/℃	反 应 产 物
干燥和预热	50～200	煤中水分蒸发和放出 CH_4 和 CO_2 等气体
热分解	200～300	放出气体挥发物
软化	300～500	产生胶质体
半焦	500～800	吸出大量液体焦油及气体挥发物，形成多孔状半焦
成焦	900～1000	产生较大的体积收缩，并开始炭化最后形成焦炭。经过一个结焦周期（14～18h），由推焦机把焦炭从炭化室推出

（4）熄焦。炽热的焦炭由熄焦车送去喷水熄焦、凉焦，或用 CO_2、惰性气体等逆流穿过红焦层进行热交换，焦炭冷却到 200℃以下，惰性气体则升温至 800℃左右，送到余热锅炉生产蒸汽，这就是干熄焦法，这种方法对环境污染小，焦炭质量高，同时可回收大量显热。

（5）煤气和化工产品回收。炼焦过程不仅产出焦炭，同时还逸出高热值的煤气及其他可提取化工产品的原料。每1000kg干精煤可获得冶金焦750kg、煤焦油15~34kg、氨1.5~2.6kg、粗苯4.5~10kg、焦炉煤气290~350m^3。

2.3 高炉炼铁工艺

高炉炼铁是应用焦炭、铁矿石和熔剂在竖式反应器——高炉内连续生产液态生铁的方法，是现代钢铁联合企业中的重要环节。高炉不仅生产铁水，而且副产高炉煤气和高炉渣。高炉铁水是炼钢的原料；高炉煤气是钢铁联合企业的重要气体燃料，占钢铁企业二次能源的20%左右；高炉渣经水淬成水渣后，是生产矿渣水泥的原料。高炉生产是否稳定，直接影响到钢铁联合企业的生产能否正常、稳定、均衡地运行，高炉铁水的质量更直接影响着后续炼钢的生产和产品质量。高炉又是能耗大户和原材料的巨大消耗者，高炉能耗占钢铁企业能耗的1/3~1/2，消耗了钢铁工业所用焦炭的80%、动力的15%。高炉炼铁工序是钢铁工业节能环保的重点。

2.3.1 高炉炼铁系统及主要设备

一个大型高炉冶炼系统（或炼铁车间）由几大部分组成，即高炉本体、原料储存系统、送风系统、煤气净化系统、渣铁处理系统、燃料喷吹系统。

2.3.1.1 高炉本体

高炉本体包括高炉基础、钢结构、炉衬、冷却设备以及高炉炉型设计等。高炉的大小以高炉有效容积表示，高炉有效容积和高炉座数表明高炉车间的规模，高炉炉型设计是高炉本体设计的基础。近代高炉炉型向着大型横向发展。高炉本体结构设计的先进、合理是实现优质、低耗、高产、长寿的先决条件，也是高炉辅助系统设计和选型的依据。

A 高炉内型

高炉是一个两头小、中间大的竖立圆筒形炉子，其内部由炉墙而形成的工作空间几何形状称为高炉的炉型或内型，如图2-11所示。

现代高炉内型一般由炉缸、炉腹、炉腰、炉身和炉喉五段组成，各部分名称及尺寸常用符号如图2-12所示。图中的H_u为高炉的有效高度，即从铁口中心线到大钟开启位置的下沿之间的距离。

五段式高炉内型是经过长期生产实践总结出来的，完全适应冶炼工艺的要求。它与炉料和煤气两大流体在炉内运动规律相适应，竖立的炉体使炉料可借重力而自动下降，在与上升的煤气流接触中进行热交换和一系列的物理化学反应，既利于煤气的能量利用，又利于渣铁液相的形成。

两头小、中间粗略带锥度的圆柱形空间，既保证了炉料下降过程受热膨胀、松动软熔和最后形成液态而体积收缩的需要，又符合煤气上升过程中冷却收缩和高温煤气上升不至烧坏炉腹砖衬的特点。

高炉有效容积V是五段容积之和，是炉料在炉内实际占有的容积。一般定义为：由高炉出铁口中心线所在水平面到大料钟下降位置下沿水平面之间的容积。高炉大型化是高炉炼铁发展的必然趋势，有利于在保证和改善生铁质量的前提下，降低生产每吨生铁的建设费和能耗。

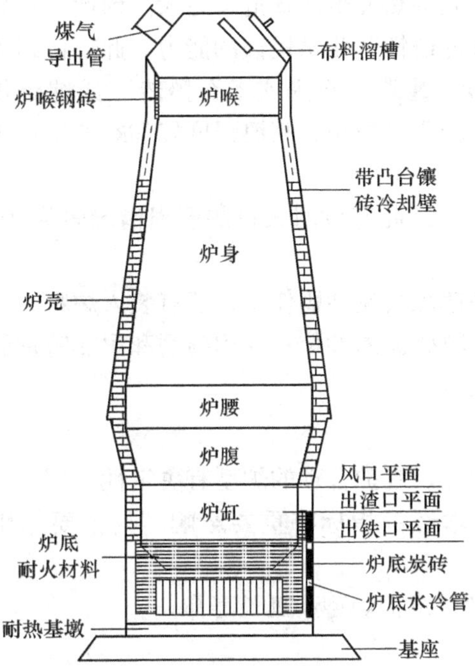

图 2-11 高炉内型结构示意图

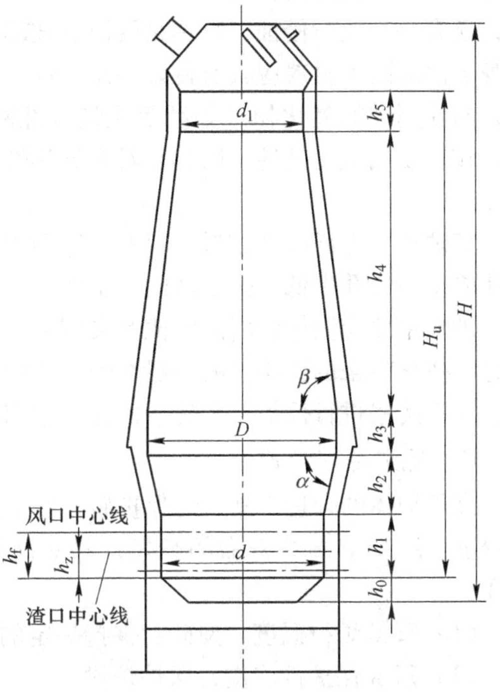

图 2-12 五段式高炉内型图

B 高炉炉衬

高炉的冶炼空间是由炉墙围成的。炉墙由炉壳、冷却设施及耐火炉衬三部分组成。

炉衬主要是直接抵抗冶炼过程中机械、热力和化学的侵蚀，以保护炉壳和其他金属结构，减少热损失，并形成一定的冶炼空间及炉型。

炉壳起密封渣、铁和煤气的作用，并承担一定建筑结构的任务。

冷却器用来保护炉衬、炉壳，其布置轮廓在很大程度上决定着操作炉型状态。

影响高炉寿命的因素较多，而内衬的破损程度是根本。高温是高炉冶炼本身的特点，高温会加速炉衬的破损，同时也提供了一些保护的途径。如何利用后者来抑制前者是高炉能否长寿的关键。破坏因素作用的大小主要受制于温度的高低。因此从传热等原理看，内衬自我保护的实质，就是不断地以热量的平衡来保证渣皮、铁壳的形成速度与被破坏速度的动态平衡，只要这个平衡保持好了，内衬就可能长期稳定地工作。

对高炉炉衬的质量要求。用于高炉的耐火材料，必须对于炉内反应保持物理和化学上的稳定性，因此，在质量方面应达到以下的要求：在高温下，应该不熔化、不软化、不挥发；在高温、高压条件下能保持炉体结构的强度；耐热冲击，耐磨蚀的性能强；具有对于铁水、炉渣和炉内煤气等的化学稳定性；具有适当的热传导率，同时又不影响冷却效果。上述这些特性，对高炉不同部位上的耐火材料来讲，其侧重点是不同的。炉底耐火砖在20 世纪 50 年代之前，使用黏土耐火砖。由于出铁量增加、侵蚀严重，为防止炉底烧穿造成事故，现已使用导热性好的炭砖。

炉腹、炉腰和炉身是高炉内衬侵蚀最严重的部位，尤其难以形成保护层的炉腰和炉身下部，目前已成为高炉内衬的最薄弱环节，这里不仅受到下降炉料和上升煤气流的机械磨损，还有各种化学侵蚀，特别是因温度波动而引起的热冲击破损危害更大。因此，炉腰到炉身下部的耐火材料应具有良好的耐磨性、抗热冲击性和化学侵蚀的能力。此部位耐火砖现趋向使用纯的氧化物（如纯氧化镁、纯刚玉）、纯碳（石墨或半石墨砖）或纯碳化硅砖。较多使用碳化硅砖，因为它具有导热性好、膨胀系数小、高温强度好和蠕变变形小等优点。

高炉炉身上部温度较低，只有气体和固体存在，此部位耐火衬的磨损情况较为严重，因此应使用气孔率低、强度高的黏土砖。

炉喉主要受固体炉料的摩擦和夹带炉尘的高速煤气流冲刷作用，还有装入炉料时温度的急剧变化带来的影响。故一般在炉喉直接与炉料碰撞的部位，要用耐磨和耐热铸钢制成的炉喉钢砖来进行保护，钢砖下面部分常用黏土砖。

C 高炉冷却设施

高炉炉体的合理冷却，对保护砖衬和金属构件、维护合理的炉型有决定性作用，在很大程度上决定着高炉寿命的长短，并对高炉技术经济指标有重要影响。其主要作用表现在：

（1）降低炉衬温度，使砖衬保持一定的强度，维护炉型，延长寿命。

（2）形成保护性渣皮，保护炉衬。

（3）保护炉壳、支柱等金属结构，免受高温影响。

（4）有些冷却设备还可以起到支持部分砖衬的作用。

高炉系统的冷却一般有强迫冷却和自然冷却两种。强迫冷却具有冷却强度大的优点，但自然冷却（喷水）设备简单，故小高炉常用外部喷水冷却的方法。目前，强迫冷却用的冷却介质有水冷、风冷和汽化冷却三种。

水冷是目前高炉冷却最主要的方式。水的热容量和传热系数大而且价廉易得，但水的用量大，一般 $1m^3$ 炉容用水量达 2.0～2.5 t/h，而且对水质也有一定的要求；风冷目前主要用于炉底，它的质量热容量只有水的 1/4，故无法用于热负荷较高的部位，但风冷比水冷安全性高；汽化冷却是目前高炉冷却上的一项新技术，它是利用接近饱和温度的软水，在冷却器内受热汽化时大量吸收热量的原理达到冷却设备的目的。

D 高炉基础

高炉基础是高炉最底层的承载建筑结构。其作用是将所承受的全部荷重均匀地传给地层。高炉基础必须稳定，不允许发生较大的不均匀下沉，以免高炉与其周围设备相对位置发生大的变化，从而破坏它们之间的联系，并使之发生危险的变形。

高炉基础结构的一般形式如图 2-13 所示。它是由钢筋混凝土做成的一个整体，一部分露出地面，称为基墩；一部分埋入土中，称为基座。为了扩大炉基的底面积，基座放大成悬臂状。炉基的断面形状一般为多边形。为了使炉基稳定，基础埋入地下的深度必须超过地下水位和冰冻线。

E 高炉金属结构

高炉金属结构是指高炉本体的外部结构。在大中型高炉上采用钢结构的部位有炉壳、支柱、炉腰托圈（炉腰支圈）、炉顶框架、斜桥、各种管道、平台、过桥以及走梯等。对

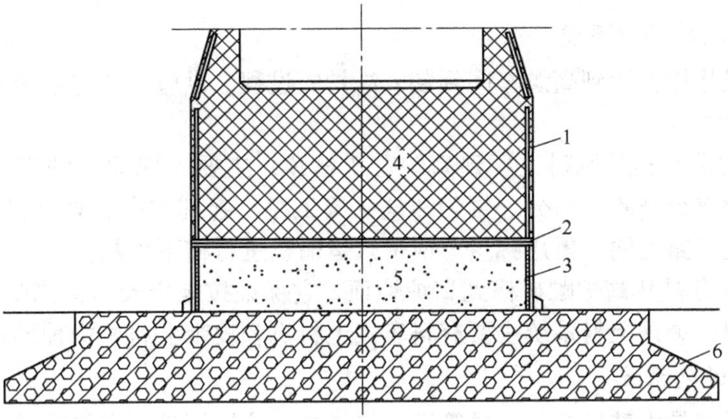

图 2-13　高炉基础

1—冷却壁；2—水冷管；3—耐火砖；4—炉底砖；5—耐热混凝土基墩；6—钢筋混凝土基座

钢结构的要求是简单耐用、安全可靠、操作便利、容易维修和节省材料。我国常见的高炉结构形式如图 2-14 所示。

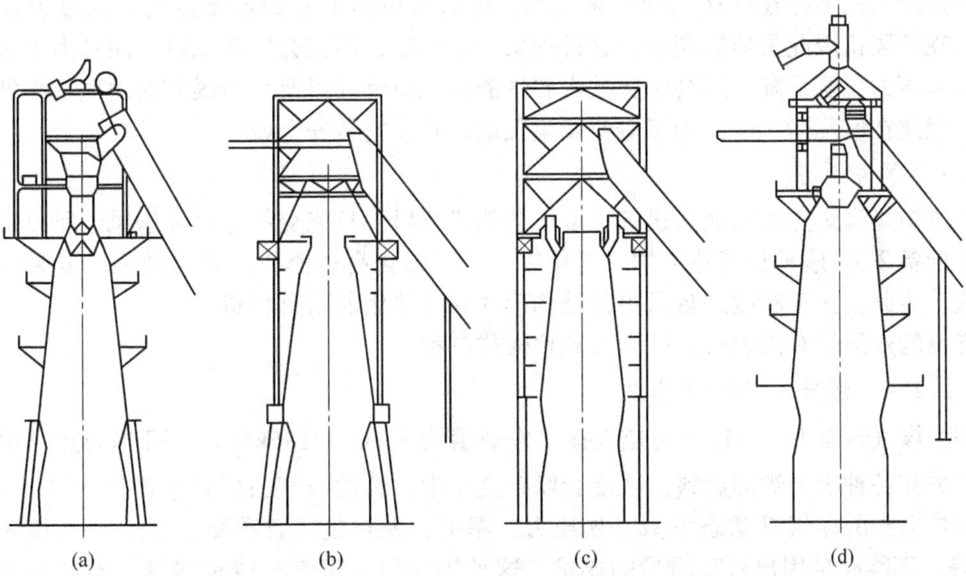

图 2-14　高炉本体钢结构

（a）炉缸支柱式；（b）炉缸炉身支柱式；（c）炉体框架式；（d）自立式

F　炉顶装料装置

炉顶是炉料的入口也是煤气的出口，又是高炉的咽喉。炉顶装料设备是把运送到炉顶的炉料装入炉内，并能得到合理的分布。现代高炉随着高压操作的广泛应用，炉顶设备已成为高炉设备中的薄弱环节，其寿命、结构和制造质量不但影响高炉作业率，也影响高压作业和布料调剂，还决定着高炉中修、大修的期限。常见的炉顶装置有双钟式炉顶和无钟式炉顶（串罐式和并罐式）。

2.3.1.2 原料供应系统

供料系统是指原料运到高炉车间到装入高炉的过程，供应系统包括两部分，以高炉贮矿槽为界：

（1）第一部分是指从原料进厂到高炉贮矿槽顶，主要完成原料的卸、堆、取、运等作业，根据需要进行破碎、筛分、掘匀和洗矿等工序，起到贮存、处理供应原料的作用。厂外原料通常是铁路运输，再用称量车或带式运输机进行槽下供料。

（2）第二部分是从高炉贮矿槽到高炉炉顶，它保证按规定及时向高炉供应不同品种、数量充足的原料。炉顶上料系统主要有料车式上料机和皮带上料机两种形式。

2.3.1.3 送风系统

高炉送风系统是由鼓风机、冷风管道、热风炉、热风管道、煤气管道、废气管道以及设置在上述管道上的各种阀门和烟囱、烟道等所组成。

A 高炉鼓风机

高炉鼓风机是向高炉供给空气的必要设备。高炉鼓风机的形式有轴流式和离心式两种。随着高炉大型化和超高压操作，鼓风机也向着大流量、高压力、高转速、大功率、高自动化水平的方向发展。

高炉鼓风机所存在的最大问题是飞动，即风机风压上升到最高点时，风量大幅度降低，出现鼓风机因此失速的现象。这种现象一旦发生，不仅会损坏风机，而且由于送往高炉的鼓风压力急剧下降，还会引起铁水和炉渣向风口倒灌以及炉内煤气向送风系统倒流的危险。因此在实际运行中，为了避免发生飞动，必须安装安全装置。

B 热风炉系统

热风炉是高炉热风的加热设备。鉴于蓄热式热风炉只能交替加热和送风，所以每座高炉通常配备2~4座蓄热式热风炉。近年来，为了强化高炉操作，高温鼓风已成为一种重要手段。为此，正不断改进热风炉的结构形式和所使用的耐火材料。

常见的热风炉有内燃式、外燃式和顶燃式三种。

2.3.1.4 煤气净化除尘系统

高炉煤气含有CO、H_2等可燃气体，发热值为3350~4186kJ/m^3，可作为热风炉、锅炉、焦炉和各种冶金炉的燃料。在冶金联合企业中，高炉煤气占燃料平衡的25%~30%，但从高炉引出的煤气其状态参数，如压力、温度、发热值、含湿量、含尘量（10~40g/m^3）等，不能满足用户对其质量的要求。这种煤气称为粗煤气或荒煤气，不经处理不能作为燃料使用。因灰尘会将管道和设备堵塞，还会引起耐火砖渣化和导热性变坏，故从能源利用和环境保护考虑，必须对高炉煤气进行处理。要求净煤气含尘量小于10mg/m^3。

A 除尘基本原理

高炉煤气带出的尘粒为0~500μm，颗粒在空气中沉降，由于空气有一定黏度，故沉降速度并不是以重力加速度9.8m/s^2而不断加大的，颗粒沉降遇到空气阻力，当速度加大到使阻力和重力相等时，沉降就以等速度进行了。故粒径越小、密度越小的颗粒，具有较大的表面积，受空气的浮力作用越大，所达到的沉降速度越低，越不易沉积。

一般来讲，除尘过程需要逐级进行。100μm以上的颗粒是较易除去的，称其为粗除尘。

常用的除尘设备有重力除尘器、离心除尘器等。除去更小的尘粒则称为精除尘,除尘设备有文氏管、电除尘器和布袋除尘器等。一切除尘设备都是借外力作用来使尘粒和气体分离的,这些外力主要有以下三种:

(1) 惯性力。当气流方向改变时，尘粒具有惯性力，使其继续前进而分离。

(2) 加速度力。靠尘粒具有比气体分子更大的重力、离心力和静电引力而分离。

(3) 束缚力。主要是通过过筛和过滤的办法，挡住尘粒继续前进。

B　常用除尘设备

高炉系统常用的除尘器有:

(1) 重力除尘器。重力除尘器是粗除尘设备。其结构如图 2-15 所示，煤气从顶部中心管进入重力除尘器内，由于中心管下端出口处气流突然减速和方向改变，使粉尘在重力和惯性力的作用下，与煤气流分离沉降于底部。煤气流则转向 180°，上升排到下一级除尘器。这类除尘器的除尘效率可达 80% ~85%，除尘后的煤气含尘量可降低到 1 ~4g/m^3。

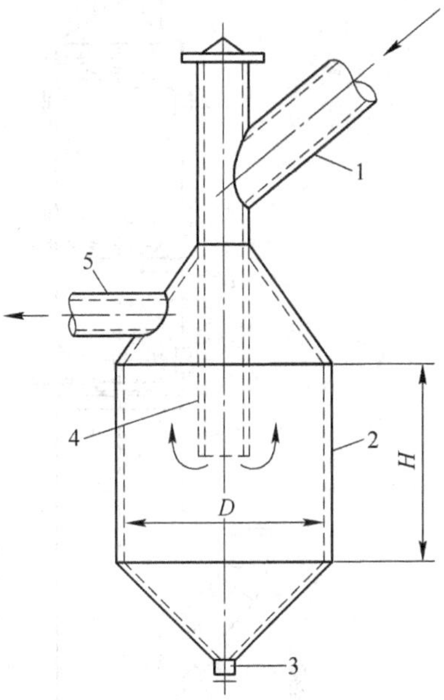

图 2-15　重力除尘器
1—煤气下降管；2—除尘器；3—清灰口；4—中心导入管；5—塔前管

(2) 洗涤塔。用于式粗除尘不能除掉的细颗粒灰尘，要靠清洗的办法进一步除去。目前广泛应用的半精细除尘设备是洗涤塔，常设在重力除尘器之后，其结构如图 2-16 所示。

洗涤塔的工作原理：煤气从洗涤塔的下部进入后向上流动，与向下喷洒的水相遇，煤气和水进行热交换，使煤气温度降低，同时煤气中的灰尘被水滴所湿润，彼此凝聚成大颗粒，由于重力作用而离开煤气流，随水一起流向洗涤塔底部，与污水一起经塔底水封排走，经冷却和洗涤后的煤气由塔顶管道导出。经洗涤后煤气含尘量降到 1g/m^3 以下，除尘效率达 80% ~85%，煤气冷却到 40℃以下，降低了煤气中饱和水。

此外，还有文氏管、调节阀组、脱水器、静电除尘器和布袋除尘等后续除尘设备。

2.3.1.5　渣铁处理系统

为保证高炉正常生产，由高炉铁口和渣口放出的液态生铁和熔渣，必须及时处理。随着高炉大型化和冶炼的强化，生产量猛增，一座高炉日产渣铁逾万吨，处理这些渣铁不仅要有足够的运输能力，同时要有高度机械化、自动化的处理设备，以及良好的劳动条件。目前高炉渣铁处理的一般流程如图 2-17 所示。

2.3.1.6　高炉喷吹系统

高炉经风口喷吹煤粉已成为节焦和改进冶炼工艺最有效的措施之一。它不仅可以代替日益紧缺的焦炭，而且有利于改进冶炼工艺；扩展风口前的回旋区，缩小呆滞区；降低风口前的理论燃烧温度，有利于提高风温和采用富氧鼓风，特别是喷吹煤粉和富氧鼓风相结合，在节焦和增产两方面都能取得非常好的效果，可以提高 CO 的利用率， 提高炉内煤气

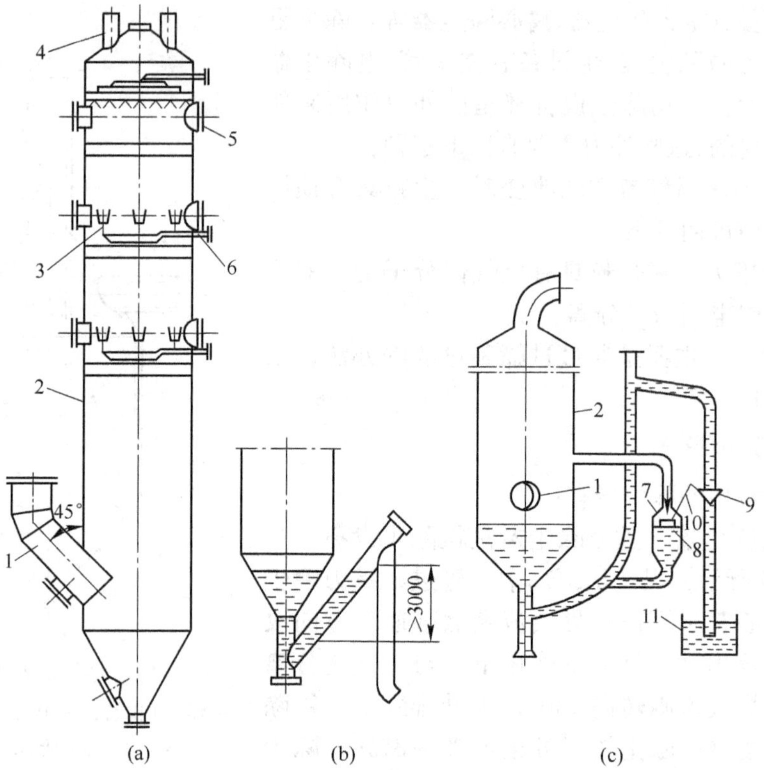

图 2-16 洗涤塔

（a）空心洗涤塔；（b）常压洗涤塔水封装置；（c）高压煤气洗涤塔的水封装置

1—煤气导入管；2—洗涤塔外壳；3—喷嘴；4—煤气导出管；5—人孔；6—给水管；

7—水位调节器；8—浮标；9—蝶式调节阀；10—连杆；11—排水沟

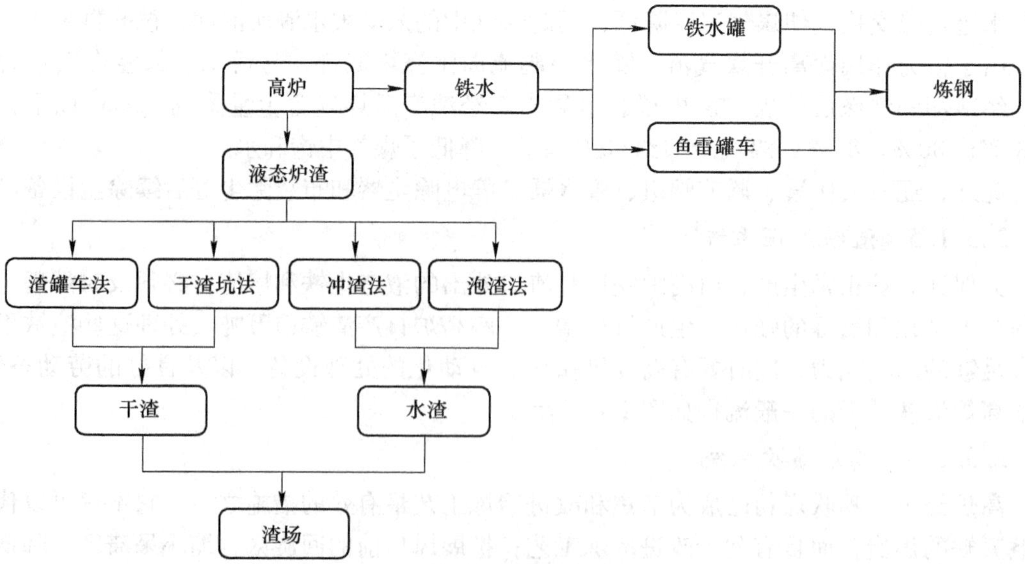

图 2-17 渣铁处理系统流程

H_2 量，改善还原过程等。总之，高炉喷煤既有利于节焦增产，又有利于改进高炉冶炼工艺，促进高炉顺行，受到世界各国的普遍重视。

除了煤粉外，还可向高炉喷吹重油、焦油、沥青和天然气、焦炉煤气或石油裂化气等。

高炉喷煤系统主要由原煤贮运、煤粉制备、煤粉喷吹、热烟气和供气等几部分组成，其工艺流程如图 2-18 所示。

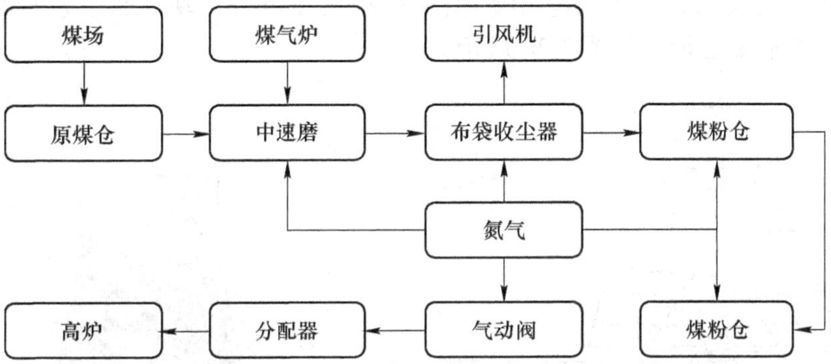

图 2-18　高炉喷煤系统工艺流程

高炉冶炼对所喷吹燃料的工艺及设备要求是：能保证连续、稳定、均匀地喷入炉内，计量准确、调节灵活、设备简单、安全可靠。

喷吹固体燃料主要是无烟煤粉、烟煤煤粉和焦粉等。虽然燃料种类不同，但其工艺设备基本相同。主要由原煤贮运系统、煤粉制备与输煤系统、煤粉喷吹系统、热烟气系统、供气系统、安全措施系统组成。

2.3.2　高炉炼铁过程的物理化学

高炉冶炼过程是个连续生产过程。炉料自炉顶加入炉内，在下降过程中与风口前燃料燃烧产生向上流动的高温煤气相遇，受热和还原剂的作用，一些物质被挥发和分解，铁及某些元素的氧化物被还原，被还原出来的铁经渗碳作用及其他元素的加入，形成液体生铁；未被还原部分和脉石生成炉渣，最后将液体渣、铁放出炉外。已用去大部分能量的煤气则从炉顶排出。整个冶炼过程中发生的物理化学变化是复杂交错、互相影响的。这些变化的发展方向、反应速度和进行程度，影响高炉生产率、产品质量和物资消耗，特别是燃料消耗。

高炉是一个密闭的连续的逆流反应器。把正在生产的高炉突然停止鼓风，并急速降温以保持炉内原状，然后将高炉剖开，并进行全过程的观察、录像、取样分析化验等各个项目的研究，这项工作称为高炉解剖研究。

早在 1930 年前后，斯德哥尔摩就进行过解剖高炉的工作。1968 年日本首先对 $646m^3$ 高炉作了解剖研究。随后日本解剖了 13 座容积更大的高炉。前苏联解剖了 2 座高炉，美国等其他国家也进行过解剖研究。我国于 1979 年 10 月对首钢 $23m^3$ 试验高炉进行了解剖研究，之后在攀钢解剖了一座容积更小的试验高炉，获得了大量而丰富的资料。

2.3.2.1 炉内各区域状态

A 高炉内各区域的物性状态

为了弄清高炉内各部分的反应及变化规律，人们曾多次对正在运行中的高炉突然停炉，并用水或氮气进行急冷，使炉内物料保持生产时的原状，然后对其解剖分析，以揭示高炉内部的奥秘。大量解剖研究表明，炉料下降过程分布是呈层状的，直至下部熔化区域，但炉料中焦炭在燃烧前始终处于固体状态而不软化熔化。高炉冶炼过程中炉内炉料下降过程状态的变化如图 2-19 所示。高炉冶炼过程大致可分为块状带、软熔带、滴落带、焦炭回旋带和炉缸带五带，如图 2-20 所示。

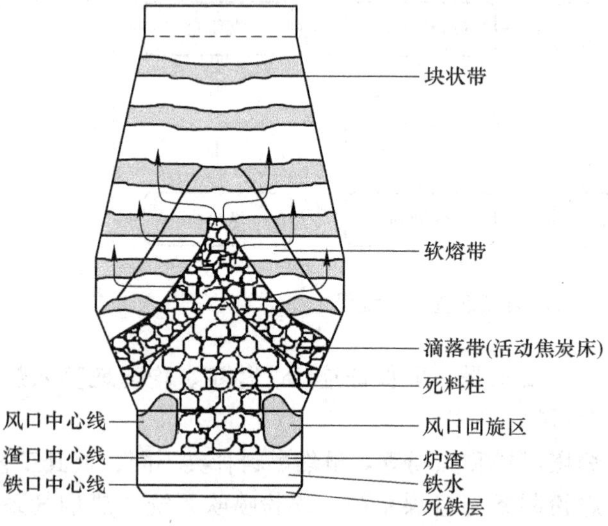

图 2-19 高炉内固体炉料形态变化示意图

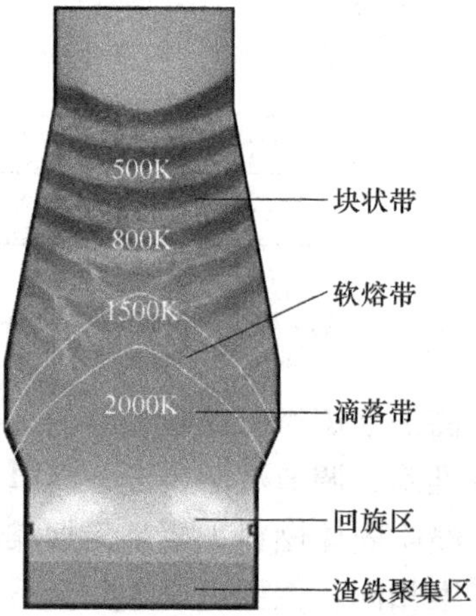

图 2-20 高炉料柱结构及区域分布

B 软熔带及其对高炉行程的影响

高炉解剖研究肯定了软熔带的存在,这是一项很重要的研究成果。寻求最佳软熔带的形状与位置,对于改善高炉操作以及获得先进的经济技术指标,具有非常重要的实际意义。

各带主要反应及特征见表 2-6。

表 2-6 高炉内各区域的主要反应及特征

名称	相向运动	热交换	反应
块状带	固体（矿、焦）在重力作用下下降，煤气在强制鼓风作用下上升	上升的煤气对固体炉料进行预热和干燥	矿石间接还原，炉料中水分蒸发，分解
软熔带	影响煤气流分布	上升煤气对软化半熔层进行传热熔化	矿石进行直接还原和渗碳，焦炭的 $CO_2+C=2CO$ 气化反应
滴落带	固体（焦炭）、液体（铁水溶渣）下降，煤气上升向回旋区供给焦炭	上升煤气使铁水、熔渣、焦炭升温，滴下的铁水、熔渣和焦炭进行热交换	非铁元素的还原、脱硫、渗碳，焦炭的 $CO_2+C=2CO$ 气化反应

续表 2-6

名称	相向运动	热交换	反应
焦炭回旋区	鼓风使焦炭作回旋运动	反应放热使煤气温度上升	鼓风中的氧和蒸汽使焦炭燃烧
炉缸区	铁水、炉渣存放，出铁时，铁水和炉渣做循环流动，而"浸入渣铁中的焦炭则随出渣铁而做缓慢的沉浮运动部分被挤入风口燃烧带气化"	铁水、熔渣和缓慢运动的焦炭进行热交换	最终的渣、铁反应

高炉煤气上升时的阻力有70%左右发生在炉料软熔区域，即软熔带。因而软熔带的位置、形状及尺寸，对高炉顺行、产量、燃料消耗量及铁水成分影响很大。根据不同的冶炼条件，软熔带大致可分为倒V形、V形和W形三种典型形式。

（1）倒V形。它的形状像倒写的英文字母V，如图2-21中所示的软熔带形状。其特点是：由于中心温度高、边缘温度低，煤气利用较好，有利于炉墙的保护，而且对高炉冶炼过程一系列反应有着很好的影响。但高度不同带来的影响也不同，软熔带高度高，则含有较多的焦炭夹层，供煤气通过的断面面积大、阻力小，故可使高炉接受更多的风量，有利于强化高炉冶炼，提高产量。但软熔带高度增大后，块状带体积减小，矿石间接还原区也相应减少，使煤气利用变坏，焦比升高。

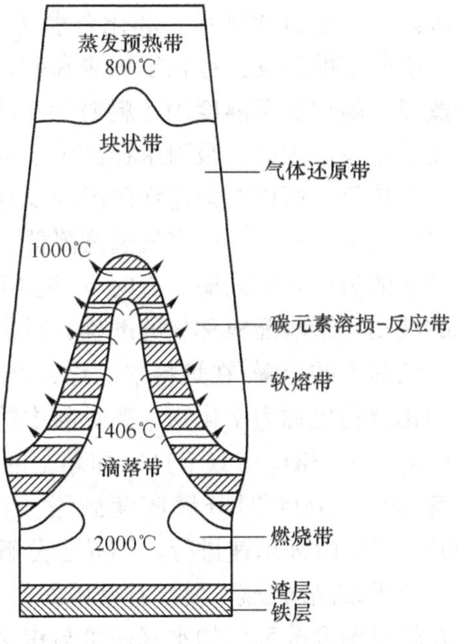

图2-21 软熔带示意图

（2）V形。它的形状像英文字母V。其特点刚好与倒V形软熔带相反，边缘温度高而中心温度低，煤气利用不好，而且不利于炉缸一系列反应。高炉操作中应该尽量避免它。

（3）W形。它的特点与效果都处于以上两者之间，因此，操作中应监测软熔带的形状变化，及时进行调整，以保证高炉运行处于最佳状态。

影响软熔带三种形状的因素如下述。根据高炉解剖研究及矿石的软熔特性，软熔带形状与炉内等温线相适应，而等温线又与煤气中CO_2分布相适应的特点。在高炉操作中炉喉煤气CO_2曲线形状主要靠改变装料制度调节，其次受送风制度影响。因此，软熔带的形状主要受装料制度与送风制度影响。前者属上部调节，后者属下部调节。

软熔带对高炉中上部起着煤气再分布的作用，它的形状和位置对高炉冶炼过程产生明显的影响，如影响矿石的预还原、生铁含硅、煤气利用、炉缸温度与活跃程度以及对炉衬的维护等。

目前倒V形软熔带被公认为是最佳软熔带。软熔带形状对冶炼进程的影响见表2-7。

表 2-7 软熔带形状对高炉冶炼进程的影响

名称	倒V形	V形	W形
铁矿石预还原	有利	不利	中等
生铁脱硫	有利	不利	中等
生铁含硅	有利	不利	中等
煤气利用	利用好	不好	中等
炉缸中心活跃	中心活跃	不活跃	中等
炉墙维护	有利	不利	中等

2.3.2.2 炉料的蒸发、挥发、分解与气化

A 水分的蒸发与水化物的分解

炉料从炉顶装入高炉后，在下降过程中被上升的煤气流加热，首先水分蒸发。装入高炉的炉料，除烧结矿等熟料之外，焦炭及有些矿石中均含有较多的水分，炉料中的水分分为吸附水（也称物理水）和化合水（也称结晶水）。

吸附水的蒸发：存在于焦炭和矿石表面及孔隙中的吸附水加热到105℃时就迅速干燥和蒸发。高炉炉顶温度用冷料时为150～250℃，用热的熟料时能达400～500℃，炉内煤气流速度快。因此，吸附水在高炉上部很快蒸发。蒸发时消耗的热量是高炉上部不能再利用的余热量，所以对焦比和炉况均没什么影响。相反，给高炉生产带来一定好处，如吸附水蒸发时吸收热量，使煤气温度降低，体积缩小，煤气流速减小，使炉尘吹出量减少，炉顶设备的磨损相应减弱。有时（很少）为了降低炉顶温度，还有意向焦炭加水。但吸附水的波动会影响配料称量的准确，对焦炭尤其应予重视。

结晶水的分解：在炉料中以化合物存在的水称为结晶水，也称为化合水。这种含有结晶水的化合物也称为水化物。高炉料中的结晶水一般存在于褐铁矿（$n\mathrm{Fe_2O_3}\cdot m\mathrm{H_2O}$）和高岭土（$\mathrm{Al_2O_3}\cdot 2\mathrm{SiO_2}\cdot 2\mathrm{H_2O}$）中，即黏土的主要组成物。褐铁矿中的结晶水在200℃左右开始分解，400～500℃时分解速度激增。高岭土在400℃时开始分解。但分解速度很慢，到500～600℃时才迅速进行。结晶水分解速度除与温度有关外，还与其粒度和气孔度等有关。

由于结晶水分解，使矿石破碎而产生粉末，炉料透气性变坏，对高炉稳定顺行不利。部分在较高温度分解出的水汽还可与焦炭中的碳素反应，消耗高炉下部的热量。其反应如下：

在500～1000℃时 $2\mathrm{H_2O} + \mathrm{C_{焦}} = \mathrm{CO_2} + 2\mathrm{H_2}$ $\Delta H = -83134\mathrm{J/mol}$

在1000℃以上时 $\mathrm{H_2O} + \mathrm{C_{焦}} = \mathrm{CO} + \mathrm{H_2}$ $\Delta H = -124450\mathrm{J/mol}$

这些反应大量耗热并且消耗焦炭，同时减小风口前燃烧的碳量，使炉温降低、焦比增加。反应虽产生还原性气体（CO），但因在炉内部位较高，利用不充分，因而不能补偿其有害作用。

B 挥发物的挥发

a 燃料挥发分的挥发

燃料挥发分存在于焦炭及煤粉中。焦炭中挥发分的高低是评价焦炭质量的指标之一。挥发分高的焦炭，强度较差，对高炉冶炼不利。国家标准中规定，冶金焦的挥发分应该小于1.2%（按质量分数计）。焦炭中一般含挥发物0.7%～1.3%（按质量分数计），其主要成分

是 N_2、CO 和 CO_2 等气体。焦炭到达风口前，被加热到 1400～1600℃时，挥发物全部挥发。挥发物的量少，对煤气成分和冶炼过程影响不大。但在高炉喷吹燃料的条件下，特别是大量喷吹含挥发物较高的煤粉时，将引起炉缸煤气成分的明显变化，对还原的影响是不能忽视的。

b 其他物质的挥发

高炉中很多化合物或元素都能或多或少地挥发，其中最易挥发的是碱金属（K 和 Na）化合物，此外还有 Zn、Mn、SiO 等。

碱金属在炉腹部位被还原，一般有 70% 进入炉渣，30% 挥发后随煤气上升。随煤气上升的碱金属化合物中，有一部分随煤气逸出炉外，一部分则被氧化成 K_2O 和 Na_2O，在高炉中下部形成循环富集现象，同时，使炉料粉化，恶化料柱透气性；当 K_2O 和 Na_2O 黏结在炉衬上时，容易损坏炉衬，严重时还可能在炉墙上形成炉瘤。

Zn 在炉料中以 ZnO 的状态存在，在高炉中能被还原成 Zn。Zn 很容易挥发，但上升到高炉上部又被 CO_2 或 H_2O 氧化成 ZnO，其中有一部分氧化锌被煤气带出炉外，另一部分黏附在炉料上，又随炉料下降，再被还原和挥发，造成循环。一部分 Zn 蒸气渗入炉衬中，冷凝下来被氧化成 ZnO，体积增大，胀裂炉衬；另一部分 ZnO 附在炉墙的内壁上，严重时也会形成炉瘤，破坏炉料的顺行。

在冶炼锰铁时，有 8%～12% 的 Mn 挥发。挥发的 Mn 随煤气上升至低温区又被氧化成极细的 Mn_3O_4，随煤气逸出，增加了煤气清洗的困难。

SiO 也易挥发，这种挥发的 SiO 在高炉上部重新被氧化，凝成白色的 SiO 颗粒，一部分随煤气逸出炉外，增加了煤气清洗的困难，另一部分沉积在炉料的孔隙中，堵塞煤气上升的通道，使料柱的透气性变坏，导致炉料难行。不过冶炼炼钢生铁和铸造生铁时，在温度不是特别高的情况下，Mn 和 SiO 的挥发不多，影响不大。

C 碳酸盐的分解

炉料中的碳酸盐常以 $CaCO_3$、$MgCO_3$、$FeCO_3$、$MnCO_3$ 等形态存在，以前两种为主，它们中很大部分来自熔剂即石灰石或白云石，后两种来自部分矿石。这些碳酸盐受热时分解。其中大多分解温度较低，一般在高炉上部已分解完毕，对高炉冶炼过程影响不大。但 $CaCO_3$ 的分解温度较高，对高炉冶炼有较大影响。

（1）石灰石的分解。石灰石的主要成分是 $CaCO_3$，其分解反应为：

$$CaCO_3 = CaO + CO_2 \quad \Delta H = -178000\text{J/mol}$$

反应达到平衡时，CO_2 的压力称为 $CaCO_3$ 的分解压力。分解压力随温度升高而升高。当分解压力等于周围环境中 CO_2 的分压力时，$CaCO_3$ 开始分解。此时的温度称为开始分解温度。当分解压力等于环境中气相的总压力时，$CaCO_3$ 剧烈分解，称为化学沸腾，此时的温度称为化学沸腾温度。

$CaCO_3$ 的开始分解温度和化学沸腾温度与周围环境的压力有关，如图 2-22 所示。

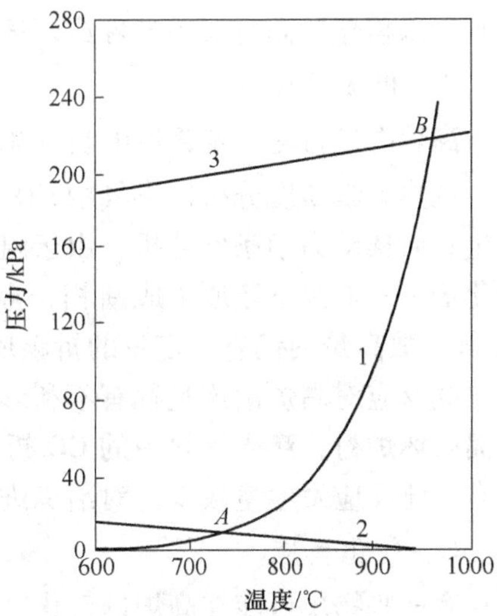

图 2-22 在高炉条件下的 $CaCO_3$ 分解

此外，石灰石的分解还与其本身的粒度有关，这是因为分解是由料块表面开始逐渐向内部进行的，分解一定时间后，石灰石表面形成一层石灰层，在相同条件下，无论大块或小块的石灰石，分解形成的石灰层厚度几乎相同。由于粒度越小，开始分解的总表面积越大，而且在石灰层厚度相同情况下，小块的分解速度比大块的要大。再者，由于石灰层导热性很差，石灰石中心不易达到分解温度。或者说，石灰石料块中心达到分解温度时，料块表面温度早已超过1000℃，因此高炉内大块的石灰石要比小块的需到更高的温度区域（1000℃以上）才能完全分解。而在高温区分解出的CO_2会与焦炭发生以下反应：

$$CO_2 + C = 2CO \qquad \Delta H = -165800 J/mol$$

这个反应称为贝波反应，或称为碳的气化反应。

据测定，在正常冶炼情况下，高炉中石灰石分解后，大约有50%的CO_2参加贝波反应，因此要消耗一定的碳。

（2）石灰石分解对高炉冶炼的影响如下：

$CaCO_3$分解反应是吸热反应，据计算分解1kg $CaCO_3$要消耗约1780kJ的热量；在高温区产生布多尔反应的结果，不但吸收热量，而且还消耗碳并使这部分碳不能到达风口前燃烧放热（要注意，这里是双重的热消耗）；$CaCO_3$分解放出的CO_2，冲淡了高炉内煤气的还原气氛，降低了还原效果。

由于以上影响，增加石灰石（熔剂）的用量，将使高炉焦比升高。据统计，每吨铁少加100kg石灰石，可降低焦比30～40kg。

（3）消除石灰石不良影响的措施如下：

采用熔剂性烧结矿（或球团矿），高炉内不加或少加石灰石，对使用熟料率低的高炉可配加高碱度或超高碱度的烧结矿；减小石灰石的粒度，使其在高炉的上部尽可能分解完毕，减少在高炉下部高温区发生布多尔反应；使用生石灰代替石灰石，在一些使用天然矿或酸性炉料较多的小高炉（指255m^3以下）上，以生石灰块作为熔剂，获得明显效果，不但焦比能降低，而且焦炭负荷明显增加，生铁产量大幅度提高。

但是由于生石灰强度差，吸水性强，只适合于小高炉使用，而且储存不应超过2天，否则吸水粉化；同时劳动条件或环境较差，不能长久使用。

D　析碳反应

高炉内进行着一定程度的析碳化学反应：$2CO = CO_2 + C$，它是碳素溶损反应的逆反应。从热力学角度分析，煤气中CO在上升过程中，当温度降到400～600℃时此反应即可发生；而从动力学条件分析，由于温度低，反应速度可能过于缓慢，但在高炉中由于存在催化剂——低温下还原生成新相、金属铁、催化能力稍差的FeO以及煤气中一定含量的H_2等，故高炉内仍有一定量的析碳反应发生。

此反应对高炉冶炼过程有不利影响，如果渗透进入炉身耐火衬中CO析出碳素会因膨胀而破坏炉衬，渗入炉料中的CO析碳则可能使炉料破碎，产生粉末阻碍煤气流通过等。通常，此反应发生量较少，对冶炼进程影响不大。

E　气化反应

有一些物质可能在高炉内气化（蒸发或升华），如可在高炉中还原的元素P、As、K、Na、Zn、Pb和S等；还原的中间产物SiO_2、Al_2O_3、PbO等；在高炉中生成的化合物SiC、

CS 以及由原料带入的 CaF_2 等。

蒸发或升华发生在下部较高的温度区域，然而这些气态物质在随煤气上升过程中又会由于温度的降低而凝聚；少部分随煤气逸出炉外，一部分被炉渣吸收而排出炉外，有相当一部分又随炉料再次下降至高温区而重复此气化－凝聚过程。这些易气化物质的“循环累积”，使料流中这些物质的浓度随炉子高度而变化。

气化物质在冷的炉壁和炉料表面上的凝聚，轻者阻塞炉料孔隙，增大对煤气流的阻力，降低料块强度；重者造成炉料难行、悬料及炉墙结瘤等。

解决气化物质“循环累积”的办法，是增大其随煤气逸出或被炉渣吸收的数量，在多种措施无效而危害日趋严重时，只能限制和降低这些物质的入炉量。

提高炉顶煤气温度，增大煤气量等是提高随煤气排出量的有效方法；而降低炉渣碱度和加大渣量是提高炉渣排出量的办法。这些办法都要增加成本或增大燃料消耗量，并会带来其他副作用，如铁水质量降低。所以在采取措施时，应全面权衡利弊得失。

2.3.2.3 铁氧化物还原反应热力学

大多数金属是从该金属的化合物中提炼获得的。金属铁是从铁矿石中提取的，而铁矿石中的金属铁是以铁氧化物的状态存在的，因此从铁氧化物中提取金属铁是冶炼生铁的最基本反应。目前，主要是用还原剂夺取矿石中与金属铁结合的氧，这是冶炼过程要完成的基本任务。

A 还原反应的基本理论

金属与氧的亲和力很强，除个别的金属能从其氧化物中分解出来外，几乎所有金属都不能靠简单加热的方法从氧化物中分离出来，必须靠某种还原剂夺取氧化物中的氧使之变成金属元素。高炉冶炼过程基本上就是铁氧化物的还原过程。除铁的还原外，高炉内还有有少量的硅、锰、磷等元素的还原。炉料从高炉顶部装入后就开始还原，直到下部炉缸（除风口区域），还原反应几乎贯穿整个高炉冶炼的始终。

对金属氧化物的还原反应可按下面通式表示：

$$MeO + B = Me + BO$$

式中 MeO——被还原的金属氧化物；

B——还原剂，可以是气体或固体，也可以是金属或非金属；

Me——还原得到的金属；

BO——还原剂夺取金属氧化物中的氧后被氧化得到的产物。

从上式看出，MeO 失去 O 被还原成 Me，B 得到 O 而氧化成 BO。从电化学的实质看，氧化物中金属离子是获得电子的过程，还原剂是失去电子的过程。可以充当还原剂夺取氧化物中的氧的物质，决定于以下两个方面：

（1）一方面看它们与氧的化学亲和力大小。凡是与氧亲和力比金属元素 Me 与氧亲和力大的物质，都可以作为该金属氧化物的还原剂。显然，还原剂与氧的亲和力越大，夺取氧的能力越强，或者说还原能力越强。对被还原的金属氧化物来讲，其金属元素与氧的亲和力越强，该氧化物越难还原。某物质与氧亲和力的大小，又可用该物质氧化物的分解压衡量。氧化物分解压（p_{O_2}）越大，说明该物质与氧亲和力小，氧化物不稳定，易分解；反之则相反。所以还原反应的必备条件是：

$$(p_{O_2})_{BO} < (p_{O_2})_{MeO}$$

即还原剂氧化物的分解压 $(p_{O_2})_{BO}$小于金属氧化物的分解压 $(p_{O_2})_{MeO}$。

（2）另一方面，看其氧化物的标准生成自由能（$\Delta G^{\ominus}$）。衡量各种元素对氧亲和力的大小，还原反应进行的条件是 $\Delta G^{\ominus} < 0$，即：

$$\Delta G^{\ominus}_{BO} < \Delta G^{\ominus}_{MeO}$$

这里 $\Delta G^{\ominus}_{BO}$、$\Delta G^{\ominus}_{MeO}$分别是 MeO 和 BO 的标准生成自由能。就是说还原剂氧化物 BO 的标准生成自由能必须小于（负值大于）被还原氧化物的标准生成自由能。

生成自由能的大小说明该氧化物的稳定程度。生成自由能越小（负值越大），则它的化学稳定性越好。因此，只有其氧化物生成自由能小于（负值大于）被还原元素氧化物的生成自由能，才能起到还原剂的作用。

图 2-23 所示为高炉中常见氧化物的标准生成自由能随温度变化的关系（对 1mol O_2 而言）。在图上位置越低的氧化物，其 $\Delta G^{\ominus}$值越小（负值越大），该氧化物越稳定，越难还原。凡是在铁以下的物质，其单质都可用来还原铁的氧化物，如 Si 可以还原 FeO。如果两线有交点，则交点温度即为开始还原温度。高于交点温度，下面的单质能还原上面的氧化物；低于交点温度，则反应逆向进行。如两线在图中无交点，那么下面的单质一直能还原上面的氧化物。从热力学的有关手册数据以及图中可了解到，在高炉冶炼常遇到的各种金属元素还原难易的顺序，由易到难依次排列为 Cu、Pb、Ni、Co、Fe、Cr、Mn、V、Si、Ti、Al、Mg、Ca。从理论上讲，按上面排列的各元素中，排在铁后面的各元素，均可作为铁氧化物的还原剂。但是，根据高炉生产的特定条件，在高炉生产中作为还原剂的是焦炭中的固定碳和焦炭燃烧后产生的 CO 以及鼓风水分和喷吹物分解产生的 H_2。

从以上又可得出在高炉冶炼条件下：

Cu、Pb、Ni、Co、Fe 是易全部被还原的元素；Cr、Mn、V、Si、Ti 只能部分被还原；Al、Mg、Ca 不能被还原。

B　铁氧化物的还原

炉料中铁的氧化物存在形态有 Fe_2O_3、Fe_3O_4、FeO 等，但最后都是经 FeO 的形态被还原成金属 Fe。所以铁氧化物中 FeO 的还原具有最重要的意义。

铁氧化物的分解压与温度关系如图 2-24 所示。低于 570℃时，$p_{O_2(FeO)} > p_{O_2(Fe_2O_3)}$，FeO 不稳定，会按下式分解：

$$4FeO \longrightarrow Fe_3O_4 + Fe$$

所以此时还原顺序是：$Fe_2O_3 \rightarrow Fe_3O_4 \rightarrow Fe$；

温度高于 570℃时，还原顺序是：$Fe_2O_3 \rightarrow Fe_3O_4 \rightarrow FeO \rightarrow Fe$。

铁的高价氧化物分解压比低价氧化物的大，Fe_3O_4 的分解压则低得多，FeO 的分解压则更低。故在高炉的温度条件下，除 Fe_2O_3 可以不需要还原剂（只靠热分解）就能得到 Fe_3O_4 外。Fe_3O_4、FeO 必须要还原剂夺取其氧。

a　CO 还原铁氧化物

矿石入炉后，在加热温度未超过 900～1000℃的高炉中上部，铁氧化物中的氧是被煤气中 CO 夺取而产生 CO_2 的。这种还原过程不是直接用焦炭中的碳作还原剂，故称为间接还原。

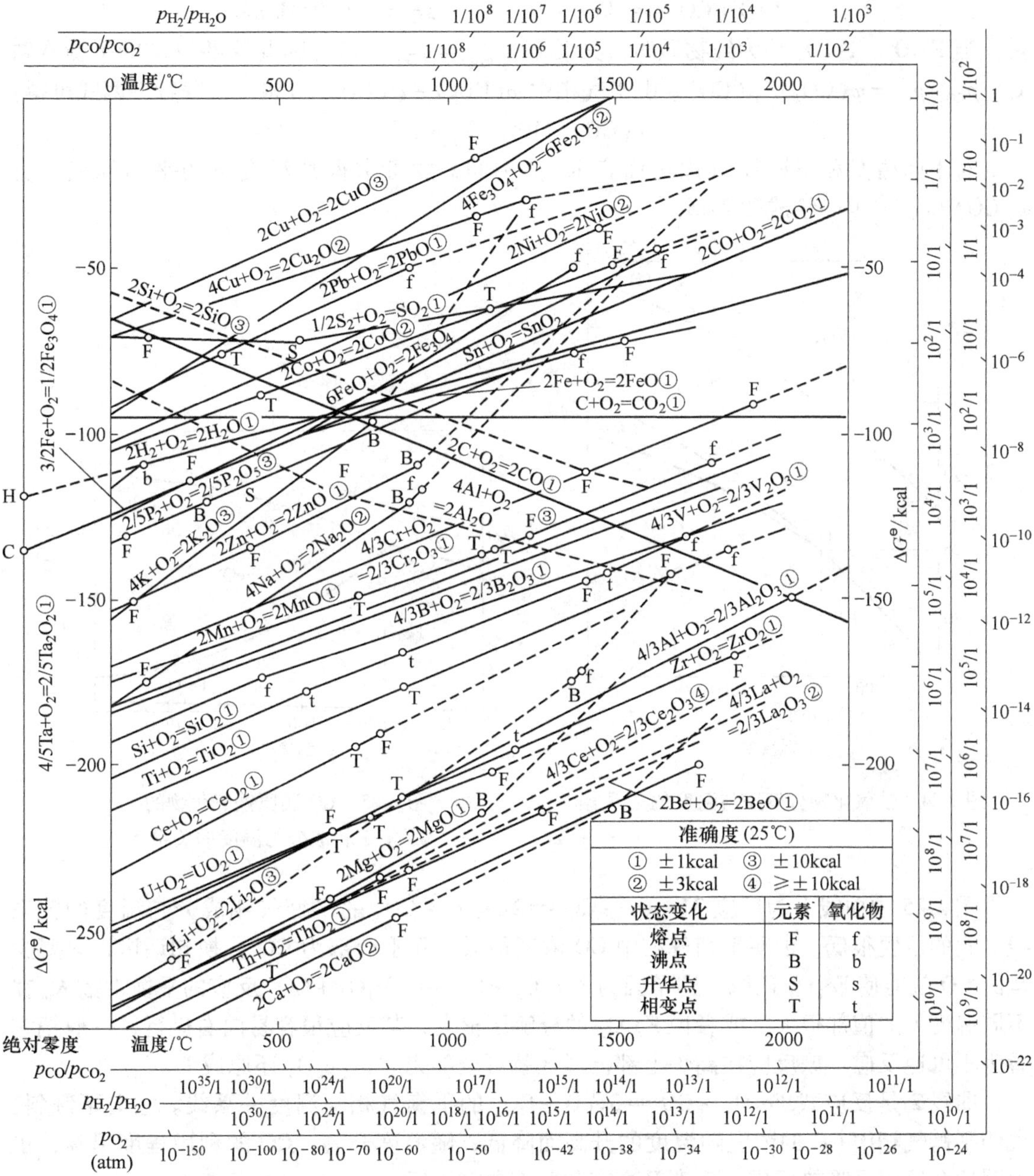

图 2-23 与 1mol O_2 结合成氧化物的标准自由能变化与温度的关系

小于 570℃时还原反应分两步：

$$3Fe_2O_3 + CO = 2Fe_3O_4 + CO_2 \quad \Delta H = +67240J/mol$$

$$Fe_3O_4 + 4CO = 3Fe + 4CO_2 \quad \Delta H = +25290J/mol$$

大于 570℃时还原反应分三步：

$$3Fe_2O_3 + CO = 2Fe_3O_4 + CO_2 \quad \Delta H = +67240J/mol$$

$$Fe_3O_4 + CO \longrightarrow 3FeO + CO_2 \qquad \Delta H = +22400 J/mol$$

$$FeO + CO \longrightarrow Fe + CO_2 \qquad \Delta H = +13190 J/mol$$

当 Fe_2O_3、Fe_3O_4 等为纯物质时，其活度 $a_{Fe_2O_3} = a_{Fe_3O_4} = 1$，因此这些反应的平衡常数 $K_p = p_{CO_2}/p_{CO} = \varphi(CO_2)/\varphi(CO)$。由于气相中 $\varphi(CO_2) + \varphi(CO) = 100\%$，联解上两式可得：

$$\varphi(CO) = 100/(K_p + 1)$$

对不同温度和不同铁氧化物而言 K_p 值不同，故可求得某温度下的平衡气相成分 $\varphi(CO)$ 和 $\varphi(CO_2)$ 绘成图 2-25。

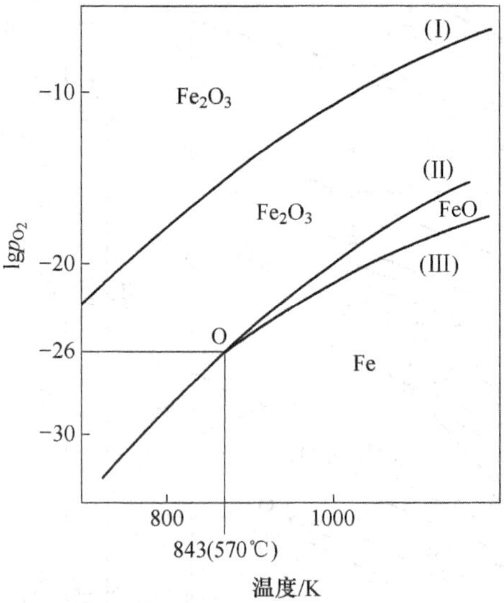

图 2-24　铁氧化物分解压与温度的关系

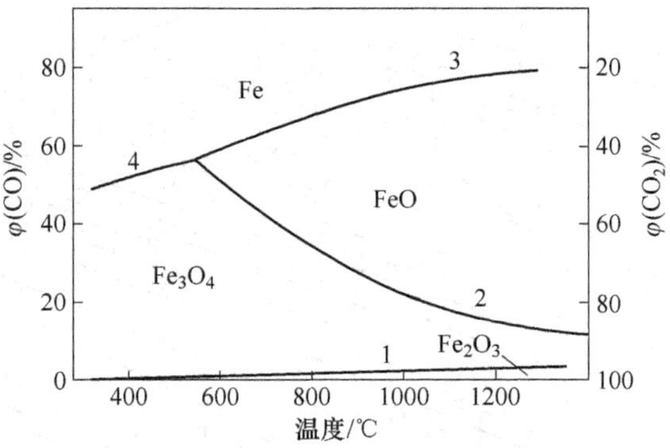

图 2-25　CO 还原铁氧化物的平衡三相成分与温度的关系

图 2-25 中曲线 1 为反应 $3Fe_2O_3 + CO = 2Fe_3O_4 + CO_2$ 的平衡气相成分与温度的关系线。它的位置很低，说明平衡气相中 CO 浓度很低，几乎全部为 CO_2，换句话讲，只要少量的 CO 就能使 Fe_2O_3 还原。这是因为 $3Fe_2O_3 + CO = 2Fe_3O_4 + CO_2$ 反应的平衡常数 K_p 在不同温度下的值都很大，或者说 Fe_2O_3 的分解压很大，其反应很容易向右进行，一般把它看为不可逆反应。该反应在高炉上部低温区就可全部完成，Fe_2O_3 还原成 Fe_3O_4。

曲线 2 是反应式 $Fe_3O_4 + CO = 3FeO + CO_2$ 的平衡气相与温度关系线。它向下倾斜，说明平衡气相中 CO 的浓度随温度的升高而降低，随温度升高，CO 的利用程度提高，也说明这个反应是吸热反应，温度升高有利反应向右进行。

当温度一定时，平衡气相成分是定值。如果气相中的 CO 含量高于这一定值，反应则向右进行，低于这一定值，反应向左进行，使 FeO 进一步被氧化而形成 Fe_3O_4。

曲线 3 是反应式 $FeO + CO = Fe + CO_2$ 的平衡气相成分与温度关系线。它向上倾斜，即反应平衡气相中 CO 的浓度随温度升高而增大，说明 CO 的利用程度随温度升高而降低，反应是放热反应，升高温度不利该反应向右进行。

曲线 4 是反应式 $Fe_3O_4 + 4CO = 3Fe + 4CO_2$ 的平衡气相与温度关系线。它与曲线 3 同样是向上倾斜的，并在 570℃ 的位置与曲线 2，3 相交，这说明反应仅在 570℃ 以下才能进行。升高温度对该反应不利。由于温度低，反应进行的速度很慢，该反应在高炉中发生的数量不多，其意义也不大。

曲线2~4将图2-25分为三部分，分别称为Fe_3O_4、FeO、Fe的稳定存在区域。稳定区的含意是该化合物在该区域条件下能够稳定存在，如在800℃条件下，还原气相中保持$\varphi(CO)=20\%$，那么投进Fe_2O_3它将被还原成Fe_3O_4，投进FeO则被氧化成Fe_3O_4，所以稳定存在的物质是Fe_3O_4。若在800℃下要得到FeO或Fe，必须把CO的浓度相应保持在28.1%或65.3%以上才有可能，所以稳定区的划分取决于温度和气相成分。

由于Fe_3O_4和FeO的还原反应均属可逆反应，即在某温度下有固定平衡成分（$K_p=\varphi(CO_2)/\varphi(CO)$），故按以上反应式，1mol CO不可能把1mol Fe_3O_4（或FeO）还原为3mol FeO（或金属Fe），而必须要有更多的还原剂CO，才能使反应后的气相成分满足平衡条件需要。或者说，为了1mol Fe_3O_4或FeO能彻底还原，必须要加过量的还原剂。所以更合理的反应式应写为：

$T>570$℃时：　$Fe_3O_4+nCO \longrightarrow 3FeO+CO_2+(n-1)CO$

$$3FeO+nCO \longrightarrow 3Fe+CO_2+(n-1)CO$$

$T<570$℃时：　$Fe_3O_4+4nCO \longrightarrow 3Fe+4CO_2+4(n-1)CO$

式中，n称为还原剂的过剩系数。其大小与温度有关，其值大于1。n可根据平衡常数K_p求得，也可按平衡气相的成分求得。

$$K_p=\varphi(CO_2)/\varphi(CO)=1/(n-1)$$

则

$$n=1+1/K_p$$

$K_p=w(CO_2)/w(CO)$代入上式

$$n=1+(w(CO)/w(CO_2))=(w(CO_2)+w(CO))/w(CO_2)$$

$$w(CO_2)+w(CO)=100\%$$

$$n=100w(CO_2)$$

式中，$w(CO_2)$和$w(CO)$为在某温度下，反应趋于平衡状态时CO_2和CO的体积分数。

b　碳还原铁的氧化物

碳还原铁的氧化物生成的气相产物是CO，这种还原称为直接还原，如$FeO+C = Fe+CO$。由于矿石在下降过程中，在高炉上部的低温区已经受了高炉煤气的间接还原，即在矿石到达高温区之前，都已受到一定程度的还原，残存下来的铁氧化物主要以FeO形式存在（在崩料、坐料时也可能有少量未经还原的高价铁氧化物落入高温区）。

矿石在软化和熔化之前与焦炭的接触面积很小，反应的速度很慢，所以直接还原反应受到限制。在高温区进行的直接还原实际上是通过下面两个步骤进行的。

第一步：通过间接还原：

$$Fe_3O_4+CO = 3FeO+CO_2$$

$$FeO+CO = Fe+CO_2$$

第二步：间接还原的气相产物与碳发生反应（前面提到的布多尔反应），是以上两个步骤的最终结果。直接还原：

$$FeO+CO = Fe+CO_2 \quad \Delta H=+13190\text{J/mol}$$

$$CO_2+C = 2CO \quad \Delta H=-165390\text{J/mol}$$

即

$$FeO+C = Fe+CO \quad \Delta H=-152200\text{J/mol}$$

以上两步反应中，起还原作用的仍然是气体 CO，但最终消耗的是碳，故称为直接还原。

二步式的直接还原不是在任何条件下都能进行的，这是因为布多尔反应是可逆反应，只有该反应在高温下向右进行，直接还原才存在。而 $CO_2 + C = 2CO$ 反应前后气相体积发生变化（由 1mol CO_2 变为 2mol CO），因此反应的进行不仅与气相成分有关，也与压力有关。提高压力有利于反应向左进行，一般由于高炉正常时的压力变化不大，下面只讨论温度与平衡气相成分的影响。

图 2-26 是反应 $CO_2 + C = 2CO$ 在一个大气压下，平衡气相成分与温度的关系。图中曲线 5 分别与曲线 2、3 交于 b 和 a，两点对应的温度分别是 $t_b = 647℃$，$t_a = 685℃$（注意这里总压力 $p = p_{CO} + p_{CO_2} = 10^5 Pa$）。

由于碳的气化反应的存在，使图中的三个稳定存在区域发生了变化。在温度大于 685℃的区域内，曲线 5 下面部分，CO 的浓度都低于布多尔反应达到平衡时气相中 CO 的浓度，而且高炉内又有大量碳存在，所以碳的气化反应总是向右进行，直到气相成分达到曲线 5 为止。

在 685℃以上区域，气相中 CO 浓度总是高于曲线 1、2、3 的平衡气相中 CO 的浓度，使反应向右进行，直到 FeO 完全还原为 Fe 为止，此区域为铁的稳定存在区。

在 647 以下的区域，曲线 5 位置很低，与前面分析情况相反，碳的气化反应向左进行，则发生 CO 的分解反应。气相中 CO 减少、CO_2 增多，使 FeO 的还原反应向左进行，直到全部 Fe 氧化为 Fe_3O_4，使反应达到平衡为止，此区域为 Fe_3O_4 的稳定存在区。

温度在 647 ~685℃之间时，曲线 5 高于曲线 2、低于曲线 3，Fe_3O_4 的还原反应向右进行、FeO 的还原反应向左进行，此区域为 FeO 的稳定存在区。

综上，有碳的气化反应存在，铁氧化物稳定区域发生变化，由主要依据煤气成分而变为以温度界限划分。但高炉内的实际情况又与以上分析不相符。在高炉内低于 685℃的低温区，已见到有 Fe 被还原出来，是因为：

上述的讨论是在平衡状态下的结论，而高炉内由于煤气流速很大，煤气在炉内停留时间很短（2 ~6s），煤气中 CO 的浓度又很高，故使还原反应未达到平衡；在低温下有利于碳的气化反应向左进行，但任何反应在低温下反应速度都很慢，反应达不到平衡状态，所以气相中 CO 成分在低温下远远高于其平衡气相成分。故在高炉中除在风口前的燃烧区域为氧化区域外，都是较强的还原气氛。铁的氧化物则易被还原成 Fe；685℃是在压力为 $p_{CO} + p_{CO_2} = 10^5 Pa$ 前提下获得，而实际高炉内的 CO% + CO_2% 为 40% 左右，即 $p_{CO} + p_{CO_2} = 0.4 \times 10^5 Pa$。外界压力降低，碳的气化反应平衡曲线应向左移动，故交点应低于 685℃；碳的气化反应不仅与温度、压力有关，还与焦炭的反应性有关，据测定，一般冶金焦炭在 800℃时开始气化反应，到 1100℃时激烈进行，此时气相中 CO 几乎达 100%，而 CO_2 几乎为零。这样可认为高炉内低于 800℃的低温区不存在碳的气化反应也就不存在直接还原，故称为间接还原区域。大于 1000℃时气相中不存在有 CO_2，也可认为不存在间接还原，所以把这区域称为直接还原区。而在 800 ~ 1000℃的中温区为两种还原反应都存在的区域。高炉内铁的还原区示意图如图 2-27 所示。

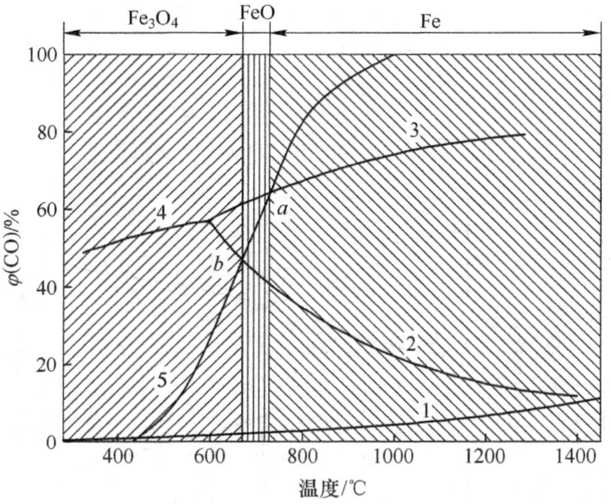

图 2-26 碳的气化反应对还原反应的影响

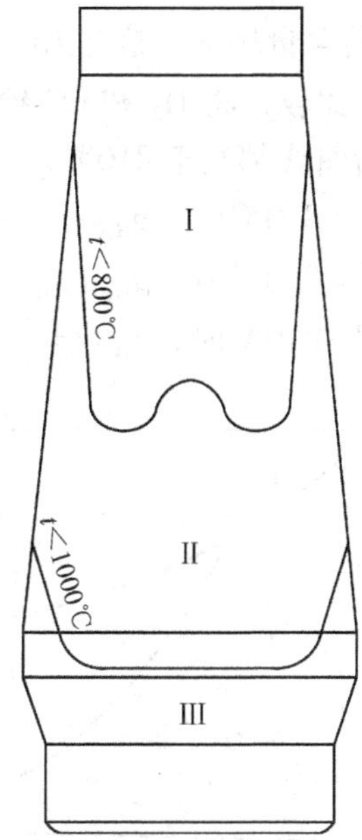

图 2-27 高炉内铁的还原区示意图

高炉内的直接还原除了以上提到的两步反应方式外，在下部的高温区还可通过以下方式进行：

$$(FeO)_{液} + C_{焦} = [Fe]_{液} + CO\uparrow$$
$$(FeO)_{液} + [Fe_3C]_{液} = 4[Fe]_{液} + CO\uparrow$$

一般只有 0.2% ~0.5% 的 Fe 进入炉渣中。如遇炉况失常渣中 FeO 较多，造成直接还原增加，而且由于大量吸热反应会引起炉温剧烈波动。

c 氢还原铁的氧化物

在不喷吹燃料的高炉上，煤气中的含 H_2 量只有 1.8% ~2.5%。它主要是由鼓风中的水分在风口前高温分解产生的。在喷吹燃料（特别是重油、天然气）的高炉，煤气中含 H_2 含量显著增加，可达 5% ~8%。氢和氧的亲和力很强，所以氢也是高炉冶炼中的还原剂。氢的还原也称为间接还原。

用氢还原铁氧化物的顺序与 CO 还原时一样，在温度高于 570℃还原反应分三步进行：

$$3Fe_2O_3 + H_2 = 2Fe_3O_4 + H_2O \quad \Delta H = +21800J/mol$$
$$Fe_3O_4 + H_2 = 3FeO + H_2O \quad \Delta H = -63570J/mol$$
$$FeO + H_2 = Fe + H_2O \quad \Delta H = -27700J/mol$$

低于 570℃时反应分两步进行：

$$3Fe_2O_3 + H_2 = 2Fe_3O_4 + H_2O \quad \Delta H = +21800J/mol$$
$$Fe_3O_4 + 4H_2 = 3Fe + 4H_2O \quad \Delta H = -20510J/mol$$

上述反应除 $3Fe_2O_3 + H_2 = 2Fe_3O_4 + H_2O$ 是不可逆反应，其余均为可逆反应，即在一定温度下有固定的平衡常数 $K_p = p_{H_2O}/p_{H_2} = \varphi(H_2O)/\varphi(H_2)$。其平衡气相成分与温度关系如图 2-28 所示。

曲线 2~4 向下倾斜，表示均为吸热反应，随温度升高，平衡气相中的还原剂量降低，而 H_2O 的含量增加，这与 CO 的还原不同。

为了比较，将 H_2 和 CO 绘在一起成为图 2-29。可见，用 H_2 和 CO 还原 Fe_3O_4 和 FeO 时的平衡曲线都交于 810℃。

当 $T<810$℃时，$p_{H_2O}/p_{H_2}<p_{CO_2}/p_{CO}$；

当 $T=810$℃时，$p_{H_2O}/p_{H_2}=p_{CO_2}/p_{CO}$；

当 $T>810$℃时，$p_{H_2O}/p_{H_2}>p_{CO_2}/p_{CO}$。

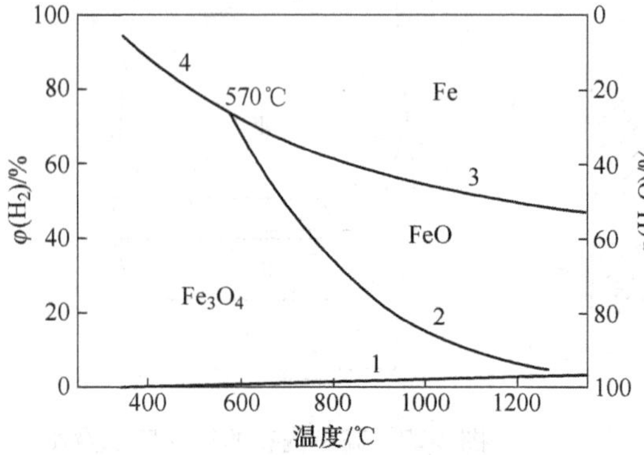

图 2-28　用氢还原铁氧化物的平衡气相成分与温度的关系

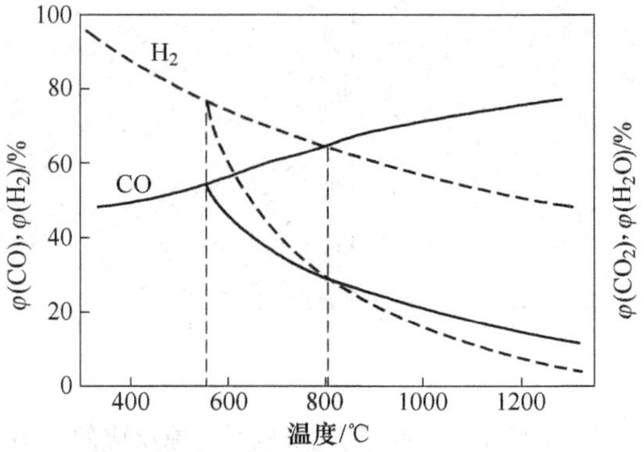

图 2-29　铁氧碳与铁氧氢气相平衡成分比较

以上说明 H_2 的还原能力随温度升高不断提高，在 810℃时 H_2 与 CO 的还原能力相同，在 810℃以上 H_2 的还原能力高于 CO 的还原能力，而在 810℃以下 CO 的还原能力高于 H_2 的还原能力。

H_2 与 CO 的还原相比有以下特点：

与 CO 还原一样，为间接还原，反应前后气相体积没有变化，即反应不受压力影响。除 Fe_2O_3 的还原外，Fe_3O_4、FeO 的还原均为可逆反应，在一定温度下有固定的平衡气相成分，为了彻底还原铁的氧化物，都需要过量的还原剂。反应为吸热过程，随着温度升高，平衡气相曲线向下倾斜，说明 n 值降低，即 H_2 的还原能力提高。从热力学因素看，810℃以上，H_2 还原能力高于 CO 还原能力，810℃以下时，则相反。从反应的动力学看，因为 H_2 与其反应产物 H_2O 的分子半径均比 CO 与其反应产物 CO_2 的分子半径小，因而扩散能力强。以此说明不论在低温或高温下，H_2 还原反应速度都比 CO 还原反应速度快（两个反应的反应速度都是随温度升高而加快的）；在高炉冶炼条件下，H_2 还原铁氧化物时，还可促进 CO 和 C 还原反应的加速进行。因为 H_2 还原时的产物 $H_2O_{(气)}$，会同 CO 和 C 作用放出氧，而 H_2 又重新被还原出来，继续参加还原反应。如此，H_2 在 CO 和 C 的还原过程中，把从铁氧化物中夺取的氧又传给了 CO 或 C，起着中间媒介传递作用。

如何提高 H_2 的利用率，是改善还原强化冶炼的一个重要课题。实践表明，H_2 在高炉下部高温区还原反应激烈，为在炉内参加还原 H_2 量的 85%~100%。而直接代替 C 还原的 H_2 约占炉内参加还原 H_2 量的 80% 以上，另一少部分则代替了 CO 的还原。

2.3.2.4　直接还原与间接还原

高炉内进行的还原方式共有三种，即直接还原、间接还原和氢的还原（也可视为间接还原），各种还原在高炉内的发展程度分别用直接还原度、间接还原度和氢的还原度来衡量。直接还原度又可分为铁的直接还原度和高炉的综合直接还原度两个不同的概念。

假定铁的高价氧化物（Fe_2O_3、Fe_3O_4）还原到低价氧化物（FeO）全部为间接还原。则 FeO 中以直接还原的方式还原出来的铁量与铁氧化物中还原出来的总铁量之比，称为铁的直接还原度，以 r_d 表示：

$$r_d = w(Fe_{直})/(w(Fe_{生铁}) - w(Fe_{料}))$$

式中　$w(Fe_{直})$——FeO 以直接还原方式还原出的铁量；

$w(Fe_{生铁})$——生铁中的含铁量；

$w(Fe_{料})$——炉料中以元素铁的形式带入的铁量，通常指加入废铁中的铁量。

铁的间接还原度 $r_i = 1 - r_d$。通常 r_d 处于 0～1 之间，常在 0.4～0.6 之间。

在高炉内如何控制各种还原反应来改善燃料的热能和化学能的利用，是降低焦比的关键问题。高炉最低的燃料消耗，并不是全部为直接还原或是全部为间接还原，而是在两者适当比例下获得。目前的实际直接还原度往往在 0.5～0.6 之间。

2.3.2.5　铁氧化物还原反应动力学

A　铁氧化物还原机理

铁矿石还原机理有多种，未反应核模型理论比较全面地解释铁氧化物的整个还原过程，是目前得到公认的理论。这种理论的要点是，铁氧化物从高价到低价逐级还原，当一个铁矿石颗粒还原到一定程度后，外部形成了多孔的还原产物——铁壳层，而内部还有一个未反应的核心（图 2-30）。随着反应推进，这个未反应核心逐渐缩小，直到完全消失。

当矿石粒度较小或气孔率较大，还原气体及其产物可自由进出时，则分层不明显。块矿还原反应过程主要由三个环节组成：

外扩散，即还原气体通过边界层向块矿表面或气体产物自块矿表面向边界层的扩散，包括空间对流传质和通过边界层的传质。

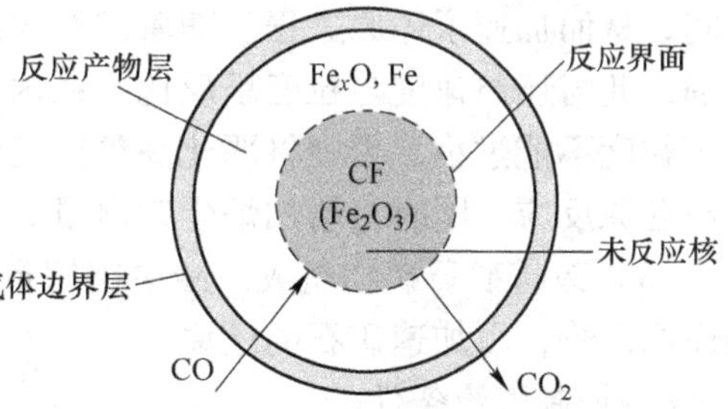

图 2-30　矿球反应过程模型

内扩散，即还原气体或气体产物通过块矿或固态还原产物层的大孔隙、微孔隙向反应界面或脱离反应界面而扩散，还有铁、氧离子在还原产物层晶格结点间及空位上的扩散。扩散是以分子、原子或离子迁移为基础的传质过程，它宏观表现为分子，原子或离子从高浓度区向低浓度区的转移。

反应界面的化学反应，包括还原气体（CO 或 H_2）在反应界面上的吸附，吸附的还原剂与矿石晶格上氧的结合，气体产物（CO_2 或 H_2O）的脱附及固相还原产物的结晶化学变化和晶格的重建等。这一环节充分反映了还原反应的吸附、自催化特性，由于新相 Fe 晶格本身的形成和长大，起到催化剂的作用，大大加速了还原反应的进行。

还原反应速度决定于最慢环节的速度，此最慢环节称为限制步骤或限制性环节。一般在高炉中煤气流速很快，边界层很薄，传质速度很快。由于气流速度已大大超过临界流速，而在临界流速下，气流速度的提高不再影响还原速度。这时边界层的厚度趋近于零，外扩散阻力消失。因而保证了外扩散的顺利进行。外扩散一般不会成为高炉内铁矿还原的限制步骤。

B　加速铁矿石还原的条件

高炉生产的主要任务是尽可能利用高炉煤气中的CO（与少量的H_2）的还原能力，使矿石在熔化前还原得好，减少氧化铁在高炉下部的直接还原。因此一般所指的还原速度都是在温度不高于900～1000℃矿石还原的速度。加速铁矿石在固态下的还原对降低直接还原度与焦化、改善高炉技术经济指标具有重大意义。根据以上动力学分析，影响矿石还原速度主要取决于矿石的特性以及煤气流条件两方面。

矿石特性主要是指矿石的还原性，包括粒度、气孔度和矿物组成等。煤气流条件是指煤气温度、压力、流速和成分以及掌握煤气流性质和分布规律等。

a　改善矿石性质

（1）提高矿石的孔隙度（气孔率ε）。提高矿石孔隙度，特别是微气孔率，可以改善气体内扩散条件，提高内扩散速度，同时微孔隙多，可增加还原气体同矿石的接触和吸附表面，有利于提高界面化学反应速度。同时内扩散往往为还原反应限速步骤，所以孔隙度在很大程度上决定了矿石的还原性。但在高炉还原过程中，孔隙度及孔隙的大小、形式（开口或封闭），会因一系列的原因如矿物组成及晶型转变、膨胀、软熔等而变化。因此，冷态孔隙度并不能完全决定矿石的还原性，应考虑冶炼过程中孔隙度变化的影响。

（2）减小矿石粒度（包含均匀性）。减小矿石粒度可增加还原气体同矿石的接触面积，减小还原产物层厚度，缩短还原气体到达未反应核界面和气体产物自内向外逸出的途径，也有利于减小内扩散阻力，同时可加速传热，缩短未反应核达到还原反应所需温度的时间，从而加速了还原进程。随着矿石粒度的减小，还原反应将由内扩散范围转入动力学范围，此时还原速度与粒度呈反比。在内扩散范围时，还原速度与粒度的平方呈反比。但矿石粒度不能过小，否则将恶化高炉内气体力学条件，影响煤气分布和高炉顺行，反过来阻碍还原反应。同时将增加炉尘吹出量。

（3）改善矿石矿物组成。减少组织致密、结构复杂而易熔的铁橄榄石（Fe_2SiO_4）类难还原矿物，可加速矿石的还原。

b　控制气流条件

（1）保证足够高的煤气温度是进行界面还原反应的必备条件。提高温度对改善扩散和加速还原反应，特别是在反应处于动力学范围时，效果十分显著。但在温度升高的过程中，有时会出现还原速度减慢的现象。如在400～600℃，由于CO的分解（$2CO = CO_2 + C_{黑}$），析出大量炭黑，附在矿石表面，阻塞气孔，恶化了煤气同矿石的接触条件，同时煤气中CO_2浓度升高，CO浓度降低，使还原减慢。在900～1000℃，由于矿石软化、熔融、造渣，液相阻塞了气孔，恶化了内扩散条件，使还原速度减慢。

（2）控制煤气流速。在临界流速范围内，提高煤气流速，有利于边界层外扩散的进行，可促进还原，但若超过临界流速，此时不但不能加快还原速度，反而因煤气在炉内停留时间过短，降低煤气能量的利用。

（3）控制煤气的压力。在动力学范围，提高压力可加速还原，并且在低压水平阶段时的效果较显著。但压力提高到一定程度后，还原速度几乎不再增加，因为低压阶段，还原气体的吸附覆盖率与压力呈正比，在扩散范围，压力对还原速度没有影响。

（4）提高煤气中还原性气体 CO 和 H_2 的浓度，可以增大边界层与化学反应界面的浓度差，从而加速还原气体向反应界面的扩散，提高还原速度。这一浓度差实际上是扩散传质过程的推动力。由于 H_2 的扩散能力比 CO 强，还原气体中少量 H_2 的存在，能大大提高 CO 的还原能力与还原速度。因为在 H_2 还原过程中能多次被利用，其还原气体产物 H_2O 又可按 H_2O-C 反应和水煤气反应再生为 H_2，反复利用。用（$CO+H_2$）混合气体时，还原速度随 H_2 的升高而增加。因此提高煤气 H_2 含量对加速高炉还原过程具有重要的意义。

2.3.3 高炉操作工艺

高炉冶炼是逆流式连续过程。炉料一进入炉子上部即逐渐受热并参与各种化学反应，在上部预热及反应的程度，对下部工作状况有极大的影响。通过控制操作制度可维持操作的稳定，这是高炉高产、优质与低耗的基础。

由于影响高炉运行状态的参数很多，其中有些极易波动又不易监控，如入炉原料的化学成分及冶金特性的变化等，故需人和计算机自动地随时监视炉况的变化并及时做出适当的调整，以维持运行状态的稳定。

高炉操作制度就是对炉况有决定性影响的一系列工艺参数的集合，包括装料制度、送风制度、造渣制度及热制度。高炉冶炼的实践证明，只有选择合理的基本操作制度，才能实现炉况稳定、顺行。

2.3.3.1 装料制度

装料制度是炉料装入炉内方式的总称，包括装入顺序、批重大小、料线高低、布料装置的功能等。它决定着炉料在炉内分布的状况。由于不同炉料对煤气流阻力的差异，因此炉料在横断面上的分布状况对煤气流在炉子上部的分布有重大影响，从而对炉料下降状况、煤气利用程度，乃至软熔带的位置和形状产生影响。利用装料制度的变化以调节炉况被称为“上部调节”。

由于炉顶装料设备的密闭性，炉料在炉喉分布的实际情况是无法直观地见到的。生产中是以炉喉处煤气中 CO_2 分布，或煤气温度分布，或煤气流速分布作为上部调节的依据。一般来讲，炉料分布少的区域，或炉料中透气性好的焦炭分布多的区域，煤气流就大。相对地煤气中 CO_2 含量就较低，煤气温度就较高，煤气流速也较快，反之亦然。因此在生产中只要有上述三个依据之一就可以判断。

从煤气利用角度出发，炉料和煤气分布在炉子横断面上分布均匀，煤气对炉料的加热和还原就充分。但是从炉料下降、炉况顺行角度分析，则要求炉子边缘和中心气流适当发展。边缘气流适当发展有利于降低固体料柱与炉墙间的摩擦力，使炉子顺行；适当发展中心是使炉缸中心活跃的重要手段，也是炉况顺行的重要措施。在生产中由于原燃料条件的差异和操作技术水平的不同，存在四种煤气分布情况（表2-8）。

生产者应根据各自的生产条件，选定适合于生产的煤气分布类型，然后应用炉料在炉喉的分布规律，采用不同的装料制度来达到具体条件下的炉况顺行、煤气利用好的状态。可供生产者选择的装料制度内容有以下几项：批重、装料顺序、料线、装料装置的布料功

表 2－8　四种煤气分布情况

类型	炉顶煤气 CO_2 曲线	炉顶十字测温温度曲线	煤气上升阻力	煤气流利用程度	相应的软熔带形状	形成的原因和条件	采用的装料制度	高炉寿命
边缘发展型(馒头形)	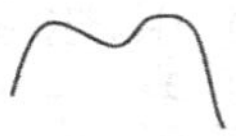	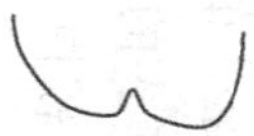	小	差，$\eta_{CO}<0.3$	V 形	原燃料条件差，强度低，粉末多，渣量大(在 500kg/t 以上)	小料批，低负荷，倒装为主	短
两条通路型(双峰形)	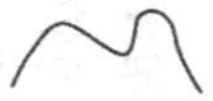		较小	较差，$\eta_{CO}<0.4$	W 形	原燃料力度组成差，渣量大(在 400～500kg/t)	料批不大，负荷不高，正倒混合循环装料	短
中心发展型(喇叭花形)	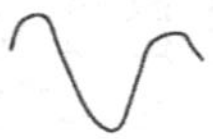		较大	较好，η_{CO}为 0.45 左右	倒 V 形	原燃料质量好，粉末筛除，渣量在 350kg/t 左右，高炉较强化	较大料批，负荷较高，正装	较长
平坦型			大	好，$\eta_{CO}>0.5$	平坦 V 形	原燃料质量很好，渣量 250kg/t，适合的冶炼强度在 0.95～1.05 之间	大料批，重负荷，正装	长

能变动（如双钟马基式旋转布料器的工作制度、变径炉喉活动板工作制度、无钟炉顶布料溜槽工作制度）等来达到预定的目的。

A 批重（料批大小）

批重是指装入高炉的每批料的质量，包括一定质量和一定比例的各种原料（焦炭、矿石和熔剂），每批料中的矿石质量称为矿石批重（矿批），焦炭的质量称为焦炭批重，矿石和焦炭的质量比称为焦炭负荷，即单位质量的焦炭所负担的矿石量。

批重大小对煤气流有影响，矿批小，矿料落在炉墙附近较多，分布不到中心或中心矿层太薄，因而边缘透气性差，边缘气流就少。所以批重大压中心、批重小压边缘。每一座高炉采用的炉料批重，应根据实践经验来选择。图 2-31 所示为批重对炉料分布的影响。

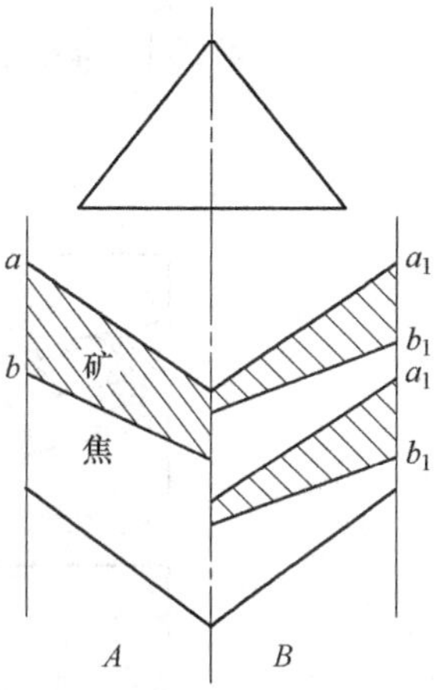

图 2-31 批重对炉料分布的影响

每座高炉批重对布料的影响都有一个临界批重的概念。当批重大于临界值时，随矿石批重增加而加重中心，过大则炉料分布趋向均匀；当批重小于临界值时，矿石布不到中心，随批重增加而加重边缘或作用不明显。如果批重过大，则出现中心和边缘均加重的现象。

高炉喷吹燃料后，负荷增加，批重要调整，此时应遵循保持焦批不动，扩大矿石批重。这样可保持软熔带焦窗的面积，而使煤气能顺利通过。如果保持矿批不动，缩小焦炭批重，不仅焦层变薄，而且由于矿焦层的界面混料效应，使焦窗面积更缩小，增大煤气通过的阻力，不利于炉况顺行。

B 装料顺序

装料顺序是指一批料中矿石和焦炭进入高炉时的顺序。一般将矿石先焦炭后的顺序称为正装，反过来焦炭先矿石后的顺序称为倒装。装料顺序对布料的影响在于矿石和焦炭的堆角不同，以及装入炉内时原料面（上一批料下降后形成的旧料面）的不同而起作用的。如果原料面相同，矿石和焦炭两者堆角相同，则装料顺序对布料将不产生影响。实际生产中，不同料速时形成的原料面不同，焦炭和矿石在炉喉形成的堆角也有差别。一般是焦炭的堆角略小于大块矿石的堆角，接近于小块矿石的堆角。从这个基本情况就可以知道装料顺序对布料有着明显的影响，如图 2-32 所示。另外，矿石粒度在这种影响上起着相当重要的作用，其作用情况如图 2-33 所示。

装料顺序还有同装和分装之别。在料车双钟装料时，同装是一批料的矿石和焦炭全都装在钟上，然后大钟开启，将矿和焦炭同时装入炉喉。而分装是矿石开一次大钟，焦炭再开一次大钟。分装的特点是焦炭或矿石入炉时的实际料线和原料面不同而影响堆角，从而影响布料。实践证明，分装减少矿焦层的界面混合效应，有利于煤气合理分布，煤气利用改善。在生产中一般是在相同冶炼条件下考虑装料顺序的影响。从加重边缘到加重中心的装料顺序是：正同装，正分装，倒分装，倒同装。

C 料线

从大钟完全开启位置的下缘至料面的垂直距离称为料线。料线的深度是用料尺（或

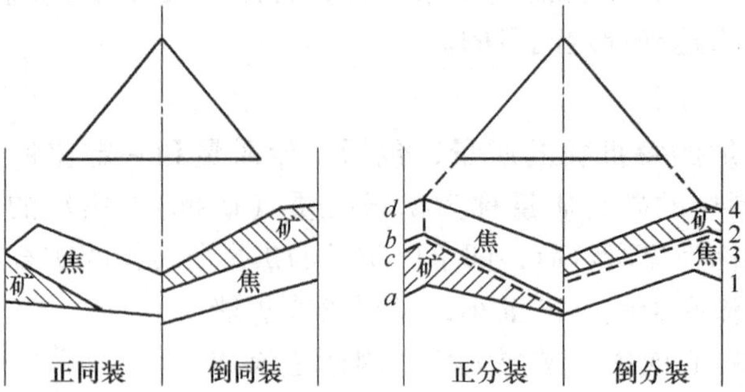

图 2-32 不同装料顺序时的炉料分布

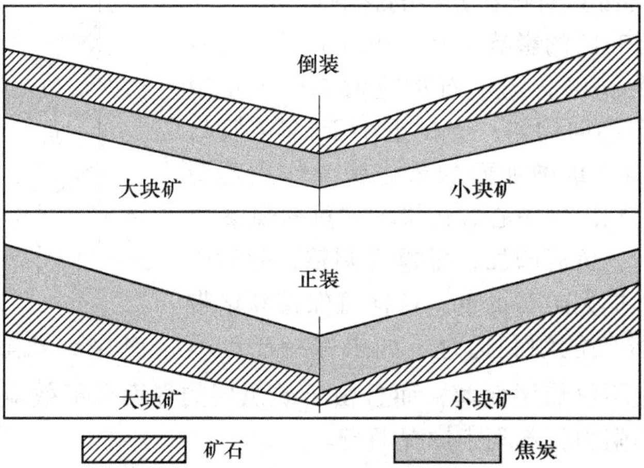

图 2-33 装料顺序和料度对布料的影响

称探尺）来测定的。每次装料后，大钟关闭或无钟炉顶的溜槽停止工作后，料尺下放到料面随料面下降，当降到规定的位置时，提起料尺装料。料线对炉料分布影响的一般规律是料线越深，堆尖越靠近边缘，边缘分布的炉料越多。料线对布料的影响见图 2-34。

生产上料线一般是相对稳定的，只有在装料顺序调节还不能满足要求时才改变料线。为避免布料混乱，料线一般选在碰撞点以上某一高度。料线一般不宜选得太深，因为过深的料线不仅使炉喉部分容积得不到利用，而且矿焦界面混合效应加大，不利于煤气流运动和炉况顺行。

D 装料设备对布料的影响

a 双钟装料设备的旋转布料器

在传统的单侧料车上料时，炉料倒入小料斗发生堆尖和粒度偏析（图 2-35）。为克服这种偏析，采用马基式旋转布料器将小钟，小料斗和斗中的料一起旋转，使这种偏析较均匀地分布在炉喉，一般旋转为六个位置或站（0°、60°、120°、180°、240°、300°），可以每批料，也可以每车料旋转一个角度。为克服炉子偏行，可用区域的几个站布料；而为纠正管道行程，则可定站布料。在生产中往往是采用两种以上的装料方式循环，以保证炉料沿圆周方向尽可能均匀分布。

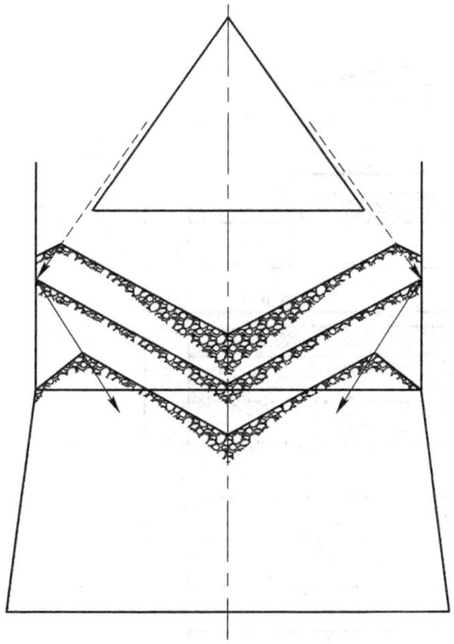

图 2-34 料线对布料的影响

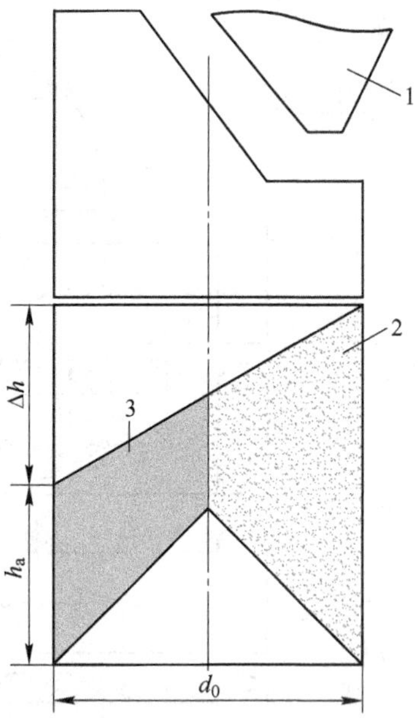

图 2-35 炉料在小料斗中的分布

1—料车；2—细料分布区；3—块料分布区

每个循环的料批数不能为 6 的倍数或约数，以免堆尖重叠，一般为 10 或 5。在双钟带旋转布料器的高炉上，制定合适的布料器工作制度成为决定堆尖在炉内分布的重要手段。

b 可调炉喉

随着炼铁工业的发展，高炉日趋大型化，巨型高炉上不断出现大钟直径不能在巨大直径的炉喉部位灵活布料的情况，中心布矿过少，中心料面与边缘料面高度差随炉喉直径增大而加大的问题尤为突出。于是出现了种种的补救办法，其中之一即是 1964 年出现的“可调炉喉”。它在炉喉部位安装以机械形式调节炉喉直径的钢板，根据布料需要，钢板向内推进，入炉料碰到钢板反弹入炉内，将炉料布到炉内指定的位置。这种活动喉板，虽然解决了中心布矿等问题，但也只是对传统钟式装料系统的改良，不能从根本上改变其调节范围小、调节不够灵活有效的缺点。这种改良也未能解决双钟的密封问题。

c 无钟炉顶

无钟装料装置是 1972 年由卢森堡 PW 公司发明的。它由两个料罐和一个溜槽组成。两个料罐相当于双钟装料装置的大小钟之间的大料斗，料罐的两端有两个直径小并嵌有弹性良好的橡胶密封圈的密封阀，上阀相当于小钟密封，下阀则相当于大钟密封。上阀开、下阀关时，炉料装入罐内，而上阀关、下阀开时炉料沿导管流进转动的溜槽，边转动炉料边落到炉内料面上，一般一批料布 8 ~ 12 圈。溜槽的倾斜角可以根据布料要求任意变动，再加上水平面上方位角的调节，就可将炉料布到炉喉任何所希望的部位。

无钟布料器的四种典型布料方式如图 2-36 所示。

环形布料：倾角固定的旋转布料称为环形布料。这种布料方式与料钟布料相似。改变旋转溜槽的倾角相当于改变料钟直径。由于旋转溜槽的倾角可任意调节，因此可在炉喉的

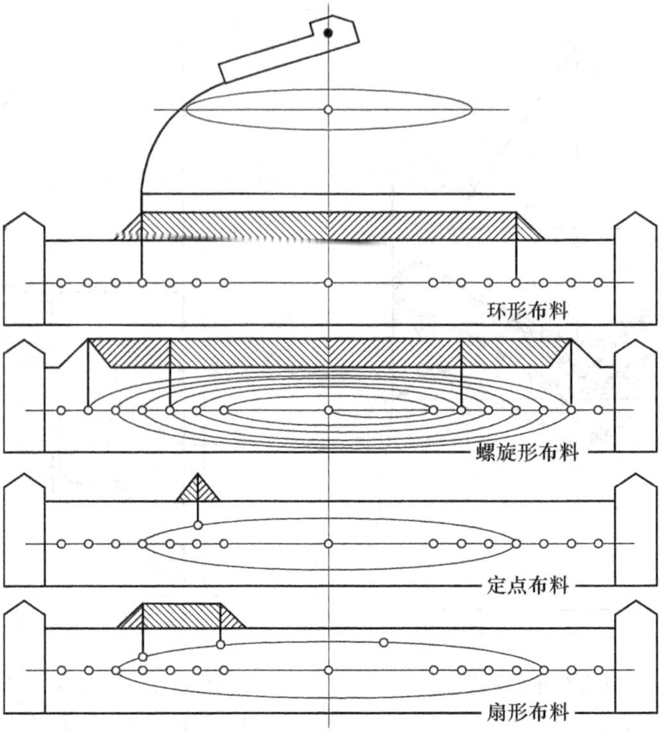

图 2-36　无钟料顶布料形式

任一半径做单环、双环和多环布料，将焦炭和矿石布在不同半径上以调整煤气分布。

螺旋形布料：倾角变化的旋转布料称为螺旋形布料。布料时溜槽做等速的旋转运动，每转一圈跳变一个倾角，这种布料方法能把炉料布到炉喉截面任一部位，并且可以根据生产要求调整料层厚度，也能获得较平坦的料面。

定点布料：方位角固定的布料形式称为定点布料。当炉内某部位发生“管道”或“过吹”时，需用定点布料。

扇形布料：方位角在规定范围内反复变化的布料形式称为扇形布料。当炉内产生偏析或局部崩料时，采用该布料方式。布料时旋转溜槽在指定的弧段内慢速来回摆动。

初期的无钟是并罐式的，两罐轮流装料，由于炉料在中心导管内沿一侧偏行，再加上大部分至今采用单环布料，造成炉料在炉喉内分布不均匀（图 2-37），在炉料粒度差别过大时，这种偏析比钟式还要严重。并罐式无钟这种布料上的缺点推动了改革，就出现三罐并列式和双罐串罐式

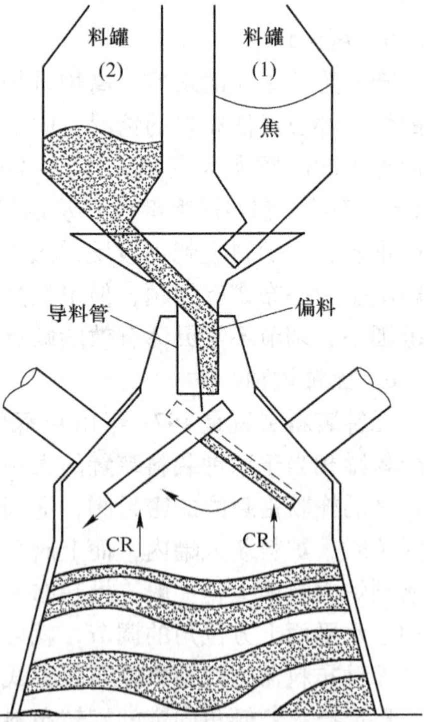

图 2-37　并罐式无钟不均匀布料

无钟的开发和应用。串罐式的下罐排料口与导料管在同一中心线上，从而可克服炉料偏行的缺点。

2.3.3.2 送风制度

送风制度是指通过风口向高炉内鼓送具有一定能量的风的各种控制参数的总称。它包括风量、风温、风压、风中含氧、湿分、喷吹燃料以及风口直径、风口中心线与水平的倾角、风口端伸入炉内的长度等。由此确定两个重要的参数：风速和鼓风动能。

调节上述各参数以及喷吹量常被称为“下部调节”，下部调节是通过上述各参数的变动来控制风口燃烧带状况和煤气流的初始分布。与上部调节相配合是控制炉况顺行、煤气流合理分布和提高煤气利用的关键。一般下部调节的效果较上部调节快，因此它是生产者常用的调节手段。

A 送风制度检验指标

生产实践表明，不同的燃料条件、不同的炉缸直径应达到相应的鼓风动能值，过小的鼓风动能使炉缸不活跃，初始煤气分布偏向边缘；而过大的鼓风动能则易形成顺时针方向的涡流，造成风口下方堆积而使风口下端烧坏。

a 风速的计算

标准态风速的计算公式为：

$$v_{标}=4Q/(n\pi d^2)$$

式中 Q——风量，m^3/s；

n——风口数，个；

d——风口直径，m。

实际风速是高炉生产实际情况下（$t_{风}$、$p_{风}$）的鼓风通过风口时所达到的风速：

$$v_{实}=v_{标}\times(273+t_{热风})\times 101.325/(101.325+p_{热风})\times(273+t_{冷风})$$

式中 $t_{热风}$——热风温度，℃；

$p_{热风}$——热风压力，kPa；

$t_{冷风}$——冷风温度，℃。

不同类型高炉的标准风速的参考值见表2-9。

表2-9 不同类型高炉的标准风速的参考值

有效容积/m^3	100	255～300	700	1000	2000	3000	4000
$v_{标}/m\cdot s^{-1}$	>80	>100	>120	>140	>180	>200	>220

b 鼓风动能

高炉有效容积与鼓风动能的关系见表2-10。

表2-10 高炉有效容积与鼓风动能的关系

有效容积/m^3	100	300	600	1000	2000	3000	4000
鼓风动能/$kJ\cdot s^{-1}$	15～30	25～40	35～50	40～60	60～80	90～110	110～140

c 风口前理论燃烧温度

焦炭和喷吹物在风口前燃烧时，所能达到的最高温度，即假定风口前燃料燃烧放出的热量全部用来加热燃烧产物时所能达到的最高温度，称为风口前理论燃烧温度，也称燃烧带火焰温度。理论燃烧温度是风口前燃烧带热状态的主要标志，它的高低不仅决定炉缸的热状态和煤气温度，而且也对炉料传热、还原、造渣、脱硫以及铁水温度、化学成分等产生重大影响。在喷吹燃料的情况下，理论燃烧温度低于界限值后，还会使燃烧的置换比下降，燃烧消耗升高，甚至使炉况恶化。所以，风口前理论燃烧温度是送风制度的一个重要指标。

d 合适的风口回旋区深度

具有一定速度和动能的鼓风，在风口前吹动着焦炭回旋运动，形成一个疏松且近似椭圆形的区间，这个区间就称为回旋区。回旋区形状和大小反映了风口的进风状态，它直接影响气流和温度的分布，以及炉缸的均匀活跃程度。回旋区深度受风速和鼓风动能的影响而变化，鼓风动能增加，回旋区深度也增加，边缘煤气流减少，中心气流增强。回旋区深度要适宜，过大或过小将造成中心或边缘气流发展。炉缸直径越大，回旋区应该越深，煤气流越向中心扩展，使中心温度充沛，控制焦炭堆积数量，维持良好的透气性和透液性。回旋区以风口数目多些、风口循环区面积大一些为宜，这样有利于炉缸工作均匀与炉况顺行。循环区深一些，有利于活跃炉缸中心，也有利于改善生产和煤气利用。

e 风口圆周工作均匀程度

炉缸工作良好，不仅要求煤气流径向分布合理，还要求圆周气流分布均匀。长时间圆周工作不均匀会使炉衬遭到侵蚀，使正常的工作炉型遭到破坏。这种圆周工作的不均匀必然导致上部矿石预还原程度不均匀，从而破坏炉缸的均匀与稳定。因此要求各风口进风量、风口直径、长度和斜度等参数应基本一致。

B 送风制度的操作

a 风量

风量对高炉冶炼的下料速度、煤气流分布、造渣制度和热制度都将产生影响。一般情况下，风量与下料速度、冶炼强度和生铁产量呈正比关系。但它只有在燃料比降低或维持燃料比不变的条件下，上述关系才成立，否则适得其反。

风量的调节作用：控制料速，达到预期的冶炼强度，实现料速均衡不变；稳定气流，炉况不顺初期，减少风量是降低压差、消除管道，以及防止难行、崩料和悬料的有效手段；炉凉时减风控制下料速度；炉况顺行和供料正常情况下，全风操作，提高高炉生产率。

b 风温

提高风温是强化高炉冶炼的主要措施。提高风温能增加炉缸高温热量的收入，也就同时增加了鼓风动能，提高了炉缸温度，活跃炉缸，促进煤气流初始分布合理，改善喷吹燃料的效果。

c 风压

风压直接反映炉内煤气量与料柱透气性的适应情况，它的波动是冶炼过程的综合反映，也是判断炉况的重要依据。目前高炉普遍装备有透气性指数仪表，对炉况变化反应灵敏，有利于操作者判断炉况。

d 鼓风湿度

全焦冶炼的高炉，采用加湿鼓风最有利，它能控制适宜的理论燃烧温度，使风温固定在最高水平。喷吹燃料的高炉，基本上不采用加湿鼓风；大喷煤以后，为了稳定喷煤量及提高煤粉燃烧率，可采用脱湿鼓风。

e 喷吹燃料

喷吹燃料不仅在热能和化学能方面可以取代焦炭，而且也增加了一个下部调节手段。喷吹燃料的高炉应固定风温操作，用煤量来调节炉温。

f 富氧鼓风

空气中的氧气含量在标准状态下为21%，采用不同方法，提高鼓风中的氧含量就称为富氧鼓风。富氧鼓风可以提高风口前理论燃烧温度，有利于提高炉缸温度和冶炼强度及增加喷煤量，同时也增加了一个下部调节手段。富氧后不仅能提高冶炼强度，而且能增加产量。

g 风口面积和长度

在一定风量下，风口面积和长度对风口的进风状态起决定性的作用。生产实践表明，一定的冶炼强度必须与合适的鼓风动能相配合（表2-10和表2-11）。在高强度冶炼时，由于风量、风温必须保持最高水平，通常采用改变风口进风面积的办法来调剂鼓风动能，有时用改变风口长度的办法调节边沿与中心气流，所以调整风口直径和长度便成为下部调节的重要手段。

表2-11 高炉鼓风动能变化对有关参数的影响

内容		鼓风动能正常	鼓风动能过大	鼓风动能过小
仪表	风压	稳定，并在一定范围内出现小的波动	波动大而有规律，出铁、除渣前显著升高	曲线死板，风压升高时容易悬料、崩料
	风量	稳定，在小范围内发生波动	波动大，随风压升高风量减少，风压降低风量增加	曲线呆死，风压升高，崩料后风量下降很多
	料尺	下料均匀，整齐	不均匀，出铁前料慢，出铁后料快	不均匀，有时会出现滑料与过满现象
	炉顶温度	宽带正常，互相交错，波动小	带窄，波动大，料快时温度低，料慢时升高	带宽，四个方向有分叉
风口情况		各风口工作均匀、活跃，风口破损少	风口活跃，但显凉，严重时风口破损较多，且多坏风口内侧下端	风口明亮但不均匀，有升降，炉况不顺时，风口自动灌渣，破损多
炉渣		炉温充足，流动性好，上下渣均匀	渣温不均匀，上渣带铁多，易喷花，上渣难放，渣口破损较多	炉渣不均匀，上渣热，而变化大，有时带铁多，渣口易坏
生铁		物理热足，炼钢生铁常是灰口，有石墨碳析出	物理热稍低，炼钢生铁白口多，而硫低，石墨少	铁水暗红，炼钢生铁为白口、硫高、几乎没有石墨

2.3.3.3 造渣制度

A 造渣制度的选择

造渣制度包括造渣过程和终渣性能的控制。造渣制度应根据冶炼条件、生铁品种确定。

在炼铁原理中已对炉渣性能做了详细的介绍，它是选择造渣制度的依据。为控制造渣过程，应对使用的原料的冶金性能做全面了解，特别是它们的软化开始温度，熔化开始温度，软熔温度区间、熔化终了温度以及软熔过程中的压降等。目前推广合理炉料结构就是要将这些性能合理搭配、使软熔带宽度和位置合理，料柱透气性良好，煤气流分布合理。

终渣性能控制是使炉渣具有良好的热稳定性和化学稳定性，以保证良好的炉缸热状态和合理的渣铁温度，以及控制好生铁成分，主要是生铁中的［Si］和［S］的含量。

造渣制度应相对稳定，只有在更换冶炼产品品种或原料成分变动大，造成有害杂质量增加或出现不合格产品，炉衬结厚需要洗炉，炉衬严重侵蚀需要护炉，排碱以及处理炉况失常等特殊情况下才调整造渣制度。一经调整则应尽量维持其稳定。

B　造渣制度的调剂

（1）造渣制度与生铁含硫量的关系。在保证生铁质量前提下，尽可能把炉渣碱度调剂到规定范围的下限。以往多注意单向调剂：含硫量高则提高碱度。较好的操作应是双向调剂：含硫量高则提高碱度，含硫量低应降低碱度。除非必要，过低的铁水含硫量对高炉冶炼以及总的生产技术经济指标是有影响的。

（2）较大幅度调整炉渣碱度时，必须充分估计炉温状况是否许可。碱度已降，炉温未升，恐危及质量；碱度已升，炉温不足或不稳，恐危及顺行。所以较稳妥的做法是将炉温置于合适水平，再调整炉渣碱度。

炉渣碱度控制过高，不仅是个浪费，而且是导致炉况失常的一个隐患。已有许多事例说明，确保铁水硫含量合格的首要措施，在于维持稳定的炉温，这在冶炼低硅生铁时尤其重要。国外许多先进高炉渣量很少，铁水温度高而稳定。在此种条件下，为强化炉渣对生铁成分的控制作用，采用高碱度渣（1.20～1.25）操作，不仅为冶炼低硫低硅生铁所需，也无炉况不顺之虑。

2.3.3.4　热制度

炉缸热制度是指高炉炉缸所具有的高温热量水平，或者说是根据冶炼条件，为获得最佳效益而选择的最适当的炉缸高温热量，它反映了高炉炉缸内热量收入与支出的平衡状态。表示炉缸热制度的指标有两个。一个是铁水温度，它一般在1350～1550℃之间，俗称“物理热”。另一个指标是生铁含硅量，生铁中的硅全部是直接还原得来的，炉缸热量越充足，越有利于硅的还原，生铁含硅量就越高，所以生铁含硅量的高低，在一定条件下可以表示炉缸热量的多少，俗称“化学热”。一般情况下，当炉渣碱度变化不大时，两者基本是一致的，即化学热越高，物理热越高，炉温也越充沛。在平衡状态下，还原1kg硅所耗的热量是还原1kg铁耗热的8倍。

A　热制度的选择

在一定的原燃料条件下，合理的热制度要根据高炉的具体特点及冶炼品种来定。

根据铁种的需要，保证生铁含硅量、含硫量在所规定的范围内。冶炼制钢铁时，$w[Si]$应控制在0.2%～0.5%之间，$w[S]\leqslant 0.03\%$；冶炼铸造铁时应根据生铁牌号来确定生铁含硅量，如冶炼18号铸造生铁时，可将$w[S]$控制在1.7%左右。

根据原燃料条件来选择。原燃料含硫高，物理性能好时，可维持偏高的炉温；原燃料稳定时，可维持偏低的生铁含硅量；在保证顺行的基础上，可维持稍高的炉渣碱度，适当降低生铁含硅量。

结合高炉设备情况选择热制度。如高炉炉缸侵蚀严重或冶炼过程出现严重故障时，要规定较高的炉温。

结合技术操作水平与管理水平选择热制度。如原料中和混匀程度好、高炉操作水平高时，可以将生铁含硅量控制在下限，实现铁水物理温度高的低硅操作。

B 影响热制度的主要因素

生产中影响热制度的因素很多。任何影响炉内热量收支的因素都会造成热制度的波动。

（1）原燃料性质的变化对热制度的影响。矿石质量影响热制度的因素有矿石品位、粒度和含粉末率、还原性。矿石含铁量越高，脉石就越少，脉石熔化造渣所消耗的热量也越少。而且渣量减少，炉料的透气性得到改善，有利于还原，可降低焦比，一般矿石品位提高1%，焦比约降2%，产量提高3%；矿石粒度均匀有利于透气性改善和煤气利用率提高，对小高炉，矿石粒度10～40mm，而对大高炉则在15～60mm为宜，小于5mm的粉末越少越好。

焦炭质量的影响因素有焦炭灰分、焦炭含硫量和焦炭强度。焦炭灰分增加，固定碳含量就会降低，其发热值也随之降低；另外，灰分增加，渣量也增加，从而使消耗热量增加。

（2）冶炼参数的变动对热制度的影响。冶炼参数变动引起风温、冶炼强度、湿度、富氧率、炉顶压力、炉顶混合煤气 CO_2 含量以及料柱透气性的变化等。风温是高炉冶炼的主要热源之一，提高风温可以有效地增加热量，降低燃料消耗，改变炉缸热制度；喷吹燃料也是热源和还原剂的来源。喷吹燃料会改变炉缸内煤气流的分布。实践证明，喷吹燃料能促进炉缸中心温度升高，使整个炉缸截面积的温度梯度减小，保证炉缸工作均匀活跃。风量增减直接影响料速的变化。风量增加，料速加快，煤气在炉内的停留时间缩短，直接还原增加，会造成炉温向凉。装料制度如批重和料线等对煤气分布、热交换和还原反应产生直接影响。

（3）设备及其他方面故障引起的影响，如冷却设备漏水，原燃料称量上的误差、装料设备故障等都能使炉缸热制度发生变化。

热状态是多种操作制度的综合结果，生产中是用选择合适的焦炭负荷，辅以相应的装料制度、送风制度、造渣制度来维持最佳热状态。日常生产中常因某些操作参数变化而影响热状态，则采用风温、风量、湿分、喷吹量来微调，而必要时则采用负荷调节。严重炉凉时，还要投入空焦。

2.3.3.5 炉况判断

高炉冶炼是在密闭的竖炉内进行的极为复杂的物理化学反应和热交换过程，同时它又是一个依靠各辅助系统工作，以及生产组织等支撑的过程。因此受到如内部和外部、主观和客观的众多因素的影响，造成高炉炉况的波动是绝对的、经常性的。生产者的重要任务是及时准确地判断炉况，并在此基础上采用各种调节措施，保证高炉顺行，避免炉况剧烈波动而造成炉况失常，甚至生产事故。

炉况判断是生产者通过直接观察和仪表监测显示获得可靠信息，然后进行分析而得出炉况走向、可能发生的波动性质和幅度。现代先进高炉还借助于计算机高炉数学模型及人工智能专家系统等进行炉况判断。

A 正常炉况

生产者结合直观观察（包括看风口、看出渣出铁、渣样、铁样、下料速度等）和仪表监测显示（主要是热风压力、冷风流量、压差、炉身静压力、透气性指数和料线料尺走动、炉顶温度和煤气曲线或十字测温温度曲线等）综合判断炉况是否正常。

正常炉况的标志能够反映炉缸工作、下料和煤气流分布的特征，即炉缸工作均匀活跃，炉温充沛稳定，下料均匀稳定，煤气分布合理。其具体标志如下：

（1）风口明亮，焦炭活跃，风口前无生料、不挂渣，风口破损极少。

（2）炉温充足，炉渣流动性好，上渣不带铁，渣沟不结厚壳，渣口烧损极少。

（3）铁水白亮，物理热高，成分相对稳定。

（4）炉顶温度有规律波动。

（5）风压平稳，风量微微波动，曲线画圆，透气性指数变化平稳，无锯齿状。

（6）顶压稳定，没有频繁的上下尖峰。

（7）下料均匀，不停滞、不塌落，没有时快时慢的现象，双探尺基本一致，料尺曲线整齐，倾角稳定。

（8）炉喉 CO_2 曲线接近于对称的双峰形，中心峰谷较为开阔，尖峰位置在炉墙至中心的 1/3 ~ 1/2 之间；边缘与中心数值相近或稍高一些，且 $w(CO_2)$ 平均值较高。

（9）炉喉、炉身、炉基温度变化不大。

（10）炉喉、炉腰和炉身等处冷却水温差符合规定要求。

B 异常炉况

高炉常见的炉况异常有低料线、偏料、崩料、悬料、结瘤和炉缸冻结。它们不是一种独立的失常炉况，而是失常炉况没有及时处理，使矛盾激化的表现。

（1）低料线。由于各种原因不能按时上料，以致探料尺较正常规定料线低 0.5m 以上时，即称低料线。低料线使矿石不能进行正常的预热和还原，导致煤气分布紊乱，它是造成炉凉和不顺的重要原因，必须及时处理。

（2）偏料。高炉截面下料速度不一致，在料尺上呈现斜面（一边高，一边低）的现象，称为偏料。产生偏料的原因是：炉内煤气流分布很不均匀或各风口进风不均匀，使得局部区域料速过快或过慢，炉墙部分被侵蚀或结瘤，造成高炉内型不规整、装料设备中心不正；旋转布料器长期工作不正常或料罐内矿石分布不均匀。

偏料的特征是：炉顶及炉身温度曲线带明显分散；低料面一边的炉喉 CO_2 含量少且风口有剧烈升降；各渣口及上下渣的温度差别大；两料尺相差 0.5m 以上。

（3）崩料。高炉煤气分布失常与炉缸热制度破坏引起炉料突然塌落的现象，称为崩料。崩料往往发生于难行（炉料下降不畅）或停滞之后。

崩料的特征是：料尺不断停滞、崩落或陷落；风压风量剧烈地呈锯齿状波动；炉顶与炉喉温度剧烈波动，半径 CO_2 曲线紊乱；炉温急剧下降，风口前大量生降，短期内即造成风口涌渣现象，渣铁温度显著降低；炉顶压力剧烈波动，炉顶上升管可能出现不正常的响声。

（4）悬料。高炉炉料停止下降超过 1 ~ 2 批料时就是悬料。应注意预防悬料的发生。在发现风压升高，炉料难行、料尺曲线开始打横时，若炉凉可以减风，若炉温足够可以减喷吹物，增加湿分，最后也可以减风温，进一步可以采取发展边缘的装料制度 5～10 批，并适当减轻负荷。此外，日常操作中为防止悬料，在出铁前和炉温剧烈向热时避免加风。

高炉煤气流分布失常和热制度的破坏都可以引起悬料，只有正确判断产生悬料的原因，才能采取消除悬料的正确措施。

（5）结瘤。高炉结瘤的特征是：炉况经常不顺，难行、崩料、悬料频繁，不能维持正常风量；经常偏料，炉缸工作不均匀（环形瘤此特征不明显）；结瘤部位炉墙温度降低，炉瘤下方的炉墙温度升高；煤气分布紊乱，炉瘤上方 CO_2 含量升高，炉瘤前沿 CO_2 含量降低；有环形瘤时，中心气流发展，炉顶温度各点相差很小；有局部炉瘤时，各点炉顶温度相差增大，炉尘量增加，且粒度变大。

结瘤以后，如属上部炉瘤，初期可用发展边缘气流或装入洗炉料的办法进行洗炉，以清除炉瘤；对于金属铁凝结的下部炉瘤，首要是消除结瘤原因（如换掉漏水的冷却部件）。在原因消除后，这类瘤往往能被熔融而逐渐消失。因粉末和炉温波动造成的高炉下部结厚或结瘤，可装洗炉料洗炉，或用降低风温减轻负荷使高温区上移的办法把它熔掉。无论高炉上部或下部，当炉瘤已长得相当大时，清除炉瘤的有效办法只有休风炸瘤。

（6）炉缸冻结。炉缸温度降低到渣铁不能自渣口、铁口自由流出的程度，就是炉缸冻结。炉缸冻结是高炉的严重事故，它容易发生在：连续崩料未能及时制止；洗炉时，炉瘤熔化进入高炉下部（甚至炉缸）进行直接还原，而减轻的焦炭负荷或加入净焦量不足以弥补这种过分的热消耗，造成炉缸温度剧烈降低；操作失误或称量误差；冷却设备大量漏水。

发生炉缸冻结事故后，主要应采取以下措施：首先大量减风 20%～30%（以风口不灌渣为限）；尽量设法让渣铁流出来，同时勤放渣铁；尽量保持较多的风口能正常工作，至少要使靠近渣铁口的风口畅通；立即加净焦，视炉况加 10～20 批，并减轻焦炭负荷；停止喷吹，相应减轻焦炭负荷；减少熔剂使渣碱度维持低水平；避免在冻结期间坐料或休风换设备，免得炉况进一步恶化；炉缸严重冻结、铁口打不开时，可将渣口三、四套取下，砌上耐火砖，由渣口出铁；如渣口也冻结时，应将渣口与风口用氧气烧通，并扩大烧开的容积，填上新焦，用渣口上的 1～2 个风口送风，从渣口出渣出铁，当炉温转热时，应首先恢复渣铁口的工作，同时根据炉况恢复风口工作，以后再恢复风量、负荷及喷吹物。

2.3.4 喷吹燃料制度

随着高炉炼铁生产规模的不断扩大和对生铁需求量的日益增加，高炉炼铁对原料的需要也越来越大，由于炼焦煤储量的日趋减少，导致冶金焦炭的供应日趋紧张，人们寻求由新的燃料代替部分焦炭。高炉采用喷吹燃料已成为高炉节焦和强化冶炼的一种手段。高炉可以喷吹的燃料分为三大类：液体燃料，如重油、焦油等；固体燃料，如无烟煤、烟煤、褐煤等；气体燃料，如天然气、焦炉煤气等。喷吹燃料的选择依赖于各国燃料资源的条件并随资源条件的变化而改变。自 20 世纪 60 年代初喷吹技术在法国获得成功至今，美国、俄罗斯主要喷吹天然气，西欧、日本则自 20 世纪 80 年代初以喷吹重油转为喷吹煤粉。我国是开发喷煤技术较早的国家，自 20 世纪 60 年代初开始试验，至今已有 50 多年历史，特别是近十几年来，高炉喷煤技术得到了广泛的应用和发展，从而促进了我国钢铁工业的迅猛发展，减少了炼铁生产受炼焦煤资源、投资、环保等多方面的限制和影响。

2.3.4.1 高炉喷煤的意义

高炉喷煤对现代高炉炼铁技术来讲是一项重要的技术革命。所谓高炉喷煤，就是指从高炉风口向炉内直接喷吹磨细了的煤粉（无烟煤、烟煤或两者的混合煤粉以及褐煤），以代替焦炭向高炉提供热量和还原剂。它的意义在于：

（1）以低价的煤代替了日趋贫乏且价格昂贵的冶金焦，降低了焦比，使高炉炼铁的成本大幅下降。

（2）高炉喷煤可以作为一种调剂炉况的手段。

（3）高炉喷煤可以改善炉缸工作状态，使高炉稳定顺行。

（4）为高炉提高风温和富氧鼓风创造条件。因为喷吹煤粉会使风口前理论燃烧温度降低，导致理论燃烧温度降低的主要原因有：高炉喷吹煤粉后煤气量增加，加热煤气需要消耗热量；喷吹煤粉带入的热量少，而焦炭进入风口区时已被充分加热，温度高达1450～1500℃，而喷吹的煤粉温度不超过100℃，煤粉中的碳氧化合物分解需要吸热。

（5）喷吹煤粉中的氢含量比焦炭带入的多，氢提高了煤气的还原能力和穿透扩散能力，有利于矿石的还原和高炉操作指标的改善。

（6）喷吹煤粉代替了部分焦炭，不仅缓解了焦煤的供需紧张状况，也减少了对炼焦设施的投资和建设，更降低了炼焦生产对环境的污染。

2.3.4.2 高炉喷煤技术的进步

喷煤技术的进步主要体现在以下几方面：

（1）喷煤设备大型化和装备水平的提高。现代高炉炼铁技术进步的特点之一，是不断提高生产量，喷吹更多煤粉，大幅度降低焦比。喷吹煤粉的绝对量增大，要求喷煤设备大型化和不断提高喷煤设备的装备水平。喷煤设备装备水平的提高集中表现在喷煤自动控制及计量和调节精度方面，喷煤量可以按照高炉要求自动调节，喷煤量计量精度可以控制在1%误差范围内，各风口喷吹煤粉的均匀性控制在3%的误差范围内。

（2）高炉富氧喷煤。富氧喷煤是实现高炉生产稳产、高产、优质、低耗的必备手段。高炉的富氧和喷煤是互为条件、互为依存的。喷煤量不断增加，就需要有足够的氧气来促进煤粉燃烧，以提高煤焦置换比和保证高炉顺行。生产实践证明，当风温达到1000℃时，在不富氧的条件下，煤粉喷吹量每吨铁不宜超过100kg；否则，煤粉不能完全燃烧，引起煤焦置换比下降，并可能造成高炉难行。相反，如果不喷煤粉，富氧使高炉风口前的理论燃烧温度过高，也将导致高炉不能顺行。只有富氧和喷煤相结合，才能大幅度提高产量，降低焦比。据有关计算，高炉鼓风中富氧率每增加1%，喷煤量约增加13kg/t，生铁产量增加3%。

（3）喷吹烟煤和无烟煤或烟煤、无烟煤混合喷吹。我国长期喷吹无烟煤，其优点是无烟煤含碳量高、挥发分低，喷吹安全。但其燃点高、煤质硬、可磨性差、制粉能耗高。随着无烟煤储量的日趋减少，无烟煤质量也逐年下降。改喷烟煤，扩大了喷煤品种，其优点是烟煤挥发分高、燃烧性能好、含氧量高，利于高炉顺行；且煤质软、易磨，制粉能耗低，储量也较多，分布较广，保证有充足的喷煤资源。但喷吹烟煤时，易燃易爆，安全性差，必须采取相应的保护措施。

（4）浓相输送。高炉喷煤采用气力输送，按单位气体载运煤粉量的多少，可以分为稀相输送和浓相输送。气力输送过程中，一般稀相输送的速度在20m/s以上，煤粉浓度在5～30kg/m^{3}范围内。而浓相输送的速度则小于10m/s，煤粉浓度大于40kg/m^3。采用浓相输送的优点是：喷煤浓度高，消耗输送介质量少，煤粉在管道内的流速低，对管道及设备的磨损减小，可以节省能源，提高煤粉喷吹量。其缺点是：设备复杂，价格较高，对煤粉质量要求严格，需用输送介质的压力也比较高。

2.3.4.3 高炉喷煤工艺

高炉喷吹煤粉工艺系统主要由原煤储运、煤粉制备、煤粉输送、煤粉喷吹、干燥气体制备和动力系统组成，工艺流程如图2-38所示。如果是直接喷吹工艺，则无煤粉输送部分。

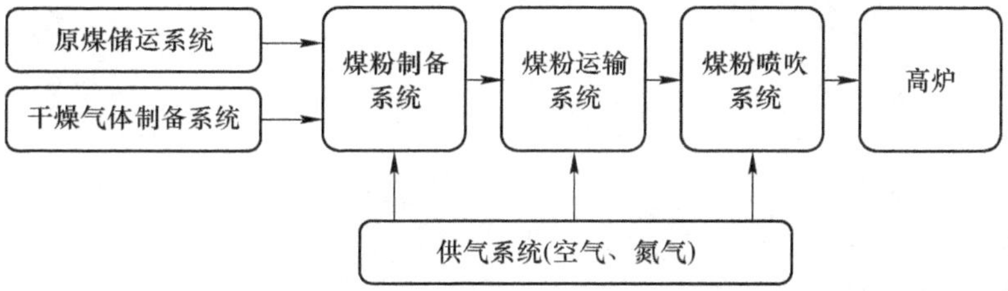

图2-38 高炉喷煤系统的工艺流程

从煤粉制备和喷吹设施的配置来分，高炉喷煤工艺有两种模式，即间接喷吹模式和直接喷吹模式。制粉系统和喷吹系统在一起向高炉喷吹的工艺称为直接喷煤工艺；制粉系统和喷吹系统分开，通过罐车或气动输送管道将煤粉从制粉车间送到靠近高炉的喷吹站，再向高炉喷吹煤粉的工艺称为间接喷煤工艺。一般高炉多的企业的宜采用间接喷吹工艺，高炉少的企业宜采用直接喷吹工艺。

复习思考题

2-1 高炉冶炼使用哪些原料？

2-2 高炉冶炼对铁矿石的质量有什么要求？

2-3 焦炭在高炉冶炼中有哪些作用？

2-4 高碱度烧结矿和低碱度烧结矿有哪些不同？简述烧结矿的固结机理及提高烧结矿质量的措施。

2-5 简述抽风带式烧结机的烧结过程（包括五层的变化）。

2-6 在圆盘造球机中，生球是怎样形成、长大和紧密的？

2-7 比较烧结与球团两种造块方法的特点。

2-8 简述CO、H_2在高炉冶炼过程中还原铁氧化物的特点，H_2参与还原对高炉冶炼有什么影响？

2-9 常用的高炉强化冶炼手段有哪些？各有什么科学依据？

2-10 简述铁氧化物在高炉内的还原历程。

参 考 文 献

[1] 王筱留．钢铁冶金学（炼铁部分）（第2版）[M]．北京：冶金工业出版社，2000.

[2] 黄希祜．钢铁冶金原理（第4版）[M]．北京：冶金工业出版社，2013.

[3] 包燕平，冯捷．钢铁冶金学教程［M］．北京：冶金工业出版社，2008.
[4] 王筱留．高炉生产知识问答（第3版）［M］．北京：冶金工业出版社，2013.
[5] 宋建成．高炉炼铁理论与操作［M］．北京：冶金工业出版社，2009.
[6] 张寿荣，于仲洁，等．高炉失常与事故处理［M］．北京：冶金工业出版社，2012.
[7] 张家芸，等．冶金物理化学［M］．北京：冶金工业出版社，2004.
[8] 李慧．钢铁冶金概论［M］．北京：冶金工业出版社，1993.
[9] 王悦祥，等．烧结矿与球团矿生产［M］．北京：冶金工业出版社，2006.
[10] 周传典．高炉炼铁生产技术手册［M］．北京：冶金工业出版社，2002.

3 钢 冶 金

本章导读

钢冶金生产过程主要包含钢的冶炼、精炼、连续浇铸等工艺流程；炼钢工艺主要有转炉炼钢和电炉炼钢两种。本章介绍了炼钢的基本任务和基本原理，并针对钢冶金各生产工艺环节的基本理论、工艺技术方法、设备和功能特点进行系统的阐述。通过本章学习，可以系统地掌握转炉炼钢、电炉炼钢、精炼、连铸等生产工艺技术流程与基本原理。

3.1 转炉炼钢

钢与生铁的区别主要体现在碳含量的不同，见表 3-1。通常把碳含量小于 2% 的铁碳合金称为钢，它的熔点为 1400～1530℃；而生铁的熔点 1100～1400℃。在钢中，碳元素和铁元素形成 Fe_3C 固溶体，随着碳含量的增加，其强度、硬度增加，而塑性和冲击韧性降低。由于钢具有很好的力学性能，可以进行拉、压、轧、冲、拔等深加工，因此用途十分广泛，而且用途不同对钢的性能要求也不同，从而对钢的品种也提出了不同的要求。石油、化工、航天航空、交通运输、农业、国防等许多重要的领域均需要各种类型的大量钢材，人们的日常生活更离不开钢。总而言之，钢材仍将是用途最为广泛的结构材料。炼钢工艺技术也经过长期发展日趋成熟。

表 3-1　钢和生铁的区别

名　称	钢	生　铁
碳（质量分数）	≤2%，一般 0.04%～1.7%	>2%，一般 2.5%～4.3%
硅、锰、磷、硫含量	较少	较多
熔点	1400～1530℃	1100～1400℃
力学性能	强度、塑性、韧性好	硬而脆、耐磨性好
可锻性	好	差
焊接性	好	差
热处理性能	好	差
铸造性	好	更好

最早的炼钢方法是 1740 年出现的坩埚法，它是将生铁和废铁装入由石墨和黏土制成的坩埚内，用火焰加热熔化炉料，之后将熔化的炉料浇注成钢锭。此法几乎不能去除杂质元素。

1855 年，英国工程师亨利 · 贝塞麦（H. Bessemer）发明了酸性空气底吹转炉炼钢法，也称为贝塞麦法。该方法第一次直接用铁水冶炼液态钢，使得钢的质量和产量得到很大的提高，从而开创了钢的时代。在此之前，炼钢是在半固态下以手工方式进行的。Bessemer法采用酸性炉衬，因为不能造碱性渣来脱除铁水中的磷和硫，目前该方法已被淘汰。

1865 年法国人马丁（Martin）利用西门子（Siemens）首创的蓄热室原理发明了酸性平炉炼钢法，用以解决废钢产量过大的问题。1880 年出现了第一座碱性平炉。该方法成本低、炉容量大、钢质量高，并且能使用废钢，能够适应各种原材料条件。因而碱性平炉炼钢法成为当时世界上最为主要的炼钢法，并保持了半个多世纪之久，1930 ~ 1960 年，世界每年钢的总产量近 80% 是平炉钢。

1878 年，英国冶金学家托马斯（S. G. Thmoas）发明了碱性炉衬的底吹炼钢法，即托马斯法。该方法是在吹炼过程中加石灰造碱性渣，从而解决了西方各国高磷铁水的脱磷问题。随后采用了富氧鼓风和降低吹入空气中氮含量如增加 CO_2 和 H_2O 气体的方法，以降低钢中氮的含量。

20 世纪 40 年代空气分离机的问世，使得氧气的生产成本大大降低。在此基础上，瑞典人罗伯特·杜勒首先进行了氧气顶吹转炉炼钢的实验，并获得了成功。1952 年奥地利的林茨城（Linz）和多纳维兹城（Donawitz）先后建成了 30t 的氧气顶吹转炉车间并投入生产，所以此法也称为 LD 法，美国称为 BOF 法（basic oxygen furnace）或 BOP 法。由于该方法具有反应速率快、热效率高以及产出的钢质量好、品种多等优点，在 20 世纪 70 年代，氧气转炉炼钢法取代平炉法成为主要的炼钢方法。可以说，氧气顶吹转炉炼钢是近 70 年钢铁领域的重大事件之一。

20 世纪 60 年代，顶吹转炉向大型化方向发展，相继出现了 200 ~ 300t 的转炉。由于转炉的大型化造成了顶枪射流的搅拌能力不足，反应的动力学条件不好。基于该问题，法国钢铁研究院与卢森堡阿尔贝德公司合作，在 180t 顶吹转炉上进行底吹惰性气体试验，并且取得了成功，从而开创了顶底复吹转炉炼钢新方法。

20 世纪 80 年代中后期，西欧、日本、美国等相继开发成功了顶底复吹转炉炼钢方法，在此方法中，氧气由顶部氧枪供入，同时由炉底喷口吹入氩气、氮气等气体对熔池进行搅拌。顶底复吹氧气转炉炼钢既具备顶吹转炉炼钢化渣好、废钢用量多的长处，同时又兼备氧气底吹转炉炼钢熔池搅拌好、铁和锰氧化损失少、金属喷溅少等优点，因而目前世界上较大容量的转炉绝大多数都采用了顶底复吹转炉炼钢工艺。

3.1.1 炼钢的任务及基本理论

炼钢过程实质上是以氧化反应为主要手段的精炼过程。高炉炼铁过程是一个还原过程，铁水含有 93% ~94% 的铁，同时还含有 6% ~7% 的杂质，杂质以碳为主，包括硅、锰、磷、硫等。炼钢过程就是通过氧化反应，以氧气作为主要的氧化剂，将铁水中的杂质氧化分离，将其中的碳、硅、锰、磷、硫等控制在规定的范围内。同时，还需要提高钢水温度，合理控制冶炼、精炼、连铸过程中的钢水质量，生产出合格的连铸坯，为轧钢工序提供合格的原料。

3.1.1.1 炼钢的基本任务

普通品种的钢和铁都是以铁元素为基本成分的铁碳合金。钢由生铁冶炼而成的，两者的化学成分见表 3-2。

表 3-2 生铁和钢的化学成分 (%)

材 料	化学成分（质量分数）				
	C	Si	Mn	P	S
普通炼钢生铁	3.5～4.0	0.6～1.6	0.20～0.80	0.10～0.40	0.03～0.07
碳素镇静钢	0.06～1.5	0.12～0.37	0.25～0.80	≤0.045	≤0.055
沸腾钢	0.05～0.27	≤0.07	0.25～0.70	≤0.045	≤0.055

生铁除含有较高的碳外，还含有较高的磷、硫和其他杂质。所谓炼钢，就是通过冶炼降低生铁中的碳和去除有害杂质，再根据对钢性能的要求加入适量的合金元素，使其成为具有高的强度、韧性或者其他特殊性能的钢。因此，炼钢的基本任务可归纳为：

（1）脱碳。碳含量是控制钢性能的主要元素。钢中碳含量增加，则硬度、强度、脆性都将提高，而延展性能将下降；反之，碳含量减少，则硬度、强度下降而延展性能提高。所以，炼钢过程中必须按钢种规格将碳氧化至一定范围。

（2）脱磷、脱硫。对于绝大多数钢种来讲，磷、硫均为有害元素。磷可以引起钢的冷脆，而硫则引起钢的热脆，因此，要求在炼钢过程中尽量去除。

（3）脱氧。由于在氧化炼钢过程中，向熔池输入大量氧以氧化杂质，致使钢液中溶入一定量的氧，它将大大影响钢的质量。因此，需降低钢中的含氧量。一般是向钢液中加入比铁有更大亲氧力的元素来完成（如 Al、Si、Mn 等合金）。

（4）去除钢中的气体和非金属夹杂物。钢中气体主要是指溶解在钢中的氢和氮。非金属夹杂物包括氧化物、硫化物、磷化物、氮化物以及它们所形成的复杂化合物。在一般炼钢方法中，主要靠碳氧反应时产生的 CO 气泡，当它从钢液中逸出时，引起溶出沸腾来降低钢中气体和非金属夹杂物。

（5）合金化。为了保证钢的各种物理、化学性能，除控制钢液的碳含量和降低杂质含量外，还应加入适量的合金元素使其含量达到钢种规定的范围。

（6）调整钢液温度。为完成上述各项任务并保证钢液能顺利浇铸，必须将钢液加热并保持在一定的高温范围内，一般在 1600～1700℃（与冶炼的钢种有关），同时根据冶炼过程的要求不断将钢液温度调整到合适的范围。

3.1.1.2 炼钢的基本理论

A 铁液中元素的氧化

a 元素氧化的顺序

溶解在铁液中的元素的氧化次序可以通过它与 1mol 氧气反应标准吉布斯自由能变化来判断，如图 3-1 所示。

炼钢过程中铁液中各元素的氧化顺序如下：

（1）在炼钢吹炼过程中，Cu、Ni、Mo、W 等元素受到铁的保护，不会被氧化。

（2）Cr、Mn、V、Nb 等元素的氧化程度随冶炼温度而变化。因为这些元素氧化的 $\Delta G^{\ominus}$线与 C 氧化生成 CO 的 $\Delta G^{\ominus}$线存在交叉点。当温度低于此点时，元素优先于 C 氧化；反之则 C 优先氧化。如对 Cr，当温度低于 1300℃时，氧优先与［Cr］反应。

（3）Al、Ti、Si、B 等元素很容易被氧化。这些元素可作为强脱氧剂使用。

由此可知，当铁水中含有 Cu、Ni 时，在整个冶炼过程中都不能被去除，而会残留于

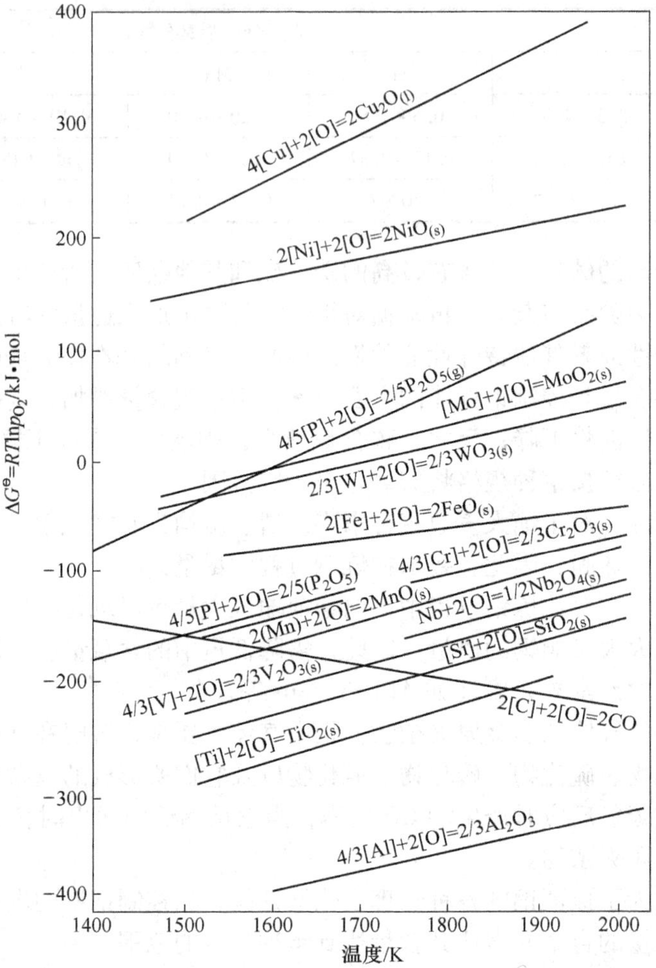

图 3-1　铁水中元素与氧生成氧化物的自由能与温度的关系

钢中；冶炼合金钢时，可以将 Ni、W、Mo 铁直接装入炉内；V、Cr 铁可在冶炼后期炉温升高后加入；B、Ti 铁则必须在脱氧后才能加入。

b　元素氧化的方式

（1）直接氧化，是指氧气直接与铁液中的应该去除的元素发生氧化反应。当吹入氧气时，反应发生在铁液与气相界面上。

（2）间接氧化。吹入的氧气由于动力学原因，首先与铁液中的铁原子反应生成 FeO 进入炉渣，并同时使铁液中溶解氧。（FeO）和［O］再与应去除的元素发生氧化反应。

在渣－金界面上常发生元素的间接氧化反应。

B　硅的氧化

铁液中硅的氧化存在直接氧化与间接氧化两种方式，可由下式来表示：

$$[Si] + O_2 = (SiO_2) \tag{3-1}$$

$$[Si] + 2[O] = (SiO_2) \tag{3-2}$$

$$[Si]+2[FeO] = (SiO_2)+2Fe \tag{3-3}$$

研究表明，硅的氧化反应的影响因素有温度、炉渣成分（熔渣碱度和 FeO 活度）、金属液成分和炉气氧分压。

温度：[Si] 的氧化反应为强放热反应，温度升高，反应的平衡常数降低，不利于 [Si] 的氧化。

[Si] 氧化生成的（SiO_2），在碱性渣中与（CaO）将发生如下反应：

$$(SiO_2)+2(CaO) = (2CaO \cdot SiO_2) \tag{3-4}$$

$$(SiO_2)+3(CaO) = (3CaO \cdot SiO_2) \tag{3-5}$$

炉渣碱度提高，有利于 [Si] 的氧化。

炉渣的氧化性。炉渣的氧化性可用炉渣中总氧化铁的活度来表示。炉渣的氧化性强，则炉渣中氧化铁的活度高。炉渣的氧化性高有利于 [Si] 的氧化。

[Si] 的活度系数 f_{Si}：f_{Si} 大有利于 [Si] 的氧化。凡是能提高 [Si] 的活度系数的因素如铁水中 [C]、[P]、[S] 的存在，均有利于 [Si] 的氧化。

炉气氧分压：炉气氧分压越高，越有利于硅的氧化。

[Si] 的氧化产生大量的化学热，是转炉炼钢的主要热源之一。在转炉吹炼初期，可使吹炼初期熔池温度较快地升高，有利于增加废钢加入量和使初期渣熔化。在钢液脱氧过程中，由于含硅脱氧剂的氧化，可补偿一些钢包的散热损失。

[Si] 的氧化产物是（SiO_2），它影响到石灰的加入量和碱度，对炉衬有侵蚀作用。

C 锰的氧化

铁液中的锰在高温下会与氧结合，生成（MnO），其反应式为：

在气－金界面：

$$[Mn]+0.5O_2 = (MnO) \tag{3-6}$$

在渣－金界面：

$$[Mn]+[O] = (MnO) \tag{3-7}$$

$$[Mn]+[FeO] = (MnO)+Fe \tag{3-8}$$

a [Mn] 氧化热力学条件

温度：[Mn] 的氧化也是放热反应，但反应热相对 [Si] 的氧化要小。低温有利于 [Mn] 的氧化。

炉渣碱度：（MnO）为碱性氧化物，在低碱度酸性渣中，与 SiO_2 能形成硅酸锰。

$$(MnO)+(SiO_2) = (MnO \cdot SiO_2) \tag{3-9}$$

上述反应将降低 MnO 的活度。故在酸性渣中，[Mn] 的氧化比较彻底，不易发生锰的还原。但在高碱度渣中，MnO 的活度大，当热力学条件变化时，炉渣中的锰将发生还原。比如，转炉吹炼中期，由于温度升高，炉渣氧化性弱，碱度提高，（MnO）将被 [C] 还原，而产生回锰现象。

炉渣的氧化性：[Mn] 的氧化需要提供氧，故炉渣的氧化性强，有利于 [Mn] 的氧化。

b 锰的氧化对炼钢的影响

[Mn] 氧化产生化学热，是转炉炼钢的热源之一。

（MnO）为碱性氧化物，在冶炼初期可形成低熔点的多元系炉渣，能降低炉渣的熔化性温度，有利于化渣。

D 钢液的脱碳

脱碳是炼钢的主要任务之一。在高温下，[C] 主要氧化为 CO。[C] 与氧的反应表达为：

在气－金界面：

$$[C]+0.5O_2 \xlongequal{} CO \tag{3-10}$$

在渣－金界面：

$$[C]+(FeO) \xlongequal{} CO+Fe \tag{3-11}$$

$$[C]+[O] \xlongequal{} CO \tag{3-12}$$

a [C] 氧化的热力学条件

温度：[C] 的直接氧化反应是放热反应，[C] 与（FeO）的间接氧化反应是吸热反应。当采用矿石脱碳时，由于矿石分解吸热和反应吸热，所以要在高温下加入矿石脱碳，一般在 1480～1500℃以上才可加入矿石。而对吹氧脱碳，对温度不做特殊要求。

气相中 CO 的分压：降低气相中 CO 的分压，有利于 [C] 的进一步氧化。钢液的真空脱碳就是依据这一原理。

氧化性：强氧化性可以为脱碳反应提供氧源，有利于脱碳反应的进行。

b 脱碳反应的作用

（1）脱碳产生的 CO 上浮排出，给炼钢过程带来了独特的作用。

（2）促进熔池成分和温度均匀。CO 上浮排出时，使熔池产生强烈沸腾和搅拌，强化了热量和质量传递，促进了成分和温度均匀。

（3）提高了化学反应速度。熔池的强烈沸腾和搅拌，增加了渣－金反应接触面积，有利于化学反应的进行。

（4）降低了钢中气体含量和夹杂物数量。CO 气泡中的 H_2 和 N_2 的分压极低，对这些气体来说，CO 气泡是一个小真空室。小颗粒夹杂物会附着在 CO 气泡的表面上浮去除。

（5）造成喷溅和溢出。CO 气泡排除不均和造成的熔池上涨，是产生喷溅和溢出的主要原因。当然这与生产操作不稳定关系很大。这将带来金属的损失和造渣材料消耗过大。

E 钢液的脱磷

脱磷是炼钢过程的重要任务之一。铁水的含磷量因铁矿原料条件的不同而异。在绝大多数钢种中，磷都是属于有害元素，一般要求钢水含磷量低于 0.03% 或更低，易切削钢中磷的含量也不得超过 0.08%～0.12%。炼钢过程中磷既可以被氧化，又可以被还原，出钢时或多或少都会发生回磷现象，因此，控制炼钢过程中的脱磷反应是一项重要又复杂的工作。

磷易使钢发生“冷脆”现象。其原因是由于磷原子富集在铁素体晶界上形成的“固溶强化”作用所引起的，造成晶粒间的强度提高，从而产生脆性。

a 氧化脱磷

氧化法炼钢中，[P] 氧化为 P_4O_{10}，在炼钢温度下为 P_4O_{10}气体，通常写为 P_2O_5。

$$2[P]+5[O] \xlongequal{} 0.5P_4O_{10} \tag{3-13}$$

当温度大于 1066℃时，此反应的标准自由能为正。故在炼钢温度下，气化脱磷是不能进行的。对直接氧化反应，由相图知，Fe 将优先于 P 的氧化，因此，通过直接氧化反应的优先脱磷也是难以进行的。

但通过石灰造碱性渣，可以将铁液中的磷转移到渣中，因为 P_2O_5 是酸性氧化物。用碱性炉渣脱磷的反应为：

在渣－金界面：

$$3(CaO)+2[P]+5[O] = (3CaO \cdot P_2O_5) \tag{3-14}$$

$$3(CaO)+2[P]+5[FeO] = (3CaO \cdot P_2O_5)+5Fe \tag{3-15}$$

在渣－金－气界面：

$$3(CaO)+2[P]+5/2O_2 = (3CaO \cdot P_2O_5) \tag{3-16}$$

在标准状态和炼钢温度下，上述反应的 $\Delta G^{\ominus}$ 均小于零，说明铁液中的磷可以氧化进入碱性渣中。

由于 $3CaO \cdot P_2O_5$ 的活度系数未知，要对上述反应进行热力学计算较困难。为此，可将渣－金间的脱磷反应写成：

$$2[P]+5[O] = (P_2O_5) \tag{3-17}$$

$$2[P]+5[FeO] = (P_2O_5)+5Fe \tag{3-18}$$

由上述反应，可得磷在炉渣和金属液中的分配比为：

$$L_P = K_P x_{FeO}^5(\gamma_{FeO}^5 f_P^2/\gamma_{P_2O_5}) \tag{3-19}$$

式中 L_P——磷的分配比；

K_P——脱磷反应平衡常数；

$\gamma_{P_2O_5}$——渣中 P_2O_5 的活度系数；

f_P——钢液中 P 的活度系数；

x_{FeO}——渣中 FeO 的摩尔分数。

L_P 的大小反映了炉渣的脱磷能力。影响炉渣脱磷的主要因素有温度、炉渣碱度和氧化性等。

温度：脱磷反应是强烈的放热反应，低温有利于脱磷。由于脱磷需要含 CaO 的碱性渣，而加入石灰则需要有一定的温度才能形成液态渣。因此，对温度对脱磷的影响应辩证地理解，即应在保证炉渣具有一定碱度和流动性的较低温度下才能有效脱磷。

炉渣的碱度：P_2O_5 是酸性氧化物，碱度提高，可以显著降低炉渣中 P_2O_5 的活度系数 $\gamma_{P_2O_5}$，从而提高炉渣的脱磷能力和增加磷的分配系数。各种氧化物对 P_2O_5 的活度系数 $\gamma_{P_2O_5}$ 的影响见下式：

$$\lg\gamma_{P_2O_5} = -1.12(22x_{CaO}+15x_{MgO}+13x_{MnO}+12x_{FeO}-2x_{SiO})-44600/T+23.80 \tag{3-20}$$

CaO 对降低 $\gamma_{P_2O_5}$ 的作用最大，MgO、MnO、FeO 的作用次之。

炉渣的氧化性：提高炉渣的氧化性，即提高炉渣中 FeO 的活度，可提高磷的分配系数。但 FeO 对脱磷有双重影响。在一定的碱度下，存在对应最大磷分配系数最佳 FeO 含量；低于最佳值时，随 FeO 的增加，L_P 增加；反之则降低。这主要是由于在低 FeO 时，随着 FeO 含量的增加，FeO 的活度增加，（CaO）的浓度下降，P_2O_5 的活度有所增加，但 FeO 活度 a_{FeO}^5 的增加率高于 $\gamma_{P_2O_5}$ 的增加率。当 FeO 的含量超过最佳值以后，a_{FeO}^5 的增加率则低于 $\gamma_{P_2O_5}$ 的增加率，即是说在 FeO 较高时，它稀释了（CaO）的浓度，从而促使脱磷效果有所下降。

金属液的成分：铁液中C、Si、O、N、S的存在，将使f_P增加，从而有利于脱磷。但有些元素的氧化产物对渣的物化性质有影响。如［Si］的增加，其脱氧产物将影响炉渣的碱度。［Mn］对f_P影响不大，但有助于石灰的溶解，从而促进脱磷。

渣量：增加渣量，可降低钢水中的磷含量，从而有利于脱磷。冶炼中、高磷铁水时，常采用大渣量脱磷，但一次造渣量过大会给操作带来困难，此时可采用双渣法造渣脱磷。

b 钢水的还原脱磷

在还原气氛（低氧化性）下，将钢水中的磷还原为P^{3-}进入炉渣称为还原脱磷。还原脱磷对超低磷钢（<0.003%）以及高铬不锈钢的冶炼有重要意义。

还原脱磷时，需要加入比Al更强的脱氧剂Ca、Ba、CaC_2进行还原脱磷。其反应为：

$$3[Ca]+2[P]==(Ca_3P_2) \tag{3-21}$$

$$3[Ba]+2[P]==(Ba_3P_2) \tag{3-22}$$

$$3CaC_2+2[P]==(Ca_3P_2)+6[C] \tag{3-23}$$

同时还要加入CaO、CaF_2造渣，以吸收还原的脱磷产物。

需要引起注意的是：炉渣的脱磷产物（Ca_3P_2）、（Ba_3P_2）与水蒸气接触时，会发生分解，放出剧毒的PH_3气体。因此，还原脱磷渣的处理是很大的一个问题。目前，还原脱磷法仍未在工业上应用。

c 回磷

回磷是指进入炉渣中的磷又重新回到钢中，使钢水中磷含量增加的现象。氧化脱磷时，若炉渣的氧化性下降或碱度降低，都可能引起回磷。

炉内脱氧回磷：炉内脱氧时，其强氧化剂Fe-Si、Al等将使炉渣与钢水的氧化性下降。且脱氧产物还将降低炉渣的碱度。如果炉渣中存在（P_2O_5）组元时，将使磷的分配系数下降引起回磷。

$$2(3CaO\cdot P_2O_5)+5[Si]==4[P]+5(SiO_2)+6(CaO) \tag{3-24}$$

$$3(3CaO\cdot P_2O_5)+10[Al]==6[P]+5(Al_2O_3)+9(CaO) \tag{3-25}$$

因此，要在脱氧操作前，将含P_2O_5的渣先除尽。

钢包内脱氧回磷：出钢过程中，如果含（P_2O_5）的渣进入钢包中，在进行包内脱氧时将可能发生包内回磷的现象。

F 钢液的脱硫

a 硫对钢材性能的影响

钢中的硫主要来自于铁水、废钢、铁合金、造渣剂如石灰、铁矿石等。硫的危害主要表现为钢的“热脆”现象。硫在固体钢中主要以硫化铁存在，其熔点为1190℃，在铁液冷凝过程中，这种硫化物主要分布在晶界上，形成连续的或不连续的网状薄膜结构。在轧制或锻造时，由于温度升高，晶界上的这一结构又会变为液态，在力的作用下，会引起富硫液相沿晶界滑动，造成钢材破裂。在钢中加入足够量的锰或钛，可使钢中的硫形成高熔点的硫化物，可消除热脆现象。

低温下，钢中硫高，也会使钢的冲击值或冲击韧性显著降低。硫还劣化变压器硅钢片的磁性，磁性材料中的硫含量应小于0.01%。较高的硫含量，还使钢的抗腐蚀性能降低，因而输送石油的管线钢对硫的要求很严格。硫易导致在焊缝处产生热裂从而降低钢的焊接性能。

b 脱硫反应

脱硫反应为：

$$[S]+(CaO)=\!=\!=(CaS)+[O] \tag{3-26}$$

分子理论不能解释纯 FeO 也能脱硫的现象。故离子理论认为，脱硫反应属于电化学反应。

$$[S]+(O^{2-})=\!=\!=(S^{2-})+[O] \tag{3-27}$$

由上式可得硫在渣－金间的分配比的计算式为：

$$L_S=K_S x_{CaO}\gamma_{CaO}f_{[S]}/[w_O/\%]f_{[O]}\gamma_{CaS} \tag{3-28}$$

或者

$$L_S=K_S x_{O^{2-}}\gamma_{O^{2-}}f_{[S]}/[w_O/\%]f_{[O]}\gamma_{S^{2-}} \tag{3-29}$$

式中 L_S——硫的分配比；

K_S——脱硫反应平衡常数；

x_{CaO}，$x_{O^{2-}}$——分别为渣中 CaO、O^{2-} 的摩尔分数；

γ_{CaO}，γ_{CaS}，$\gamma_{O^{2-}}$，$\gamma_{S^{2-}}$——分别为渣中 CaO、CaS、O^{2-}、S^{2-} 的活度系数；

$f_{[S]}$，$f_{[O]}$——分别为钢液中 S、O 的活度系数；

w_O——钢液中 O 的质量分数。

温度：脱硫反应是吸热反应，温度升高，反应的平衡常数和硫的分配系数增加，有利于脱硫。另外，升高温度还可加速石灰的溶解和提高渣的流动性，可提高脱硫速度。

碱度：碱度提高，可提高炉（CaO）或（O^{2-}）的活度，降低 $\gamma_{S^{2-}}$。这均有利于提高分配比。但提高碱度时，应注意保持炉渣良好的流动性。

氧化性：不同的（FeO）含量，对脱硫有不同的影响。当 x(FeO) 小于 2% 时，(FeO) 含量越小，硫的分配比越大。在低（FeO）范围，氧化性小对脱硫有利。当 x(FeO)大于2%时，在高碱度下，(FeO) 的变化对硫的分配比影响不大；低碱度(<1.9)下，高的（FeO）对脱硫有利。

但总的说来，低（FeO）含量的炉渣中的硫分配比远远大于高（FeO）含量的炉渣中的硫分配比。因此，常常需要降低炉渣的氧化性来进行脱硫。

金属液成分：金属液的成分主要影响金属液中硫活度系数 $f_{[S]}$。$f_{[S]}$ 越大，硫在渣－金间的分配系数就越大。金属液中的［C］、［Si］、［P］使 $f_{[S]}$ 增加，它们的存在有利于脱硫。故在铁水中，这些元素的含量较多，$f_{[S]}$ 大；且［O］含量低。故铁水预处理是最适宜脱硫的，其脱硫的成本也是最低的，这已被多年的生产实践所证实。

渣量：增大渣量，可使钢水中的硫含量降低。

在转炉炼钢中，由于炉内的高氧化性，硫的分配比只有 8～10，因而转炉的脱硫效果不高，单渣操作只有 40%～60%。电炉还原期炉渣的氧化性低，硫的分配比高达 30～50，因而脱硫效果好。

G 钢液的脱氧

a 氧对钢材性能的影响

在室温下，钢中氧含量的增加将使钢的伸长率和断面收缩率显著降低。在较低温度和氧含量极低时，钢的强度和塑性随氧含量的增加而急剧降低。随氧含量增加，钢的抗冲击性能下降，脆性转变温度很快升高。氧在钢中与其他元素形成氧化物夹杂物，对钢的塑性、韧性和疲劳强度均有不利影响。当 FeO 与其他夹杂物形成低熔点的复合化合物聚集在晶界上时，也可能造成热脆。

b　脱氧方法

脱氧是向炼钢熔池或钢水中加入脱氧剂。进行脱氧反应，脱氧产物进入渣中或成为气相排出。根据脱氧发生地点的不同，其脱氧方法可分为沉淀脱氧、扩散脱氧、真空脱氧。

沉淀脱氧：又称为直接脱氧。将块状脱氧剂加入到钢液中，脱氧元素在钢液内部与钢中氧直接反应，生成的脱氧产物上浮进入渣中的脱氧方法称为沉淀脱氧。出钢时向钢包中加入硅铁、锰铁、铝铁或铝块就是沉淀脱氧。这种脱氧方法脱氧速度快，但脱氧产物有可能难以全部上浮排除而成为钢中的夹杂物。

扩散脱氧：又称为间接脱氧。它是将粉状脱氧剂如 C 粉、Fe-Si 粉、CaSi 粉、Al 粉加到炉渣中，降低炉渣中的氧势，使钢液中的氧向炉渣中扩散，从而降低钢液中氧含量的一种脱氧方法。在电炉的还原期和炉外精炼中向渣中加入粉状脱氧剂进行的脱氧就是扩散脱氧。其特点是：脱氧反应在渣中进行；钢液中的氧向渣中转移，脱氧速度慢；脱氧时间长；不会在钢中形成非金属夹杂物。

真空脱氧：是利用降低系统的压力来降低钢液中氧含量的方法。只适用于脱氧产物为气体的脱氧，如［C］-［O］反应。如 RH 真空处理、VAD、VD 等精炼方法。

c　常用脱氧元素的脱氧特性

常用脱氧元素有 Mn、Si、Al。Mn 和 Si 常以铁合金的形式作脱氧剂。其脱氧反应为：

$$[Mn]+[O] = (MnO) \tag{3-30}$$

$$[Si]+2[O] = (SiO_2)_{(s)} \tag{3-31}$$

$$2[Al]+3[O] = (Al_2O_3)_{(s)} \tag{3-32}$$

上述反应的平衡常数 $K_{Al} > K_{Si} > K_{Mn}$，Al 的脱氧能力最强，Mn 的脱氧能力最弱。Si、Al 常用于终脱氧和镇静钢脱氧；Mn 常用于预脱氧和沸腾钢脱氧。

脱氧产物的特性：MnO 属碱性氧化物，SiO_2 属酸性氧化物，Al_2O_3 属两性氧化物。它们与相异性质的渣相遇时可结合为复合氧化物，降低其活度。故采用复合脱氧剂最好。采用复合脱氧剂还有另一目的是使生产的复合氧化物熔点低，有利于聚集成大颗粒质点上浮排出。

H　钢液中的气体

钢中气体是指溶解在钢中的氢和氮。气体来源：（1）金属料如废钢和铁合金中的氢和氮；（2）潮湿的造渣剂分解水蒸气；（3）耐火材料用的焦油、沥青、树脂黏结剂中含有的氢（8%～9%）；（4）与空气接触的钢液吸氢；（5）炼钢用不纯的氧气中含有的氮气。

氢以原子的形式固溶于钢中，与铁形成间隙式固溶体。氢使钢产生白点，又称发裂，造成脆断，在使用过程中将造成极为严重的意外事故。氢在冷凝过程中因溶解度降低而析出，产生点状偏析。具有点状偏析的钢材，质量极差，不能使用而报废。随氢含量的增加，钢的抗拉强度下降，塑性和断面收缩率急剧降低。

a　气体在钢中的溶解度

气体在钢中的溶解反应为

$$1/2H_2 = [H] \tag{3-33}$$

$$1/2N_2 = [N] \tag{3-34}$$

其反应平衡常数与温度的关系为：

$$\lg K_H = -1900/T - 1.577 \tag{3-35}$$

$$\lg K_N = -188/T - 1.25 \tag{3-36}$$

温度：温度升高，气体在钢中的溶解度提高。炼钢时，要尽量避免高温出钢。

分压：气相中 H_2、N_2 的分压越大，气体在钢中的溶解度越高。可通过降低分压来降低钢液中的气体含量。真空下的脱氢效果较好，脱氮效果不理想。这是由于氢在钢中以单原子存在，原子半径小，氢在钢中有较大的扩散系数（$D_H = 2.5 \times 10^{-2}$ cm/s）；氮在钢中易与合金元素形成氮化物，降低了氮的活度系数，氮的原子半径大，扩散系数小（$D_H = 6.0 \times 10^{-4}$ cm/s），并且钢液中的氧、硫等表面活性元素也会降低脱氮速度。

一般情况下，真空处理时，对完全脱氧的钢水，脱氢效果不低于60%；对不完全脱氧的钢水，脱氢效果不低于70%，而脱氮效果为0～10%。

活度系数：气体在钢中的活度系数小，则溶解度高。气体在钢中的活度系数与合金元素含量有关。

b 降低钢中气体的措施

提高炼钢原材料质量，如使用含气体量低的废钢和铁合金；对含水分的原材料进行烘烤干燥；采用高纯度的氧气；不影响其他操作时，尽量降低出钢温度，减小气体在钢中的溶解度；冶炼中，应充分利用脱碳反应产生的溶池沸腾来降低钢水中的气体含量；采用炉外精炼技术，降低钢水中的气体含量，如采用钢包吹氩搅拌、真空脱气、微气泡脱气等方法进行脱气处理；采用保护浇铸技术，防止钢水吸收气体，如采用保护渣、长水口、伸入式水口等技术。

I 钢液中的非金属夹杂物

钢中的硫、磷、氧、氮等杂质元素，与钢中的合金元素如硅、锰、铝、钛、钒等将形成非金属氧化物、硫化物、氮化物等。这些未能从钢液中排出的化合物就称为非金属夹杂物。另外，炼钢中炉渣和炉衬中的化合物进入（卷入）到钢液中，也会形成夹杂物。

a 夹杂物对钢性能的影响

非金属夹杂物在钢中作为异相存在，其自身的化学成分、力学性能、加工性能与钢是截然不同的。因此，夹杂物破坏了钢基体的连续性，对钢的性能有不利影响。其危害程度与夹杂物的含量、形状、颗粒大小、熔点以及在钢中的分布密切相关。

钢在热轧或锻造时，易在夹杂处形成裂纹。当钢承受拉应力时，在与拉伸方向垂直的横截面上应力的分布不均，易产生应力集中，从而引起断裂。

钢材断裂过程中，夹杂物往往作为显微裂纹的起点起着重要作用。夹杂物对与金属材料断裂有关的指标如伸长率、断面收缩率等影响很大。夹杂物数量增加时，钢的塑性下降。

夹杂物对钢的疲劳寿命有不利影响。按降低疲劳寿命的程度从强到弱排列：刚玉、球状不变形夹杂物、半塑性硅酸盐、塑性硅酸盐、硫化物。

b 降低钢中夹杂物数量的措施

（1）冶炼中采取各种手段降低钢中杂质元素［O］、［S］、［N］、［P］等的含量，提高钢的洁净度。

（2）提高耐火材料质量，提高抗冲击和耐侵蚀的能力，减少外生夹杂物。

（3）采取合理的脱氧制度，使脱氧产物易于聚集上浮。

（4）采用钢包冶金技术，如真空脱氧、吹氩搅拌、喷粉处理；中间包冶金技术，如采用堰、坝、导流板、过滤器、湍流控制器等控流装置，去除钢水中的夹杂物。

（5）采用保护浇铸技术，防止钢液吸氧、氢、氮。

3.1.2 铁水预处理工艺

铁水预处理是指高炉铁水在进入炼钢炉之前预先脱除某些杂质的预备处理过程。广义的铁水预处理包括预脱硫、预脱硅和预脱磷（简称为铁水“三脱”处理）。另外还有特殊的铁水预处理，一般是针对铁水中含有的特殊元素进行提纯精炼或资源综合利用，如含铁水提钒、提铌、脱铬等预处理工艺，同时还有提取其他虽不贵重但在经济上对综合利用有利的元素。铁水预处理的目的主要是使铁水中硫、磷、硅含量降低到所要求的范围内，它对于优化钢铁冶金工艺、提高钢的质量、发展优质钢种、提高钢铁冶金企业的综合效益起着重要的作用，并已发展成为钢铁冶炼中不可缺少的工序。

采用铁水预处理有着诸多的优越性：

（1）可满足用户对低磷、低硫或超低磷、超低硫钢的需求。

（2）冶炼普通钢种时，铁水预脱硫可减轻高炉脱硫负担，放宽对硫的限制，提高产量，降低焦比。

（3）铁水预处理后的低磷、低硫铁水在进行冶炼时可获得巨大的经济效益。它能提高转炉生产率、降低炼钢成本、节约能耗，表现为转炉脱磷、脱硫任务减轻，渣量大大降低，造渣料急剧减少，渣中全铁含量T(Fe）降低，铁损减少，锰回收率急剧增加，锰铁消耗降低，转炉吹炼时间缩短，炉龄延长。

（4）炉外铁水预处理脱磷、脱硫可保持同炉内一样良好的热力学条件，还可通过采用搅拌措施来大大改善动力学条件，从而以较少的费用获得很高的脱磷、脱硫效率。

（5）高炉在某些特殊炉况下要造酸性渣，如排碱，此时铁水含硫偏高，炉外要进行补充脱硫。

（6）铁水深度预处理是目前冶炼纯净钢最经济、最可靠的技术保障，同时已成为生产优质低磷、低硫钢必不可少的工序。

总之，铁水预处理的优点体现在其“一箭三雕”的功效上：使得高炉减轻了脱硫负担，高炉能够稳产、顺行、降低焦比；提高了转炉的生产率，使之冶炼优质钢和合金钢；企业则可提高铁、钢、材系统的综合经济效益，生产高附加值钢种。

3.1.2.1 铁水预脱硅

铁水预脱硅处理是指铁水进入炼钢炉前的降硅处理，它是分步精炼工艺发展的结果。它能改善炼钢炉的技术经济指标，降低炼钢费用，也可以作为预脱硫、预脱磷的前处理，可以降低脱磷处理剂的消耗，进一步生产纯净钢等各种优质钢。

A 铁水预脱硅的意义

铁水预脱硅处理的目的是为了减少转炉渣量并为铁水预脱磷创造条件。铁水中的硅是发热元素，转炉炼钢为了脱磷造高碱度渣需 SiO_2 作为化渣剂，但是研究表明，为了化渣和保证出钢温度，铁水中含有0.3%的硅就足够了，多余的硅含量则是有害的，并恶化了技术经济指标。总的来讲，铁水预脱硅的意义如下：

（1）减少脱磷剂用量，提高脱磷效率。在氧化脱磷时，由于 SiO_2 比 P_2O_5 更稳定，硅比磷优先氧化，因此在铁水硅含量较高时进行炉外脱磷处理，加入的含氧化剂的脱磷剂大部分要被硅消耗，而使脱磷反应滞后，脱磷剂用量增加，同时产生大量的 SiO_2 降低了熔渣的碱度使脱磷无法进行。因此，在脱磷之前，首先要进行铁水预脱硅处理。

（2）减少转炉石灰用量，从而降低了渣量提高金属的收得率。

（3）对于含钒和含铌等特殊铁水，预脱硅可为富集 V_2O_5 和 Nb_2O_5 等创造条件。

B 铁水预脱硅原理

a 脱硅剂

铁水预处理使用的脱硅剂以提供氧源的氧化剂材料为主，以调整炉渣碱度和改善流动性的熔剂为辅剂。氧化剂提供脱硅用的氧源，有固体氧化剂和气体氧化剂两种，固体氧化剂主要是铁氧化物（如连铸和轧钢的氧化铁皮、精矿粉、烧结矿粉、氧化铁烟尘等）或锰矿粉；气体氧化剂主要是氧气。单纯使用固体氧化剂脱硅产生的熔渣黏度大、流动性差，随着硅的降低，产生脱碳反应又形成泡沫渣。因此，脱硅剂中还应配加熔剂，主要用石灰、转炉渣和少量萤石，它们起着固化硅、磷等氧化物作用，形成稳定的硅酸盐，同时降低渣熔点。脱硅后生成的渣必须扒除，否则将会影响下一步脱磷反应的进行。

目前铁水预脱硅所使用的熔剂有石灰、萤石、石灰粉、苏打、转炉渣等中的一种或者两种。

脱硅的基本反应式如下：

$$[Si] + O_{2(g)} = SiO_{2(g)} \tag{3-37}$$

$$3[Si] + 2Fe_2O_3 = 3SiO_{2(s)} + 4Fe \tag{3-38}$$

$$[Si] + 2FeO = SiO_{2(s)} + 2Fe_{(l)} \tag{3-39}$$

在标准状态下，气体脱硅剂与固体脱硅剂相比，前者的脱硅反应更易进行。因为脱硅反应产物中有 SiO_2 生成，所以在固体脱硅剂中加入一定量的 CaO 等碱性氧化物，可降低渣中 a_{SiO_2} 值，从而有利于促进脱硅反应的进行。

b 铁水预脱硅方法

目前铁水预脱硅方法按处理场所的不同，可分为在高炉出铁过程中向炉前铁水沟加固体氧化剂连续脱硅法、向铁水罐或混铁车内喷射脱硅剂脱硅和吹氧法脱硅。高炉出铁场是主要炉外脱硅场所，一般后两种方法只是作为在出铁场脱硅达不到目标的补充手段。

高炉铁水沟中脱硅剂的加入方式如下：自然投入法是向铁水流表面投入脱硅剂，并利用铁水沟内铁水落差进行搅拌；气体搅拌法是在自然投入法的基础上，向铁水表面吹压缩空气加强搅拌，以促进脱硅反应的进行；液面喷吹法是依靠载气将脱硅剂喷向铁水表面；铁水内喷吹法是将耐火材料喷枪浸入铁水内，利用载气向铁水中喷吹脱硅剂。

混铁车或铁水包中的喷粉脱硅法。这种脱硅法的优点是脱硅反应氧的利用率高、工作条件好，并可克服高炉出铁时铁水硅含量的波动，处理后铁水硅含量稳定；缺点是易发生喷溅，且温降较大。

3.1.2.2 铁水预脱硫

A 铁水脱硫的意义

通过铁水预脱硫，可以放宽对高炉铁水硫含量的限制，减轻高炉脱硫负担，降低焦比，提高产量。采用低硫铁水炼钢，可减少渣量和提高金属收得率，大大改善转炉炼钢的技术经济指标，真正实现高产低耗。铁水预处理脱硫与炼钢炉和炉外精炼脱硫相结合，可以实现深脱硫，为冶炼超低硫钢创造条件，满足用户对钢材品质不断提高的要求，有效提高钢铁生产流程的综合经济效益。总的来讲，铁水预脱硫有如下优点：

（1）可以使铁水硫含量降低到极低含量，有利于转炉冶炼品种钢、优质钢和纯净钢，实现钢铁产品的升级换代，生产出具有高附加值的优质钢材。

（2）能够节约炼钢原材料的消耗，降低炼钢的生产成本，提高生产效率。

（3）提高高炉生产能力，减轻高炉脱硫负担，由于高炉工序几乎不考虑产品硫含量，这样可降低高炉渣碱度，减少渣量，减轻碱金属的危害，有利于冶炼低硅铁水，使高炉操作稳定、顺行，降低焦比和能耗。

（4）可有效地提高铁、钢材的综合经济效益。硫是影响连铸坯质量的关键因素，铁水脱硫是目前实现全连铸、近终形连铸、连铸连轧和热装热送新工艺的技术保障。

B 铁水脱硫的基本反应

工业上采用的铁水脱硫剂种类很多，目前普遍使用的有以下几种：活泼金属脱硫剂（如金属镁）、碳化物脱硫剂（如电石 CaC_2）、碳酸盐脱硫剂（如苏打 Na_2CO_3）、氧化物脱硫剂（如石灰 CaO）及复合脱硫剂（两种以上脱硫剂或脱硫和助熔剂按一定比例配置而成），可以单独使用，也可以混合使用。随着铁水脱硫技术的不断发展，脱硫剂的研制与应用呈现两个基本趋势：一是以石灰基为主的脱硫剂；二是以纯镁或镁基脱硫剂，配加石灰、电石、焦炭等和纯镁脱硫剂。为了满足脱硫过程中的各种要求，多制成复合型脱硫剂。

a 碱性氧化物脱硫

CaO、MgO、Na_2O 脱硫反应式如下：

$$MgO_{(s)} + [S] \longequal MgS_{(s)} + [O] \tag{3-40}$$

$$CaO_{(s)} + [S] \longequal CaS_{(s)} + [O] \tag{3-41}$$

$$Na_2O_{(l)} + [S] \longequal Na_2S_{(s)} + [O] \tag{3-42}$$

当铁水为碳饱和且硅含量很低时，脱硫过程还会伴随着脱碳反应。在铁水温度范围内，碱性氧化物的脱硫反应为吸热反应，所以提高温度对脱硫有利。高温能使 CaO 加速成渣。对于熔点较低的 Na_2O，升温对反应有利，但会导致损失，对脱硫又会带来不利的影响。

b 金属 Mg、Ca、CaC_2 脱硫

$$Mg_{(g)} + [S] \longequal MgS_{(s)} \tag{3-43}$$

$$Ca_{(l)} + [S] \longequal CaS_{(s)} \tag{3-44}$$

$$CaC_2 + [S] \longequal CaS_{(s)} + 2[C] \tag{3-45}$$

具有强脱硫能力的物质是 Na_2O、CaC_2、Mg，其次是 CaO。这些材料都应用于铁水脱硫。各种脱硫剂都有各自的脱硫极限，即各种脱硫剂脱硫反应达平衡时铁水中的平衡硫含量，知道了脱硫剂的脱硫极限，就可以针对铁水脱硫程度的不同要求，经济、合理地选择各种脱硫剂。长期实践证明，现代钢铁脱硫工艺中镁是最佳的脱硫剂。要达到同一脱硫率，用碳化钙时，其消耗量为镁的 9.5 倍，用碳酸钠时为 14.8 倍，用石灰时为 22 倍。虽然镁的价格比石灰要贵得多，但其脱硫效率比石灰高 6 ~7 倍，脱硫剂用量少，因此它的

综合成本低，综合效益比石灰好得多。

C 铁水预脱硫方法

铁水预脱硫的方法有几十种，按照脱硫剂的加入方式和铁水搅拌方式不同可分为铺撒法、摇包法、机械搅拌法、喷粉法、喂线法等，其中喷粉法使用广泛。该法具有操作灵活、处理铁水量大、费用低、冶金效果好等优点。上述各种铁水预脱硫的方法经工业实际应用，有的因处理能力较小、主要部件耐火材料寿命低、处理效果及可控性较差和环境污染问题较严重等而逐步被淘汰。

3.1.2.3 铁水脱磷

A 铁水预脱磷的意义

除了易切削和炮弹钢外，磷是绝大多数钢种的有害元素，它能显著降低钢的低温冲击韧性，增加钢的强度和硬度，这种现象称为冷脆性。另外，磷在钢中的偏析比较严重，容易使钢板的局部组织异常，造成力学性能不均匀。随着工业与科学技术的发展，对钢中的磷含量要求日益严格，且预脱磷可降低氧气转炉炼钢成本和实现少渣冶炼，因此进行铁水预脱磷处理具有十分重要的意义。

B 脱磷剂及脱磷基本原理

铁水预脱磷与炉内脱磷原理相同，低温、高碱度、高氧化性炉渣和大渣量条件下有利于脱磷。与钢水相比，铁水温度低，这是炉外脱磷的有利条件，此时向铁水内加入具有一定碱度和氧化能力的脱磷剂，可把铁水中的磷降低至较低的含量。

在氧化脱磷时，铁水中的磷被氧化成 P_2O_5 而除去。P_2O_5 的熔点为550℃，沸点为605℃，因此在铁水温度下 P_2O_5 是气体。铁水中除磷外还会有硅、锰、碳等元素存在，吹氧时这些元素也会发生氧化，优先氧化的是硅、锰、碳、铁，这时实际上磷不发生氧化，因此铁水中的磷不能直接氧化成 P_2O_5 气体而除去。为了在铁水的氧化过程中能顺利地进行脱磷，必须加入与 P_2O_5 结合能力很强的碱性氧化物，使之生产稳定的磷酸盐才能有效地进行脱磷。因此，脱磷时首先将磷氧化成 P_2O_5，然后再与强碱性氧化物结合成稳定的磷酸盐。

铁水预脱磷采用的脱磷剂主要由氧化剂、造渣剂和助熔剂组成，其作用在于供氧将铁水中的磷氧化成 P_2O_5，使之与造渣剂结合成磷酸盐留在脱磷渣中。目前，工业上应用的脱磷剂主要有苏打系脱磷剂和石灰系脱磷剂两类，它们必须附加氧化剂（气体氧和固体脱氧剂）和助熔剂。

苏打系脱磷剂以 Na_2CO_3 为主，氧化铁水中的磷使之生成磷酸钠进入炉渣将磷脱除。在不使用氧化剂时，苏打可直接供氧和造渣，其反应如下：

$$5Na_2CO_3 + 4[P] = 5(Na_2O) + 2(P_2O_5) + 5C \tag{3-46}$$

$$3(Na_2O) + (P_2O_5) = (3Na_2O \cdot P_2O_5) \tag{3-47}$$

苏打具有较高的脱磷、脱硫能力，并且从脱磷渣和炉尘中能回收大约70%的苏打，但是由于铁水温降大、包衬侵蚀严重、苏打价格贵、利用率低、处理成本高，目前已较少单独采用苏打脱磷。

石灰系脱磷剂以 CaO 为主，配加氧化剂和助熔剂。其中氧化剂主要有轧钢铁皮、连铸铁皮、铁矿石、烧结钒矿等固体氧化剂和氧气；助熔剂多采用萤石，有的配加少量氯化钙、苏打等。脱磷时利用氧化铁和氧气将铁水中的磷氧化成 P_2O_5，再与石灰中的 CaO 结合成磷酸钙留在渣中。石灰系脱磷剂来源广、价格便宜，脱磷能力比苏打系稍差，但是以石灰为主的复合脱磷剂的脱磷能力不亚于苏打系脱磷剂。研究表明，用单一的石灰对铁水不能脱磷，脱磷率也不高，若配以氧化剂或吹氧气和助熔剂，则可达到很高的脱磷率，同时也有一定的脱硫率。其脱磷反应如下：

$$2[P]+3CaO+5[O]=\!=\!=(3CaO\cdot P_2O_5) \tag{3-48}$$

或

$$2[P]+4CaO+5[O]=\!=\!=(4CaO\cdot P_2O_5) \tag{3-49}$$

当加入氧化剂时：

$$2[P]+3CaO+5FeO=\!=\!=(3CaO\cdot P_2O_5)+5[Fe] \tag{3-50}$$

$$2[P]+4CaO+5FeO=\!=\!=(4CaO\cdot P_2O_5)+5[Fe] \tag{3-51}$$

脱磷产物是 $3CaO\cdot P_2O_5$ 还是 $4CaO\cdot P_2O_5$ 有不同的看法。一般认为在 CaO 过饱和的情况下生成 $4CaO\cdot P_2O_5$，而一般情况下生成 $3CaO\cdot P_2O_5$。

C 铁水预脱磷工艺方法

铁水预脱磷按原料可分为氧化脱磷和还原脱磷。两者中哪个占主导地位由渣铁界面的氧势决定，氧势高时以氧化脱磷为主，反之以还原脱磷为主。目前，钢厂的铁水预处理主要采用氧化脱磷工艺。脱磷工艺方法根据脱磷剂的不同可分为专用转炉法、SARP 法、ORP 法和 NRP 法。

3.1.3 转炉炼钢工艺及设备

3.1.3.1 转炉炼钢工艺

氧气转炉炼钢工艺的特点是该过程完全依靠铁水氧化带来的化学热及物理热来进行；冶炼周期在 30min 以内，生产率高；CO 反应的强烈搅拌作用可将氮、氢的含量降低到很低的水平；对原材料的适应性强，高磷、低碱条件下都可以进行冶炼。转炉炼钢工艺包括装入制度、供氧制度、造渣制度、温度制度、终点控制、脱氧与合金化以及喷溅等。氧气转炉炼钢示意图如图 3-2 所示。

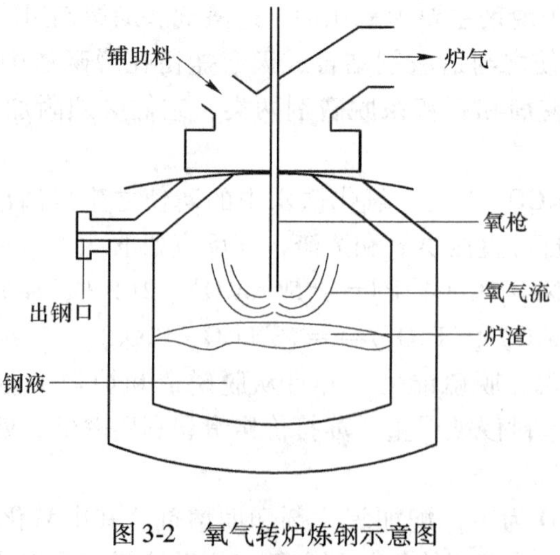

图 3-2 氧气转炉炼钢示意图

装入制度就是要确定转炉合适的装入量以及铁水废钢比。装入制度是一个炉役期中装入量的安排。氧气顶吹转炉的装入制度有定量装入、定深装入和分阶段定量装入。定量装入适合大型转炉，分阶段定量装入适合中、小转炉炼钢厂。

供氧制度是指如何向熔池供给适量氧气,创造炉内良好的物理化学条件,完成吹炼任务。供氧制度的内容包括选择合理的喷头结构、尺寸和类型,确定合理的供氧强度、氧压和枪位。转炉冶炼要完全依靠氧气,吹氧制度是否合理直接决定了生产的节奏和冶炼成本的高低。

造渣制度就是要使用合适的造渣方法、渣料的加入数量和时间，实现快速成渣。根据铁水成分的不同和对所炼钢种的要求，造渣方法可分为单渣法、双渣法、双渣留渣法。适当碱度、黏度和氧化性的炉渣对脱硫、脱磷、减少炉衬侵蚀等具有重要的意义。

温度制度包括过程温度控制和终点温度控制。过程温度控制就是使吹炼过程均衡升温，保证吹炼过程平稳，准确达到终点温度。终点温度控制就是保证合适的出钢温度。在转炉吹炼过程中，温度是重要的热力学参数，也是重要的动力学参数，它对炉内反应、渣料熔化、炉衬寿命、钢水质量都有重要的影响。

终点控制主要指终点温度和成分的控制，也就是所谓的“拉碳”。终点控制是转炉吹炼后期的重要操作。终点控制有经验控制方法和自动控制方法。对于中、小转炉，目前采用的主要是经验控制方法。

脱氧与合金化是在出钢前或者在出钢及其以后的过程中，根据钢种要求选取合适的脱氧剂及其加入量，加入到钢水中使之达到合乎规定的脱氧程度，这个操作称为脱氧；向钢中加入一种或几种合金元素，使其达到成品钢成分规格要求的操作过程，称为合金化。在转炉冶炼过程中，脱氧和合金化往往都是同时进行的。

通常把随炉气携走、从炉口溢出或喷出炉渣和金属的现象，称为喷溅。喷溅是顶吹转炉吹炼过程中经常发生的一种现象，喷溅的产生，造成大量的金属和热量损失；喷出大量的熔渣，还会影响脱磷、脱硫，并影响操作的稳定性，限制了供氧强度的提高。因此在转炉操作过程中，防止喷溅十分重要。

3.1.3.2 转炉炼钢设备

转炉是由转炉炉体、支撑系统和倾动机械组成的。转炉炉体包括炉壳和炉衬。炉壳是用钢板焊接而成的，炉衬则由工作层、永久层和填充层三层所构成。炉壳是由炉帽、炉身和炉底组成的。转炉炉帽有截头圆锥形和半球形两种。炉身一般为圆筒形，它是整个炉壳受力最大的部位，且还要承受倾动力矩的作用，因此炉身所用的钢板要比炉帽和炉底的适当厚些。炉底按样式有截锥形和球缺形两种。截锥形炉底的制造和砌砖比较简便,但是强度不如球形的好,适用于小型转炉。上修炉方式的炉底采用的是固定式炉底,适用于大型转炉,而下修炉方式采用的则是可拆卸活动炉底。转炉倾动机械的作用是倾动炉体,它是转炉的关键设备之一。目前主要采用的是半悬挂式或全悬挂式倾动机械装置。半悬挂式倾动机械,该系统采用两台电动机,每台电动机带一个一次减速机,全都安装在基础上。两个减速机的输出轴与二次减速机的输入轴之间用万向联轴器连接,二次减速机则被悬挂在转炉耳轴上。在悬挂减速机的底部没有制动装置。这种系统的结构简单、紧凑,使用方便,适用于中型转炉。全悬挂式倾动机械所有的构件全部悬挂在转炉耳轴上。所用电动机和减速机的数目,依转炉容量的不同可分别采用 4 个、6 个或 8 个。当一个驱动系统发生事故时,其他系统仍能继续工作,因而具有较强的备用能力,还能充分发挥大齿轮的作用,使单个齿的传力减少,设备质量和尺寸也相应地减少。全悬挂式倾动机械结构紧凑、设备质量轻、传动机械不受耳轴偏斜的影响,因而是目前大型转炉首选的转动倾动设备。

转炉炉体及其附件的全部重量皆通过支承系统传递到基础上去,同时支承系统还担负着传递从倾动机械给炉体及其倾动的力矩。因此,支承系统是转炉的重要机械组成部分。炉体支承系统包括:支承炉体的托圈、将炉体与托圈连接起来的连接装置以及支撑托圈的耳轴轴承及底座。近代转炉都采用托圈结构来支承炉体。托圈在工作中除承受炉体和钢液的静负荷和相传递倾动力矩外,还承受着频繁起动、制动以及碰撞产生的动负荷,因此托圈应具足够强度和刚度。炉体通过连接装置支承在托圈上,由于炉体很重,而且工作过程中可以随意旋转,因此,对连接装置具有较高的要求。目前,连接装置的主要形式有法兰螺栓连接装置、卡板夹持器连接装置、四点静不定吊挂连接装置、支承盘悬挂装置。支撑托圈的耳轴轴承装置具有重负荷、低转速,因此耳轴轴承应该具有较高的强度,能经受动力与静力载荷,有良好适应变形的能力;另外,耳轴轴承处于高温多尘条件下,因此轴承要有较好的润滑与冷却。

转炉倾动机械是实现转炉炼钢生产的关键设备之一，它用以转动炉体，完成转炉兑铁水、出钢、加料、修炉等一系列工艺操作。倾动机械驱动转炉能连续回转 360°，并可准确停在任意转动位置上，还应根据工艺要求具有调速性能。在运转过程中，必须具有最大的安全可靠性，在电气或机械中某一部分发生故障时，倾动机械应有能力继续进行短时间运转，维持到一炉钢冶炼结束，即使倾动机械发生无法控制事故时，炉子也不会自动倾翻发生倒钢事故。倾动机械应具有良好的柔性性能，以缓冲内冲击产生的动荷和由起动制动所产生的扭振。此外，倾动机械还应对事故等超载状态具有保护能力。倾动机械结构应紧凑、重量轻、机械效率高、安装维修方便。根据倾动机械安装方式不同，倾动机械配置有三种类型：落地式配置、半悬挂式配置和全悬挂式配置。

3.2 电炉炼钢

电炉炼钢是以电能作为热源的炼钢方式。根据电能转化为热能方式的不同，电炉炼钢包括电渣重熔炉炼钢（以熔渣电阻热为热源）、感应法炼钢（以电磁感应为热源）、电子束炉炼钢（以电子碰撞为热源）、等离子炉炼钢（以等离子弧为热源）和电弧炉炼钢（以高温电弧为热源）。

目前,世界上电弧炉炼钢的产量占电炉炼钢总产量的 95% 以上,因此电炉炼钢主要指的是电弧炉炼钢。传统的电弧炉炼钢是以三相交流电作为电源,以废钢为主要原料,利用电流通过电极与金属料之间产生电弧的高温,来加热、熔化炉料的炼钢方法。电弧炉炼钢是生产高合金钢和特殊钢的主要方法。电弧炉炼钢技术从诞生至今经历了 110 多年的历史。在这一百多年中,由于电弧炉炼钢的经济和环境优势,电弧炉的技术设备不断发展,产量不断攀升。

3.2.1 电炉炼钢的种类及特点

根据炼钢热量来源的方式不同,电炉炼钢分为电渣重熔法炼钢、感应炉炼钢、电子束炉炼钢、等离子炉炼钢和电弧炉炼钢。

3.2.1.1 电渣重熔法炼钢

电渣重熔法（electro-slag remelting, ESR）,是以电流通过熔渣产生的电阻热为热源重熔自耗电极,在结晶器内快速凝固得到高质量铸锭的熔炼方法。这种方法是以炉渣和钢液之间反应清洗钢液中的夹杂物,生产特殊钢和合金钢。电渣重熔炉如图 3-3 所示。上海重型机械厂 200t 级电渣炉生产钢锭的纯净度极高,钢成分可以准确控制在预定目标范围内:碳含量变化为 ±0.01%、氧含量为 0.001%,氢含量小于 0.0001%,铝含量控制在 0.005% ~0.007%。

电渣重熔法炼钢具有以下冶金特点:

(1) 高温活泼的炉渣。与电炉相比，熔渣占据绝大部分阻值。电流在通过熔渣时，产生大量的热，一般炉渣温度可超过 2000℃。从金属电极熔化后滴落到熔池完全凝固，是强烈的渣金界面反应过程。

(2) 渣洗过程。由于自耗电极埋在高温炉渣中,以金属熔滴的形式滴落且分散为细小的液滴,同时金属液滴要通过炉渣滴落到熔池,因此熔滴与炉渣之间有很大的接触面积,为金属液的精炼提供了良好的接触条件。高温的炉渣,有利于渣金反应,为金属液的精炼提供了温度条件。炉渣的温差及电磁力的作用引起炉渣的搅动,进一步加强了动力学条件。

(3) 金属液顺序凝固。金属熔池受到高温炉渣与金属液滴的加热和结晶器水平与向下方向的散热的双重作用，钢锭的结晶过程基本是由下到上呈人字形或者垂直生长，也有利于钢液中气体和夹杂物的上浮去除。

3.2.1.2 感应炉炼钢

感应炉法是利用电磁感应加热、熔化、冶炼金属的炼钢方法。该方法的原理是当交流电通过原边线圈（感应器）时，生成交流磁场，交流磁场在感应炉的副边线圈上金属炉料中生成感应电动势，感应电动势在金属炉料（可看作闭合线圈）上生成电热能，从而加热、熔炼、冶炼金属炉料。感应炉分为无芯感应炉和有芯感应炉两种。无芯感应炉无铁芯穿过感应器，具有升温能力强、可间歇作业、炉衬费用低、使用灵活方便等特点，得到了广泛的应用；有芯感应炉是有铁芯穿过感应器，主要用于各种铸铁和有色金属的冶炼。图 3-4 所示为无芯感应炉的结构示意图。

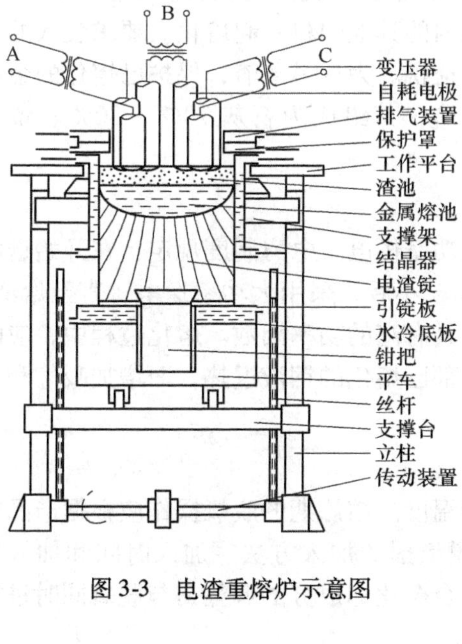

图 3-3 电渣重熔炉示意图

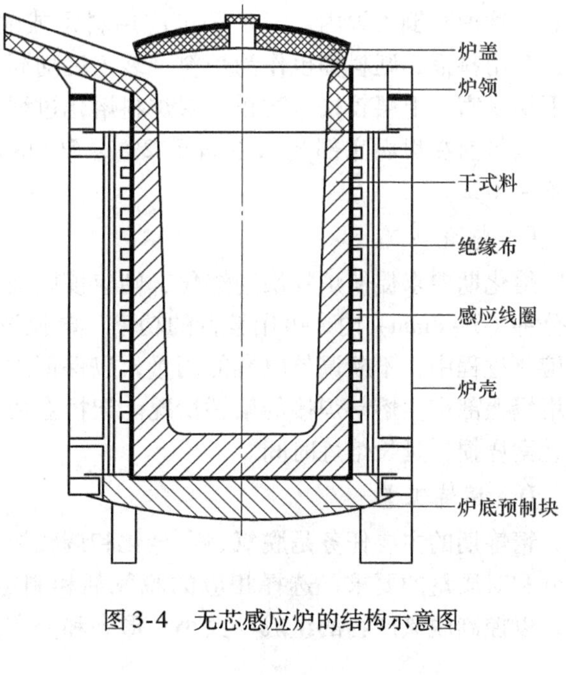

图 3-4 无芯感应炉的结构示意图

感应炉炼钢具有以下冶金特点：

（1）电磁感应加热。感应炉冶炼不使用电极（电弧炉必须使用），不存在钢液增碳的问题，可以生产碳含量极低的钢和合金。感应炉冶炼不存在电弧炉炼钢时生成的过热区和钢液吸气的问题，有利于获得气体含量低的产品。

（2）熔池的比表面积小。熔池的比表面积小对减少易氧化元素的氧化和钢液吸气是有利的，所以感应炉为含钛、铝或硼的钢的冶炼提供了有利条件。熔池的比表面积小必然造成渣金接触面积的减小，不利于磷元素的脱除，而且感应炉炉渣不能被加热，就更不利于脱磷，所以感应炉冶炼对原料要求严格。

（3）熔池存在一定的搅拌强度。电磁感应导致的熔池搅拌有利于钢液成分的均匀，夹杂物的上浮和去除。

3.2.1.3 感应炉炼钢工艺

利用物料感应电热效应加热是感应炉熔炼的显著特点。感应炉冶炼主要是熔化的过程，较少采用氧化冶炼。感应炉本身的工作条件和任务的特殊性，决定了感应炉冶炼对原料的特殊要求，感应炉炉渣的温度低，脱硫、脱磷的条件较差，而且整个冶炼时间很短，难以依靠炉前分析来控制化学成分，没有脱碳沸腾来保证除气。所以，感应炉冶炼中除要求精确地计算炉料外，还对原材料有较高的要求。

A 原料要求

感应炉炼钢对原料的要求：原料中的P和S含量应尽量低，一般原料中含量应低于规格上限0.005%～0.01%；原料应特别清洁；原料应干燥并经过预热，以保证钢中气体含量少；炉料的块度应保证其能够快速熔化；造渣材料和脱氧剂应予以特别选择，并控制有害元素的含量。

B 装料工艺

小炉子（小于1t）一般情况下都是人工装料。为减轻劳动强度，可借用料斗或溜槽等工具，将炉料倒入炉内。大炉子可应用料桶或输送带等进行机械化装料。在感应炉装料中，若用料桶，则料桶也作为炉料，装入后随同桶内的其他炉料一起熔化。要求装入的炉料下层紧密、上层较松，防止上层炉料熔化过程中搭桥。为尽早造渣，保护已熔化的金属液，装料前在坩埚底部装入占料重2%～5%的底渣，其组成为石灰70%～80%、萤石20%～30%。

C 熔化工艺

熔化期要求促使炉料快速熔化，则应该以最大功率供电。电力制度规定：在开始送电几分钟（6～8min）内，可用较低的功率，电流波动较小后，采用大功率送电，直至熔清。在熔化过程中，不断调整电容的用量，以保证炉子具有高的功率因数。熔化过程中，应防止坩埚上部产生熔料焊接的架桥情况。架桥会使下部已熔化的钢液过热，而增加吸气和合金元素烧损，延长熔炼时间。

D 精炼工艺

精炼期的主要任务是脱氧、合金化和调整熔池温度。精炼期的脱氧操作应根据产品的成分和对质量的要求，选择相应的脱氧剂和制定脱氧剂的加入方法、加入时间和加入顺序，以控制脱氧产物的组成、大小、形态和分布。合金化即成分的调整是与脱氧同时进行的。调整熔池温度主要通过控制输入功率来实现。要求炉料熔化完毕后，逐渐提高熔池温度，直至达到要求的出钢温度。升温速率的控制应保证与脱氧和合金化同步，即当脱氧任务完成和合金成分已调到控制要求的同时，正好熔池温度达到出钢温度。

3.2.1.4 电子束炉炼钢

电子束熔炼法是在真空度很高（0.133～0.00133Pa）的条件下，用电子枪作为阴极发射的高速电子束轰击阳极（金属料棒和金属熔池），高速电子的动能转化为料棒的热能，从而加热、熔炼料棒的一种熔炼方法。金属料棒熔化、滴落后在铜制水冷结晶器中快速凝固，金属料棒在熔化、滴落、凝固的过程中得到精炼。电子束熔炼法可以用于一次熔炼，称为电子束轰击熔炼法（electron beam bombardment melting，EBM），如果用于重熔则简称为EBR法。常见的电子束熔炼工艺原理如图3-5所示。

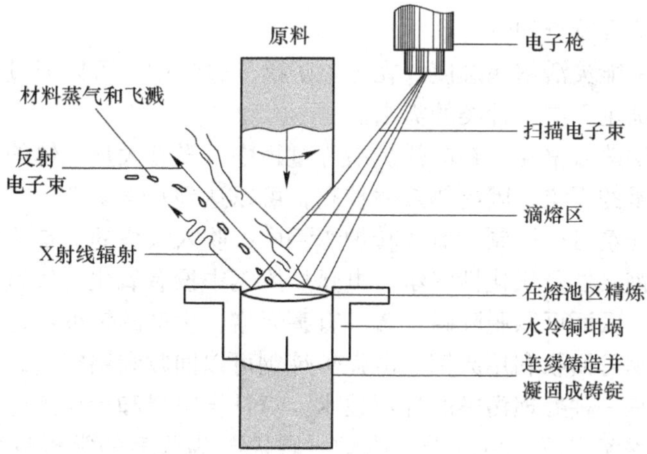

图3-5 电子束熔炼工艺原理

电子束熔炼法的冶金特点：

（1）电子束熔炼是在很高的真空度（0.133～0.00133Pa）下进行的。它的真空度比真空电弧炉、真空感应炉高很多。这样高的真空度下，非金属夹杂物和有害元素的去除比其他真空炉更完全更彻底，净化精炼的效率也更高。

（2）电子束熔炼时，高速电子束对阳极金属的轰击产生大量的热量，使金属熔池达到很高的温度，金属熔池表面温度可达到1850℃，有利于净化精炼的进行，还可以用来熔炼高熔点金属。

（3）在熔炼的过程中，金属熔池加热速率的调节和阳极金属熔化速率的调节可以分别进行，因此当阳极熔化速率改变时，金属熔池可以保持在理想的温度。

3.2.1.5 等离子熔炼

等离子熔炼是利用电离子弧作为热源来熔化、精炼、重熔金属的一种新型的冶炼方法。它主要用于精炼处理金属材料、熔炼高纯度特殊性能的钢与合金，特别是高温合金和精密合金。

等离子熔炼的冶金特点如下：

（1）等离子熔炼使用的电极和喷嘴都是金属制成的，因而钢液没有增碳的可能性。

同时，等离子弧的温度高、脱碳速度快，可以用来熔炼超低碳不锈钢。

（2）等离子熔炼可以较好地去除气体和非金属夹杂物。在等离子弧的高温作用和等离子流的喷射作用下，金属材料中的气体和非金属夹杂物去除较为彻底。

（3）等离子熔炼与其他熔炼方法的不同还在于炉内有气氛压力，可以减少主要金属元素的蒸发。

（4）合金元素烧损小。等离子弧温度高、熔化速度快，加之反应过程中有惰性气体保护，合金添加剂基本上能得到较为完全的回收。

3.2.1.6　电弧炉炼钢

电弧炉炼钢是以电弧为热源，以电极和炉料之间产生的电弧，将电能在弧光中转化为热能，通过电弧辐射加热或电弧直接加热并熔化炉料和炉渣，冶炼出各种成分合格钢水的一种炼钢方法。

电弧炉炼钢的冶金特点如下：

（1）电弧炉炼钢能灵活掌握温度。在电弧炉冶炼过程中，可以通过调节电压电流，灵活控制熔炼温度，满足不同钢种类的需求。

（2）电弧炉炼钢热效率高。在电弧炉冶炼过程中，没有大量气体的生成，不会出现高温炉气带走大量热量的现象，因此热效率较高，可以达到65%以上。

（3）电弧炉内气氛可以控制。氧气转炉炼钢中，吹入大量的氧是炼钢反应进行的必要条件，因此转炉炼钢必然是氧化性气氛。电弧炉炼钢中没有氧化性气氛，可以根据工艺要求造成任意的气氛，因而可以脱除磷、硫等有害元素，生产的钢种也比较广泛。

（4）电弧炉炼钢可回收利用废钢。电弧炉炼钢可以回收利用废钢，是钢铁资源回收利用的重要手段，也是一种处理污染的环保技术，对社会发展和冶金工业而言都是有利的。

（5）电弧炉炼钢流程短。相对于“高炉—转炉”为代表的常规流程而言，以电弧炉为代表的炼钢生产线具有工序短、投资低、建设周期短的特点，因此被称为短流程。从投资、效率和环保方面看，以电弧炉为代表的短流程具有明显的优势。电弧炉炼钢是由法国的海劳尔特（Heroult）在 La Praz 发明的，是继平炉炼钢、转炉炼钢之后的又一种炼钢方法。电弧炉炼钢技术开发了煤的替代能源，使钢铁成为世界上容易回收利用的材料，开启了废钢回收利用的时代。

电弧炉炼钢的发展速度虽然赶不上 20 世纪 60 年代之前的平炉炼钢，也比不上 20 世纪 60 年代之后转炉炼钢，但随着科技的进步，电弧炉炼钢的钢产量和所占的比例都在稳步增加。尤其是 20 世纪 70 年代后，随着电力技术的进步以及社会对钢的品种和质量要求的提高，超高功率电弧炉得以采用，这使电弧炉炼钢技术得到很大的进步。

在钢产量上，世界粗钢产量在2001 年前的20 年间一直在7.0 亿~8.5 亿吨之间波动，电炉钢产量比例却一直在稳步上升，由 22% 上升到 35.1%，如图 3-6 所示。随后电炉钢产量比例有所回落，但一直处于 25% ~35% 之间。2010 年世界粗钢产量为 14.14 亿吨，其中电炉钢 4.0723 亿吨，电炉钢占比为 28.8%。从 2010 年到 2015 年，世界电炉炼钢占比由 28.8% 降到 25.2%。

世界电炉钢的比例在 1995 年是 32.6%，此后一直保持在 30% 上下，近些年略有下降，到 2015 年为 25.2%，各国电炉钢比例如图 3-7 所示。美国是世界上主要产钢国，拥有大量的废钢资源和廉价的电力资源，因而电炉钢比例从 1995 年的 39.4% 一直稳步上升

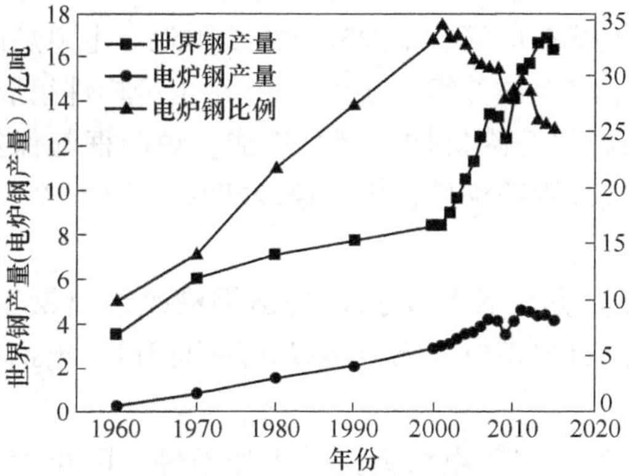

图 3-6 世界电炉钢产量及比例
（数据来自世界钢铁协会）

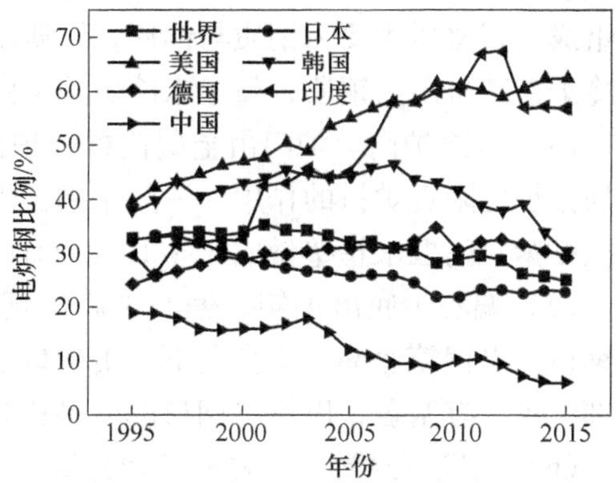

图 3-7 世界各国电炉钢比例
（数据来自世界钢铁协会）

到 2015 年的 62.7%。与美国有类似情况的还有韩国，韩国的电炉钢比例从 1995 年的 37.8% 增长到 2010 年的 41.6%，从 2010 年到 2015 年，电炉炼钢比有所下降。中国废钢资源缺乏、转炉炼钢发展较快，致使电炉钢比例从 1995 年的 19% 下降到 2015 年的 6.1%。

3.2.2 电弧炉炼钢工艺

3.2.2.1 电弧炉炼钢设备

电弧炉炼钢设备包括机械结构和电气设备两部分，如图 3-8 所示。

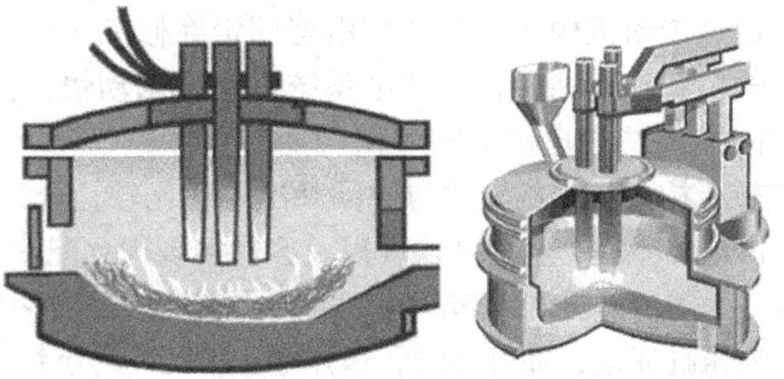

图 3-8 电弧炉炼钢设备示意图

A 机械结构

一般电炉的机械结构主要由炉体装置、炉子倾动装置、电极升降机构及炉盖提升旋转机构构成。

（1）炉体装置。现代电炉炉体包括炉壳、水冷炉壁和水冷炉盖、水冷炉门及开启机构、偏心炉底出钢箱及出钢口开启机构、电极密封圈等。

（2）炉壳。炉壳即炉体外壳，包括圆筒形炉身、上部加固圈和炉壳底三部分。炉壳要承受炉衬、钢渣的重量和高温、炉衬膨胀的作用，所以应该具有足够的刚度和强度。

（3）水冷炉壁与水冷炉盖。超大功率电弧炉要采用水冷炉壁与水冷炉盖，其形式有板式、管式及喷淋式等，但比较普遍的是管式水冷炉壁。整个水冷炉壁由6～12个水冷构件组成，其材质主要为钢质与铜质，铜质水冷炉壁在炉壁的下面靠近渣线附近。电弧炉的水冷炉盖其材质为钢质，整个水冷炉盖可由一个水冷构件组成或由5～6个水冷构件组成。

（4）水冷炉门。炉门由金属门框、炉门和炉门升降机构三部分组成。炉门框起保护和加强炉门附近炉衬的作用，一般用钢板焊成或采用铸钢件，内部通冷却水。为使炉门与门框贴紧，门框水箱壁做成5°～10°的斜面。

（5）偏心炉底出钢箱。偏心炉底出钢电弧炉是将传统电弧炉的出钢槽改成出钢箱，出钢口在出钢箱底部，垂直向下。出钢口下部设有出钢口开闭机构以开闭出钢口，出钢箱顶部中央设有塞盖，以便出钢口的填料和维护。

（6）电极密封圈。设置电极密封圈主要是为了改善电极夹头的工作条件，防止炉气外逸，同时也可冷却炉盖，延长炉盖寿命。砖砌炉盖的电极密封圈有环形水箱式和蛇形水管式两种，其中环形水箱密封圈的冷却和密封效果均较好。

（7）炉子倾动装置。电炉倾动机构是满足电弧炉冶炼过程中出钢和出渣操作需要，实现炉子倾动的装置。倾动机构目前广泛采用摇架底倾结构，它由两个摇架支撑在相应的导轨上，导轨与摇架之间有销轴或齿条防滑、导向。摇架与倾动平台连成一体，炉体坐落在倾动平台上并加以固定。倾动机构驱动方式多采用液压倾动，它是通过两个柱塞油缸推动摇架，使炉体倾动，回倾一般靠炉体自重。

（8）电极升降机构。电极升降机构是由电极夹持器、横臂、立柱及传动机构等组成。它的任务是夹紧、放松、升降电极和输入电流。电极夹持器多采用铜或内衬铜质的钢夹头，电极夹持器的夹紧常用弹簧，而放松则采用气动或液压；横臂用来支持电极夹头和布置二次导体，要有足够的强度，大电弧炉常设计成水冷的；电极立柱为钢质结构，与横臂连成一个Γ形结构，通过传动机构使矩形立柱沿着固定在倾动平台上的导向轮升降；传动机构的传动方式有电机和液压两种，后者因系统启动、制动快，控制灵活，速度高达6～10m/min等优点而在大型先进电炉上应用。

（9）炉盖提升旋转机构。炉盖旋转式与炉体开出式相比较，分为落地式和共平台式，其优点是装料迅速、占地面积小、金属结构轻以及容易实现优化配置。

落地式升转机构，炉盖的提升和旋转均由一套机构来完成，有两种形式：一种是炉盖的提升、旋转由一个液压缸完成，如升转缸，适用于10t以下的小炉子；另一种形式是炉盖的提升、旋转由两个液压缸来完成，即主轴先将炉盖顶起，然后在主轴下部的液压缸施加径向力，使主轴旋转，完成炉盖的开启，此法适用于大炉子。

共平台式升转机构是炉体、倾动、电极升降机构炉盖的升降旋转机构全都设置在一个大而坚固的倾动平台上。因炉子基础为一整体，称为整体式，整个升转机构随炉体一起倾动，它的提升与旋转由分开的两套机构来完成。

B 电气设备

电炉电气设备包括主电路设备和电极设备。一般电炉炼钢车间的供电系统有两个：一个系统由高压电缆直接供给电炉变压器，然后送到电炉上，这段线路称为电炉的主电路；另一个系统由高压电缆供给工厂变电所，再送到需要用电的其他低压设备上，这也包括电炉的电控设备，如高压控制柜、操作台及电极升降调节器等。

3.2.2.2 电弧炉炼钢工艺

A 传统电弧炉炼钢工艺

传统氧化法炼钢工艺操作包括补炉、装料、熔化、氧化、还原、出钢六个阶段，主要由熔化、氧化、还原三期组成，俗称“老三期”。

a 补炉工艺

炉衬各部位因工作条件不同，受损情况不一样。炉衬损坏的主要部位是炉壁渣线。渣线因受到高温电弧的辐射和渣、钢的化学侵蚀与机械冲刷，损坏严重，尤其渣线的2号热点区还受到电弧功率大、偏弧等影响，侵蚀尤为严重，渣线2号热点区的损坏程度常常成为换炉的依据；出钢口附近因受渣、钢的冲刷也极易减薄，炉门两侧常因急冷急热的作用、流渣的冲刷及操作与工具的碰撞，损失也比较严重。因此，一般电炉在出钢后要对渣线、出钢口及炉门附近等部位进行修补，无论进行喷补或投补，均应重点补好这些部位。

补炉的原则是：高温、快补、薄补。补炉是将补炉材料投到炉衬损失处，并借助炉内的余热在高温下使新补的耐火材料和原有的炉衬烧结成为一个整体，而这种烧结需要很高的温度才能完成；电炉出钢后，炉衬表面温度下降很快，因此应该抓紧时间趁热快补；薄补的目的是为了保证耐火材料良好的烧结。目前，大型电炉多采用机械喷补，机械喷吹设备类型比较繁多，大多采用炉门喷补机，也有的采用炉内旋转补炉机构，后者效果好但操作较麻烦。

b 装料工艺

目前广泛采用炉顶料篮装料，每炉钢的炉料分1~3次加入。装料的好坏影响炉衬寿命、冶炼时间、电耗、电极消耗以及合金元素的烧损等，因此要求装料合理。炉料在料篮内布料合理与否决定了装料的合理性。合理布料的顺序：（1）部分小块料装在料篮底部，借以保护料篮的链板或合页板，减缓重料对炉底的冲击，以保护炉底，及早形成熔池；（2）在小块料的上面，料篮的中心部位装大块料或难熔料，并填充小块料，做到平整、致密、无大空隙，使之既有利于导电，又可消除料桥及防止塌料时折断电极；（3）其余的中、小块料装在大料或难熔料的上边及四周；（4）在料篮的上部装入小块薄料，以利于起弧、稳定电流和减轻弧光对炉盖的辐射损伤，以保护炉顶。

c 熔化工艺

传统工艺熔化期占整个冶炼时间的50%~70%，占电耗的60%~80%。因此熔化期的长短影响生产率和电耗，熔化期的操作影响氧化期、还原期的顺利与否。熔化期的主要任务：将块状的固体炉料快速熔化，并加热到氧化温度；提前造渣，早期去磷，减少钢液吸气与挥发。熔化期的操作主要是合理供电、及时吹氧、提前造渣，其中合理供电制度是使熔化期顺利进行的重要保障。

炉料熔化过程基本可分为四个期，即点弧、穿井、主熔化及熔末升温。在点弧期，电流不稳定，电弧在炉顶附近燃烧辐射，二次电压越高，电弧越长，对炉顶辐射越厉害且热量损失也越多，因此供电上采用较低电压、较小电流；在穿井期，虽然电弧被炉料所遮蔽，但因不断出现塌料现象，电弧燃烧不稳定，供电上采取较大电压、大电流或采用高电压带电抗操作，以增加穿井的直径和速度；在主熔化期，电弧埋入炉料中，电弧稳定、热效率高、传热条件好，故应以最大功率供电，即最高电压、最大电流供电；在熔末升温期，炉壁暴露尤其是炉壁热点区的暴露受到电弧的强烈辐射，供电上可采取低电压、大电流，当采用泡沫渣埋弧操作时，可提高电压，大功率供电。

当废钢固体料发红时（约900℃）开始吹氧最合适，吹氧过早浪费氧气，过迟增加熔化时间。熔化期钢中的硅、铝、钛、钒等几乎全部氧化，锰、磷氧化40%～50%，这与渣的碱度和氧化性有关；而在吹氧助熔时碳氧化10%～30%、铁氧化2%～3%。为提前造渣，通过在加料前用2%～3%石灰垫炉底（对于留钢操作、直流电弧炉的导电炉底的情况除外），这样在熔池形成的同时就有炉渣覆盖，使电弧稳定，有利于炉料的熔化和升温，并可减少热损失，防止吸气和金属的挥发。初期可以脱除一部分磷，当磷高时，可采取自动流渣、换新渣操作，脱磷效果更好，以便为氧化期创造条件。

d　氧化工艺

要去除废钢铁料中的磷、气体和夹杂物，必须采用氧化法冶炼，氧化期是氧化法冶炼的主要过程，能去除钢中的碳、磷、气体和夹杂物。氧化期的主要任务：脱磷达到要求（$<0.02\%$），脱碳至规格下限，去除气体和夹杂物，提高钢液温度。

在氧化前期，温度较低，造好高氧化性、高碱度和流动性良好的炉渣，并及时流渣、换新渣，实现快速脱磷是可行的。除非钢中磷含量特别高需要采用氧化铁皮造高氧化性炉渣外，均采用吹氧氧化，尤其当脱磷任务不重时，通过强化吹氧氧化钢液降低钢中碳含量。脱碳反应的作用不仅可以降碳，还可以搅拌熔池，加速反应，均匀温度和成分，去除钢液中的气体和夹杂物。氧化期的温度控制要兼顾脱磷与脱碳两者的需要，并优先去磷。在氧化前期应适当控制升温速度，待磷达到要求后再快速提温。当钢液的温度、磷、碳等符合要求时，扒除氧化渣、造稀薄渣进入还原期。

e　还原工艺

传统电炉炼钢工艺中，还原期的存在显示了电炉炼钢的特点，而现代电炉冶炼工艺是将还原期移到炉外进行。还原期的主要任务：脱氧至要求（$(30\sim80)\times10^{-4}\%$，质量分数），脱硫至一定值，调整钢液成分，进行合金化，调整钢液温度。其中，脱氧是核心，温度是条件，造渣是保证。

电炉炼钢采用沉淀脱氧法与扩散脱氧法交替进行的综合脱氧法，即氧化末、还原前用沉淀脱氧进行预脱氧，还原过程用扩散脱氧，出钢前用沉淀脱氧进行终脱氧。

电炉常用综合脱氧法，其还原操作以脱氧为核心，脱氧操作如下：（1）当钢液的温度、磷、碳符合要求时，扒渣大于95%；（2）加Fe-Mn、Fe-Si块等沉淀脱氧进行预脱氧；（3）加石灰、萤石、火砖块，造稀薄渣；（4）稀薄渣形成后进入还原，加C粉、Fe-Si粉及Al粉等进行扩散脱氧，并封闭炉门等开口处，保持炉内正压10～15min或以上，然后每隔7～10min加入Fe-Si粉及Al粉脱氧，分3～5批，并加强搅拌；同时，适当补加CaO及CaF_2粉造“白渣”；（5）搅拌，取样，测温；（6）调整成分进行合金化；（7）加Al或Ca-Si块等沉淀脱氧进行终脱氧；（8）出钢。

考虑到从出钢到浇注过程中的温度损失，出钢温度应比钢的熔点高出100～140℃。由于氧化末期控制钢液温度高于出钢温度20～30℃，因此扒渣后还原期的温度控制实际上是保温过程。

f　出钢工艺

传统电炉炼钢工艺，钢液经氧化、还原后，当钢的化学成分合格，温度合适，脱氧良好，炉渣为流动性良好的白渣（$(FeO)<0.5\%$），碱度合适（$R>3$）时，即可出钢。因为出钢过程的钢－渣接触、充分混合，可进一步脱氧、脱硫及去除夹杂物，故多数情况下，电炉出钢操作都是采用大口深坑和钢渣混出的出钢方式。

传统电炉老三期冶炼工艺操作集熔化、精炼和合金化于一炉，包括熔化期、氧化期和还原期，在炉内既要完成废钢的熔化，钢液的脱磷、脱碳、去气、去除夹杂物以及升温，又要进行钢液的脱氧、脱硫、合金化以及温度、成分的调整，因而冶炼周期长，这既难以保证对钢材质量越来越严格的要求，又限制了电炉生产率的提高。

B　现代电炉炼钢冶炼工艺

传统电炉的老三期工艺，因其设备利用率低、生产率低、能耗高，满足不了现代冶金工业的发展。现代电炉冶炼工艺尽可能把脱磷，甚至部分脱碳提前到熔化期进行，而在熔化后的氧化精炼和升温期只进行碳的控制和铁合金的熔化，这对缩短冶炼周期、提高生成率及降低消耗特别有利。现代电炉冶炼采用留钢操作，熔化一开始就有现成的熔池，辅之以强化吹氧和底吹搅拌，为提前进行冶金反应提供良好的条件。从提高生产率和降低电极消耗的方面考虑，要求现代电炉具有最短的熔化时间、最快的升温速度和最少的辅助时间，以期达到最佳经济效益。现代电弧炉的操作要点如下：

（1）快速熔化与升温操作。快速熔化和升温是现代电炉最重要的功能，将预热好的废钢铁料加入炉内后，这一过程即开始进行。为了在尽可能短的时间内把废钢铁熔化并使钢液温度达到出钢温度，现代电炉尽可能以最大功率供电，采用氧－燃烧嘴助熔、强化吹氧去碳、底吹气体搅拌、泡沫渣埋弧操作以及其他强化冶炼和升温等技术，为炉外精炼提供成分、温度都符合要求的初炼钢液。

（2）脱磷操作。现代电炉冶炼要求尽可能把脱磷，甚至少部分脱碳提前到熔化期进行。脱磷反应方程式如下：

$$2[P]+5(FeO)+4[CaO]=(4CaO\cdot P_2O_5)+5[FeO] \qquad (3\text{-}52)$$

从脱磷反应可以得出脱磷操作的三要素，即磷在渣－钢间分配的关键因素有炉渣的氧化性、碱度和温度。随着渣中 FeO、CaO 含量升高和温度的降低，磷在渣－钢间的分配系数 (P)/[P] 明显提高。因此，在电炉冶炼中脱磷主要就是通过控制上面三个因素来进行。

现代电炉脱磷的重要工艺操作为：1）强化吹氧助熔，有利于提高初渣的氧化性；2）提前造氧化性强、碱度高的泡沫渣，并充分利用熔化期温度较低的有利条件，提高炉渣的脱磷能力；3）及时放掉磷含量高的初渣，并补充新渣，防止温度升高后和出钢时下渣回磷；4）采用喷吹操作强化脱磷，即用氧气将石灰与萤石粉直接吹入熔池，脱磷率可到80%，并能同时脱硫至50%；5）采用无渣出钢技术，严格控制下渣量，把出钢后磷降至最低，以防止回磷。

（3）脱碳操作。废钢铁料中有一定的碳含量，脱碳反应的作用如下：1）熔化期吹氧助熔时，碳先于铁氧化，从而减少了铁的烧损；2）渗碳作用可使废钢熔点降低，加速熔化；3）碳－氧反应造成熔池搅动，促进了渣－钢反应，有利于早期脱磷；4）在精炼升温期，活跃的碳－氧反应，扩大了渣－钢界面，有利于进一步脱磷，有利于钢液成分和温度均匀化及有利于气体、夹杂物的上浮；5）活泼的碳－氧反应有助于泡沫渣的形成，提高传热效率，加速升温过程。

（4）合金化。现代电炉合金化一般是在出钢过程中的钢包内完成，那些不易氧化、熔点又较高的合金，如 Ni、W、Mo 等铁合金可在熔化后加入炉内，但采用留钢操作时应充分考虑前炉留钢对下一炉钢液所造成的成分影响。出钢时要根据所加合金量的多少来适当调整出钢温度，再加上良好的钢包烘烤和钢包中热补偿，可以做到既提高了合金收得率，又不造成低温。

出钢时钢包中合金化为预合金化，精确的合金成分调整最终是在精炼炉内完成的。为使精炼过程中成分调整顺利进行，要求预合金化时被调整成分不超过规格中限。

（5）温度控制。良好的温度控制是顺利完成冶金过程的保证，如脱磷不但需要氧化性和高碱度的炉渣，需要良好的温度相配合，这就是强调应在早期脱磷的原因，因为那时温度较低有利于脱磷。而在氧化精炼期，为造成活跃的碳氧沸腾，要求有较高的温度（>1550℃）；为使炉后处理和浇铸正常进行，根据所采取的不同工艺，要求电炉初炼钢液有一定的过热度，以补偿出钢过程、炉外精炼以及钢液输送等过程中的温度损失。

出钢温度应在顺利完成浇铸的前提下尽量控制得低些，偏心炉底出钢电炉的出钢温度低（出钢温度小）、节约能源、减少回磷。

（6）泡沫渣操作。现代电炉熔池形成得早，因此可适当高配碳、提高吹氧使炉渣发泡。电炉泡沫渣操作主要在氧化末期进行。它是利用向渣中喷炭粉和吹入的氧气产生的一氧化碳气泡，通过渣层而使炉渣泡沫化。良好的泡沫渣要求长时间将电弧埋住，这既要求渣中要有气泡生成，还要求气泡有一定寿命。

良好的泡沫渣是通过控制 CO 气体发生量、渣中 FeO 含量和炉渣碱度来实现的。足够的 CO 气体量是形成一定高度泡沫渣的首要条件。形成泡沫渣的气体不仅可以在金属熔池中产生，也可以在炉渣中生成。熔池产生的气泡主要来源于溶解碳和气体氧、溶解氧的反应，其前提是熔池中有足够的碳含量。渣中 CO 主要是由碳和气体氧、氧化铁等一系列反应产生的，其中碳可以颗粒形式加入，也可以粉状形式直接喷入。

3.3 钢的精炼与连铸

3.3.1 炉外精炼与连铸技术的发展

3.3.1.1 炉外精炼的发展

转炉、超高功率电弧炉、连铸技术和炉外处理技术一起被称为 20 世纪钢铁生产具有流程革命意义的四大技术。这些技术的逐步应用，使得钢铁的生产率得到飞速的发展。

所谓炉外精炼，就是将在转炉或电炉内初炼的钢液倒入钢包或专用容器内进行脱氧、脱硫、脱碳、去气、去除非金属夹杂物和调整钢液成分及温度以达到进一步冶炼目的的炼钢工艺，即把在常规炼钢炉中完成的精炼任务，如除去杂质、调整和均匀成分和温度的任务，部分或全部转移到钢包或其他容器中进行，变一步炼钢法为二步炼钢，把传统的炼钢过程分为初炼和精炼两步进行。国外也称为炉外精炼、二次炼钢、二次冶金和钢包冶金。初炼时炉料在氧化性气氛的炉内进行熔化、脱磷、脱碳、去除夹杂物和主合金化，获得初炼钢液；精炼则是将初炼的钢液在真空、惰性气体或还原性气氛的容器内进行脱气、脱氧、脱硫、去除夹杂物和成分微调等。炉外精炼可提高钢的质量，缩短冶炼时间，优化工艺过程并降低生产成本。

在炼钢过程中，炉外精炼是设置在转炉炼钢和连续铸钢间的辅助性的工序，它顺畅地连接了这两个过程，同时也是提高这两个工序的生产率，提高钢质量的重要工序。

炉外精炼作为炼钢炉与连铸之间的缓冲器，对协调炼钢工序与连铸工序之间的生产节奏、产量的匹配以及成分和温度的均匀稳定具有重要的作用。

炉外精炼的意义：

（1）炉外精炼，是钢铁降低生产成本、提高经济效益的需要。在20世纪70年代之前，钢包的炉外精炼方法已经具有相当的规模。但当时主要限于处理特殊钢，在总钢铁产量中所占的比例不足10%。70年代中期，由于能源危机的出现，钢铁工艺努力寻求降低成本、提高效益，于是出现了两种趋势：一是连续铸钢技术得到广泛应用，二是采用大型转炉生产特殊钢、优质钢。

（2）炉外精炼能够满足连铸工艺本身的需要。连续铸钢对钢水的温度要求非常严格，每炉、连浇数炉之间的温度波动和差别较小；连续铸钢对钢水的成分要求非常严格，各炉间成分保持稳定，钢水中S、P等含量低，夹杂物和氧含量低，以达到连续铸钢顺行，生产高质量无缺陷铸坯的目的。

（3）炉外精炼是生产高品质、纯净钢的需要。现代科学技术的发展，对钢的质量（如钢的纯净度）的要求越来越高；用普通炼钢炉（转炉、电炉）冶炼出来的钢液已经难以满足对钢的质量的要求；同时，为了提高生产率，缩短冶炼时间，也希望把炼钢的一部分任务移动到炉外去完成；另外，连铸技术的发展，对钢液的成分、温度和气体的含量等也提出了严格的要求。总之，几方面的因素迫使炼钢工艺者寻求一种新的炼钢工艺，于是炉外精炼方法就产生了。

3.3.1.2 连续铸钢的发展

液态金属连续浇铸成型的创造性构想由G. E. Sellers等在19世纪中叶首次提出。1887年，R. M. Daelen提出了类似现代连铸的工艺流程，工艺设备包含上下开口的水冷结晶器、二次冷却、引锭杆、夹辊以及切割装置等。但由于金属的黏结，经常发生拉漏事故，工艺流程不稳定，较难进行工业大规模生产。1933年，S. Junghans提出了结晶器振动概念，并开发了世界第一台立式振动结晶器。此后，Halliday提出结晶器“负滑脱（negative strip)”的概念，改善了结晶器的振动。Halliday的这一想法克服了S. Junghans的振动方式中结晶器下降与铸坯无相对运动的缺点，使其具有相对的运动，从而有效地防止了凝固壳与结晶器的黏结。结晶器振动是连铸技术发展进程中的关键技术，其很大程度上改善了金属坯壳与结晶器壁面黏结的问题，有效地降低拉漏事故。这一技术首先在铜铝合金等低熔点有色金属连续浇铸中得到应用。有色金属的连续浇铸在20世纪30年代就实现了工业应用。

20世纪40年代，S. Junghans在德国建造了世界第一台浇铸钢液的连铸机，其后相继在美国、奥地利、日本等国建立中间性试验连铸机。从50年代起，连续铸钢开始工业化，连铸就作为一项突破性的技术应用于钢铁工业中。从此，连铸技术得到迅速发展。连续铸钢把钢水经连铸机直接铸造成型与传统的模铸相比，明显缩短了生产工艺流程和生产周期，大大地提高了工作效率，提高金属收得率，降低能耗。到了80年代，连铸技术作为主导技术逐步完善，并在世界各主要产钢国得到大幅度的应用。90年代初期，世界各主要产钢国连铸比基本达到了90%以上。

3.3.2 炉外精炼的功能与分类

3.3.2.1 炉外精炼的主要功能

（1）均匀钢水成分和温度；
（2）微合金化；
（3）脱氧；
（4）改变夹杂的组成和性状，减少夹杂物，促进夹杂物上浮；
（5）脱气，降低氢和氮，降低杂质气体在钢中的含量；
（6）脱碳，可生产低碳钢和超低碳钢；
（7）去除有害元素和杂质，如S和P等；
（8）调整温度，以保证连铸工艺的需求。

综合来讲，炉外精炼主要有冶金作用和缓冲器作用。冶金作用，主要是指炉外处理方法或设备所能起到的如脱硫、脱气等的作用。而缓冲器作用主要包括：协调炼钢和连铸生产能力；协调钢水成分、温度以满足连铸要求等能力；协调炼钢和连铸的时间步调和生产节奏的作用。

3.3.2.2 炉外精炼的冶金操作

（1）脱氢；
（2）脱氧（去除夹杂物）；
（3）脱碳；
（4）脱硫；
（5）非金属夹杂物的形态控制；
（6）成分调整（添加合金）；
（7）钢水成分及温度的微调及均匀化；
（8）脱氮；
（9）脱磷。

为了进行上述冶金操作，需要的精炼手段有：
（1）搅拌（吹气搅拌、电磁搅拌、机械搅拌）；
（2）气氛调整（还原气氛或氧化气氛）；
（3）减压或者真空；
（4）加渣（造渣）或除渣；
（5）加热（化学加热、电弧加热、电阻加热）；
（6）成分微调（添加合金）；
（7）喷粉和喂线。

常见的炉外精炼手段有真空精炼、钢包精炼、气体稀释以及渣洗精炼等。

3.3.2.3 钢水精炼工艺

（1）LF（ladle furnace process）；
（2）RH（ruhrstahl heraeus process）；
（3）AOD（argon-oxygen decaburization process）；

（4）VOD（vaccum oxygen decaburization process）；

（5）CAS-OB（composition adjustment by sealed argon-oxygen blowing process）；

（6）喂丝；

（7）钢包吹氩搅拌；

（8）喷粉。

各种炉外精炼工艺冶金功能的比较见表3-3。

表3-3 各种炉外精炼工艺冶金功能比较

精炼工艺		搅拌	升温	合金化	精炼功能					生产调节
					脱气	脱碳	渣洗	喷粉	夹杂物处理	
非真空处理	CAS-OB	▲	▲	▲	—	—	□	—	△	▲
	CAB	□	▲	□	—	—	□	—	□	□
	LF	△	▲	▲	—	—	▲	—	▲	△
	AOD	▲	▲	△	□	△	△	—	△	□
真空处理	RH	▲	△	▲	▲	▲	□	▲	△	▲
	VD	△	—	▲	▲	□	△	—	△	△
	VOD	△	△	▲	▲	▲	△	▲	△	△

注：▲表示强；△表示一般；□表示较弱；—表示不具备。

3.3.2.4 炉外精炼分类

（1）按冶金手段分类。

炉外精炼
- 真空精炼法
  - 提升脱气法：DH 法
  - 真空循环脱气法：RH 法及一系列的改进方法
  - 钢包真空脱气法
    - 真空脱气法（VD 法）
    - 真空吹氩脱气法（Finkl 法、Gazid 法）
    - 真空电磁搅拌脱气法（ISLD 法）
    - 钢包精炼法（ASEA-SKF 法、LFV 法）
    - 真空电弧脱气法（VAD 法）
    - 真空吹氧脱碳法（VOD 法、VODC 法）
- 钢包精炼法
  - ASEA-SKF 钢包精炼
  - LF 钢包精炼法
- 气体稀释法
  - 氩氧脱碳法（AOD 法）、气氧脱碳法（CLU 法）
  - 钢包吹氩法（GAZAL 法）、密封吹氩法（SAB 法）
- 喷射冶金法
  - 喷粉（TN 法、SL 法）
  - 喂线（WF 法、ABS 法）
- 渣洗精炼法：合成渣洗、同炉渣洗、真空渣洗

（2）按精炼方法分类。

炉外精炼
- 脱碳去气型（转炉型）精炼法：适合冶炼低碳和超低碳钢种；AOD 法、VOD 法、CLU 法、VODC 法
- 钢包精炼法：适用于冶炼质量要求严格的高合金钢和多炉钢水连续浇铸时对钢水进行补温、精炼、脱气、脱氧、去除夹杂物和合金化；LF 法、VAD 法、ASEA-SKF 法
- 真空处理型精炼法：适用于大量的普通钢种和中、低合金钢进行真空脱气、脱氧、去除夹杂物；DH 法、RH 法
- 渣洗精炼法：用于出钢过程中对钢水进行脱硫、脱氧、去除夹杂物等；同炉渣洗、合成渣洗、真空渣洗

（3）按用途分类。

炉外精炼
- 脱氢法：真空滴流脱气法（BV 法、VC 法、TD 法）
- 脱氢脱氧精炼法：RH 法、DH 法
- 脱氢脱硫夹杂物控制精炼法：LF 法、VAD 法、CAS 法、TN 法、ABS 法
- 脱碳精炼法：AOD 法、VOD 法、CLU 法、RH-OB 法
- 脱氧调温法：LF 法、VAD 法、ASEA-SKF 法

3.3.3 连续铸钢

3.3.3.1 连续铸钢的优越性

在钢铁生产历史上，最先采用模铸的方法将钢液浇铸成型，即将钢液浇到钢锭模内铸成钢锭，然后再将其加工成所要求的钢锭尺寸，整个加工过程，钢坯需经过几次加热、加工，并且每次都有金属损失、能耗大、金属收得率低。由于模铸本身固有的工艺缺陷，在世界范围内，该工艺已逐渐被淘汰。

连铸与模铸相比，钢水连铸过程省去了脱模、均热、开坯等工序，可大量节省均热炉加热的能量消耗，大大地缩短了从钢水到成坯的周期和时间。随着连铸技术的发展，到 20 世纪 90 年代，近终形连铸（薄板坯连铸和薄带连铸等）技术进一步省去轧制工序，节约能耗，缩短生产周期。如薄板坯连铸，一般采用连铸连轧工艺，将炼钢和金属的轧制很紧密地结合起来，其生产出来的基本上已是最终产品，无需轧制而进一步加工。

连铸技术之所以能得到迅速发展，是因为它与传统的模铸相比，具有很大的技术经济优越性。这些优越性主要体现在简化生产工序、提高金属收得率、降低能耗、自动化程度高、产品质量好等方面。

A 简化生产工序

传统模铸工艺包含脱模、精整、均热、开坯等主要环节。传统模铸工艺需消耗大量的耐火材料，模铸耐火材料包括所用的耐火砖和不定形耐火材料等，要有专门的耐火材料准备与储存场地。除此之外，仍需其他辅助工序支持，如钢锭模、底盘及其中柱管等的准备；脱模后底盘上废弃耐火材料的清理，钢锭模打水强制冷却等工序。

图 3-9 所示为连铸工艺与传统模铸工艺的对比。与传统模铸相比，连铸工艺省去了脱模、开坯等环节，同时只需少部分精整和均热，由于连铸坯更接近成品形状，轧制道次也相应减少，生产周期紧凑，大大地缩短了从钢水到成坯的周期和时间，提高生产作业率。

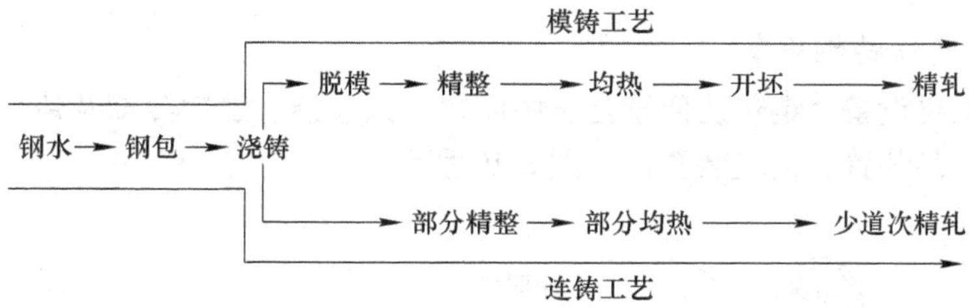

图 3-9 连铸工艺与模铸工艺对比

B 大幅度提高了金属的收得率

模铸从钢水到成坯的收得率为 84% ~88%，连铸的收得率则高达 95% ~96%。当连浇的炉数越多时，连铸的收得率还可能更高。因此，采用连铸工艺，金属收得率可提高 7% ~12%。

金属收得率的提高是因为：单炉或多炉的连铸只有开浇和浇完后的数米（2 ~3m）铸坯被切去而不能使用，而模铸则每根钢锭均有切头切尾。

金属收得率的提高具有很大的经济效益。按 1997 年我国钢产量 1 亿吨计算，如全部采用连铸，与模铸比较，能够使用的铸坯将增加 1000 万吨以上。仅此一项，相当于新增一个宝钢的钢产量。根据武钢二炼钢厂的测算，用连铸代替模铸后，每吨钢坯的成本降低约 170 元，按年产量 160 万吨计，每年可收益 2.7 亿元。对于附加值更高的特殊钢、不锈钢，采用连铸的经济价值就更大。

C 节约了大量的能量消耗

据有关资料介绍，生产 1t 连铸坯，比模铸开坯省能 627 ~1046kJ，相当于节省 21.4 ~35.7kg 标准煤。提高成材率折算所节约的能耗大约 100kg 标准煤。两者相加，每吨连铸坯综合节能约为 130kg 标准煤。

另外，连铸坯若进行热装或直接轧制，还将省去大量的能量。对于薄板坯，由于省去了部分精轧并能进行连铸连轧；对于薄带坯，生产的铸坯就是用户所需要的产品。这两种情况下节省的能源就更为显著。

D 显著改善劳动条件，易于实现自动化

众所周知，模铸工艺是炼钢生产劳动条件最差的一个工序，其环境条件相当恶劣。连铸的采用使生产实现了机械化，也基本实现了自动化。特别是 20 世纪 90 年代后新建的连铸机，其自动化程度和计算机的应用及控制水平已达到了很高的程度。

计算机控制和自动化技术以及人工智能在连铸上的广泛应用，能够显著地提高连铸坯的质量并能精确地控制连铸坯的出坯温度，这对最终实现连铸—热装或连铸—直接轧制工艺具有重要意义。

E 连铸坯的质量良好

连铸过程强制冷却，铸坯冷却速度快，连续拉坯使生产条件可控性强、条件稳定，因此铸坯内部组织均匀、致密、偏析小、钢的性能比较稳定。同时，连铸坯轧成的板材，横向性能优于模铸、深冲性能良好。此外，随着结晶器冶金及控制水平的提高，连铸生产的铸坯表面质量好。

3.3.3.2 连续铸钢设备

连铸机的主要设备：钢包及回转台、中间包、结晶器、二次冷却及铸坯导向装置、拉坯矫直装置、切割装置、出坯装置，如图3-10所示。

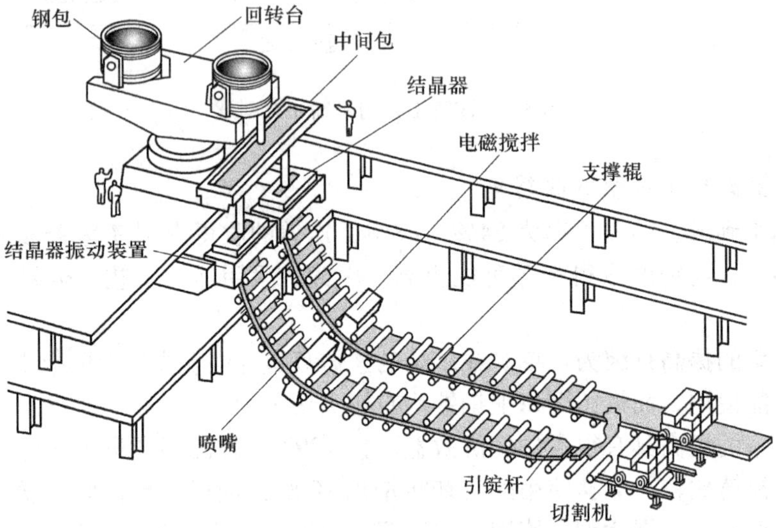

图3-10 连铸机示意图

A 连铸机机型

从20世纪50年代连铸工业化开始，连铸机型的发展经历了一个由立式、立弯式到弧型的演变过程。另外也发展了其他类型的连铸机，已有的机型总体介绍如下。

(1) 按铸机形式分为：立式连铸机、立弯式连铸机、带多点弯曲的立弯式连铸机、带直线段弧型连铸机、弧形连铸机、多半径椭圆形连铸机、水平连铸机、轮带式连铸机。

(2) 按浇铸断面的大小和外形分为：板坯连铸机、小方坯连铸机、大方坯连铸机、圆坯连铸机、异形断面连铸机、薄板坯连铸机、薄带（轮）式连铸机等。

大小方坯的分类：一般把大于200mm×200mm断面尺寸的铸坯称为大方坯；小于160mm×160mm断面尺寸的铸坯称为小方坯。

方坯和板坯的分类：一般把宽厚比大于3的矩形坯称为板坯；断面边长基本相等的铸坯称为方坯；在这之间的称为矩形坯。

(3) 按连铸机机组流数可分为：一机一流（单流）铸机、一机二流铸机、一机多流铸机。另外，根据连铸生产的要求，既可浇铸板坯，又能浇铸方坯的连铸机称为复合式连铸机。

B 钢包运载设备

a 钢包的运载和承托方式

(1) 用铸锭吊车进行钢水包的浇铸。这种方式适用于单炉浇铸，仅在连铸技术的发展初期使用。

(2) 在浇铸平台上设置浇铸车。这种方式可实现多炉连浇，事故的处理也比较灵活。其缺点是占用平台空间，妨碍连铸的作业和中间包的设置和使用。

(3) 在浇铸平台上设置固定的钢水包支架。此种方式只适用于单炉连铸。

(4) 在浇铸平台上设置钢包回转台。这是目前最广泛的使用方式。

b 钢包回转台

钢包回转台是现代连铸中应用最普遍的运载和承托钢包进行浇铸的设备。它通常设置于钢水接受跨与浇铸跨柱列之间，以便于钢水的接收和浇铸。主要有以下作用：

(1) 能够迅速准确地将钢水包从冶炼跨运送到连铸机上的浇铸位置。

(2) 迅速更换钢包，以满足多炉连浇。更换钢包的时间小于40~50s。

(3) 出现事故时能够迅速转移钢包。

(4) 占用浇铸平台少，不影响浇铸操作。

(5) 使安装钢流保护装置和钢水称量装置成为可能。

c 钢包回转台的分类及设备特点

钢包回转台按转臂旋转方式的不同，可以分为两大类：一类是两个转臂可各自作单独旋转；另一类是两臂不能作单独旋转。按臂的结构形式可分为直臂式和双臂式两种。因此，钢包回转台有直臂整体旋转整体升降式、直臂整体旋转单独升降式、双臂整体旋转单独升降式、双臂单独旋转单独升降式等形式。蝶型钢包回转台属于双臂整体旋转单独升降式，它是目前钢厂应用最广泛的一种形式。

C 中间包及中间包运载设备

中间包一般由包体、包盖、水口和塞棒等组成。外壳为金属结构，内衬为耐火材料。其形状有矩形、T形、梯形或V形等。形状的设计主要是考虑钢水在注入时是否产生涡流，在砌包、清渣、吊挂时是否方便。大容量中间包中一般设置有挡渣墙，用来隔离来自钢包的钢流对中间包内钢水的扰动；用来降低中包内钢液中的夹杂物进入结晶器的程度。为了减少钢水表面的散热，中间包应加盖保温。为了减少中包壁面的散热损失，中间包的壁面内衬耐火材料一般采用绝热板、中间包涂料等材料，从而稳定连铸的浇铸温度。

a 中间包的作用

中间包是钢包和结晶器之间的用于装载钢水的过渡装置。使用中间包的目的是：稳定钢流和减压，减少钢流对结晶器坯壳的冲刷；钢水在中间包停留，有利于夹杂物上浮，提高铸坯的质量；对于多流连铸机，中间包起到钢水分流作用；中间包可以储藏一定量的钢水，使多炉连浇在更换钢包时保证浇铸不中断。

b 中间包车

中间包运载设备包括中间包车和中间包回转台。中间包回转台由于存在占用浇铸平台面积较大而影响浇铸操作等原因，用得较少。中间包车主要由中间包车车体、走行装置、升降装置、对中装置、称量装置、长水口机械手、溢流槽及其台车、电缆拖链、润滑给脂装置及钢包操作用台架等组成。中间包车按中间包水口相对主梁的位置及轨道的布置方式可分为门形、半门形和悬臂形三种方式。目前，普遍采用门形中间包车。门形中间包车的轨道铺设在浇铸平台上，并布置在结晶器内外弧的两侧，车子骑在结晶器的上方。

D 结晶器及其振动装置

结晶器是连铸设备中最关键的部件，通常由框架与水箱、铜板、足辊、结晶器振动装置等构成。中间包钢水注入到结晶器内，钢水在结晶器内冷却凝固，形成具有一定厚度的凝固坯壳以避免铸坯出结晶器时漏钢，并被连续拉进二冷区进一步冷却凝固。铸坯的外形和尺寸由结晶器内腔尺寸决定。为避免铸坯产生表面裂纹，保证有良好的表面质量，结晶器应使铸坯均匀冷却。连铸结晶器对连铸机的生产能力和铸坯的质量有着十分重要的作用，被称为连铸机的心脏。

a 结晶器的分类

(1) 按外部形状分：直结晶器、弧形结晶器、直弧形结晶器。直结晶器用于立式、立弯式连铸机上，弧形结晶器和直弧形结晶器主要用于弧形和椭圆形连铸机上。

(2) 按结构形式分：整体式、管式、组合式和可调宽结晶器。

(3) 按铸坯断面形状分：方坯、板坯、矩形坯、圆坯和异形断面的结晶器。

b 结晶器性能要求

结晶器在使用中的重要问题是其结构刚性。结晶器的刚性决定了在工作时的变形。而变形的状态与大小，将影响铸坯的凝固过程和铸坯质量，也会加速结晶器的磨损，缩短结晶器的使用寿命。其性能要求如下：

(1) 有较好的导热性，能迅速形成足够厚度的初生坯壳。

(2) 有良好的结构刚度和结构工艺性，便于加工制造，易于拆卸和调整。

(3) 有较好的耐磨性及较高的热疲劳性。

(4) 重量轻，以便在振动时惯性力较小。

c 结晶器振动装置

结晶器振动装置用于支撑结晶器并使其沿铸机半径做近似圆弧的上下往复振动。连铸过程中一直持续这种振动，能有效地防止黏结，从而防止拉漏事故；振动使铸坯表面光滑，有利于改善铸坯表面质量；振动机构能有效地实现圆弧轨迹，不产生过大的加速度引起冲击和摆动。

E 二次冷却装置

二冷装置的作用主要体现在以下四方面：

(1) 在结晶器冷却的基础上，进一步对铸坯进行强制冷却。按照不同钢种、不同断面的冷却要求，通过控制喷嘴的喷水量，调节合适的冷却强度，以使铸坯逐渐完全凝固，并有良好的表面质量。

(2) 对铸坯起支承和导向的作用，以使铸坯能按设定的轨迹运动并限制其鼓肚变形。

(3) 对引锭杆起支承和导向的作用。

(4) 对带直结晶器的直弧形连铸机，完成对铸坯的顶弯作用。

F 拉坯矫直装置

拉坯机和矫直机统称为拉矫机。其作用如下：

(1) 克服结晶器和二冷区的拉坯阻力，顺利地拉出铸坯。

(2) 调节拉速，适应不同工艺如不同钢种、断面的需要，对结晶器液面实行自动控制的拉坯系统实现闭环控制。

(3) 实现弧形铸坯在全凝固或有部分液芯时的矫直，且矫直过程中不影响铸坯质量。

按结构形式可分为牌坊式、钳式和组合式；按辊子的数目可分为 4 辊拉矫机、5 辊拉矫机或多辊拉矫机，但至少要 3 辊才能矫直铸坯。目前，在方坯连铸机上使用较多的是钳式 5

辊拉坯矫直机。按矫直方式，分为单点矫直、多点矫直、压缩矫直、渐进矫直（连续矫直）等。单点矫直时，矫直速率大、应变大，一般只适用于固相矫直；对于带液芯的铸坯，为避免产生内部裂纹，把集中在一点的应变分散到多个点逐渐完成，减轻矫直时铸坯的应变，即采用多点矫直或连续矫直。

G　引锭装置

引锭杆的作用是在开浇前堵住结晶器下口，使钢水在结晶器内和引锭杆头部凝结在一起，通过拉矫装置的牵引，使铸坯向下运行而引锭。在引锭杆出拉矫机后，将铸坯与引锭杆脱开，此后进入正常的拉坯状态。

引锭装置包括引锭头、引锭杆和引锭杆存放装置。引锭杆的结构如图 3-11 所示。

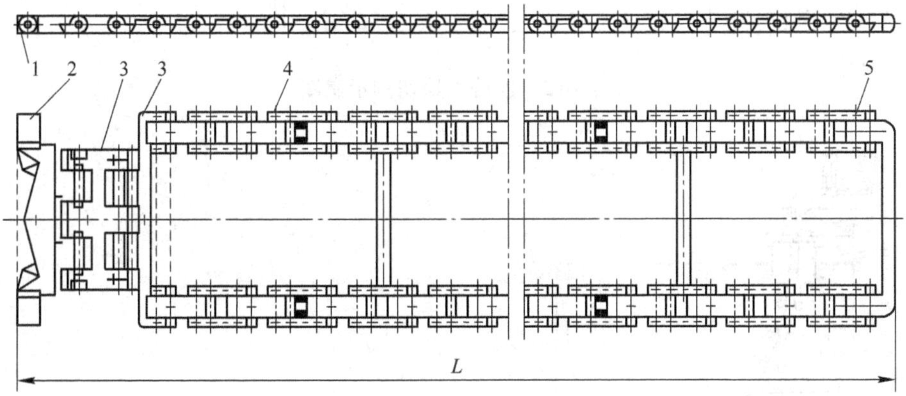

图 3-11　引锭杆结构示意图

1—引锭头；2—引锭头宽度调整垫片；3—过渡链节；4—标准链节；5—引锭杆尾链节

H　铸坯切割设备

铸坯切割设备是连铸机后端最主要的辅助设备，用于在连铸过程中把凝固完毕并矫直后的铸坯切割成所需要的定尺长度。根据其作用方式的不同，可分为火焰切割和机械剪切。

火焰切割机主要由车架及其车体行走装置、同步机构、切割枪横移装置、切割枪、边部检测器、切割定尺装置、切割区专用辊道等构成。板坯连铸火焰切割示意图如图 3-12 所示。

机械剪切机又称为机械剪、剪机或者飞剪，其动力源可分为电动和液压两类，设备较为笨重，且受到剪切铸坯断面尺寸的限制。其优点是剪切速度快，剪切时间只需 2 ~ 4s；定尺精度高，特别是生产定尺较短的铸坯时，因其无金属损耗且操作方便，在小方坯连铸机上应用较为广泛。

3.3.3.3　连续铸钢工艺

A　钢的连铸过程

钢水连铸过程示意图如图 3-13 所示。连续铸钢设备主要由钢包、中间包、结晶器及振动装置、拉坯矫直机、切割设备、辊道等组成。转炉炼钢得到的钢水注入到钢包内，经炉外精炼处理后被运到连铸机钢包回转台，钢水通过钢包底部的水口注入到连铸中间包

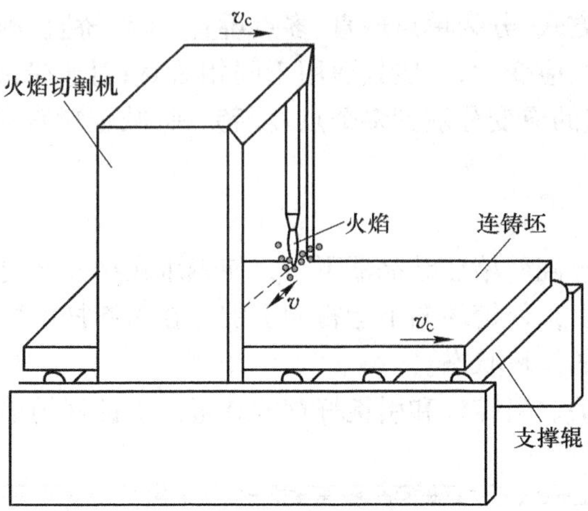

图 3-12　连铸火焰切割示意图

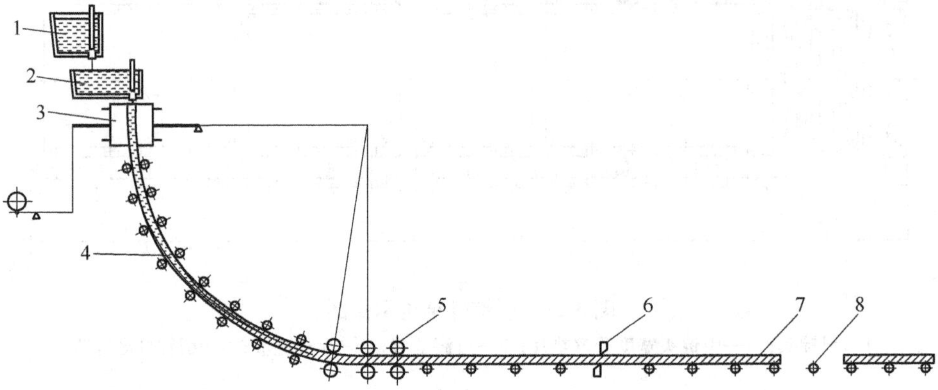

图 3-13　钢水连铸过程示意图

1—钢包；2—中间包；3—结晶器及其振动装置；4—二次冷却支导装置；5—拉坯矫直机；6—切割设备；7—铸坯；8—辊道

中。中间包的水口预先与结晶器对中以确保结晶器内流场对称。一切准备就绪后，打开中间包塞棒或者滑动水口（或者定径水口），钢水流入下口已预先由引锭头封堵的结晶器内。在水冷结晶器内，冷却速率很大，与结晶器水冷铜板接触的钢液热量被迅速带走，逐渐形成凝固坯壳。经过一定时间后，结晶器出口处将形成具有一定厚度的凝固坯壳。此时，启动拉坯机和结晶器振动装置，使带有液心的铸坯进入由若干夹辊组成的弧形导向段（二冷区）。二冷区依据相应的冶金准则，预先布置喷嘴，喷嘴喷出雾化水强制铸坯继续冷却凝固。在这个过程中，带液心的连铸坯一边下行，一边冷却凝固，当引锭杆拉出矫直机后将与铸坯脱开，引锭杆被存放装置收回。待连铸坯被矫直并且完全凝固后，连铸坯被切割装置切成定尺坯，最后由出坯装置运送到指定地点。以上就是钢水连续浇铸成型的过程，即连铸过程。

B　连铸工艺特点

（1）连续作业，多炉连浇；

（2）全过程强制冷却；

（3）铸坯的逐渐凝固成型是在特定的拉速及变形（弯曲矫直）中完成的；

（4）铸坯轧制成材的压缩比较模铸钢锭开坯轧制成才的压缩比要小很多。

C　钢水成分及洁净度

为了提高连铸坯的质量，与传统模铸工艺对比，连铸工艺对钢水的成分以及洁净度要求更高。

a　碳

碳含量在0.09%～0.17%之间时，连铸坯裂纹敏感性大大增加，这是由于在凝固过程中，铁素体往奥氏体转变，体积收缩，从而产生应力，诱发裂纹产生。在浇注这种钢时，应适当降低拉速，调整保护渣以减低裂纹发生率。

碳含量大于0.18%时，连铸坯表面裂纹发生率随碳含量的增加而增加。此时，应根据钢种碳含量适当调整连铸工艺参数。

b　磷与硫

通常情况下，钢中元素磷和硫被视为有害元素。钢中磷含量一般应该控制在0.03%以下。钢种硫对连铸坯的内部裂纹有着十分直接的影响。一般来讲，对裂纹不太敏感的钢，如深冲钢，钢种硫应该控制在0.02%以下；中等裂纹敏感钢，如非合金钢，钢中硫应该控制在0.012%以下；对裂纹相当敏感的钢，如低合金钢、高碳钢等，钢中硫应该控制在0.008%以下。

c　锰

钢中的锰可以与硫形成硫化锰，起到固硫的作用。其含量一般与钢中的硫含量有关，保证一定的锰硫比。

d　氢

钢种的氢含量越低越好，过高的氢含量会导致连铸坯皮下气泡和裂纹，影响钢的抗时效性能。一般来讲，钢中的氢含量应该控制在4.5×10^{-6}以下。对某些抗时效性能要求高的钢种，氢含量应该控制在2×10^{-6}以下。

e　氮

与钢中氢一样，氮也会危害钢的抗时效性能。此外，当钢中氮含量过高时，会影响钢的冷加工性能。同时，钢中氮容易与铝、铌、镍等形成氮化物，轧制后溶质在氮化物附近产生微裂纹。

f　氧

提供给连铸的钢水必须严格控制钢中氧的含量。钢中的游离氧含量对连铸工艺的安全性以及连铸坯的质量均有明显的影响。对于铝镇静钢而言，钢水中的氧含量必须控制在2×10^{-5}以下。

g　洁净度

钢水的洁净度主要指钢中非金属夹杂物的数量、大小、形态以及分布。钢中的非金属夹杂物主要分为两种，分别为内生夹杂物和外来夹杂物。内生夹杂物一般为脱氧产物、有害元素生成产物（如硫化物），外来夹杂来源于耐火材料的侵蚀以及钢液的二次氧化。为了保障连铸坯的质量，连铸工艺必须保证钢液具有一定的洁净度。

D　保护浇铸

连铸过程中，钢水首先从钢包注入中间包，然后再从中间包流向结晶器内。在此过程中，如果没有采取必要的保护浇铸措施，钢液和空气接触的机会和面积都很大，造成钢水的二次氧化，降低钢中溶解铝的含量，增加了氮的含量，恶化钢液洁净度。此外，二次氧化会造成钢中夹杂物增加，对钢的质量产生重大影响。因此，对钢液从钢包到中间包、从中间包到连铸结晶器这两个过程必须采取必要的有效措施避免钢液与空气接触，发生二次氧化。

a 钢包至中间包的保护浇铸

为了避免钢液从钢包流向中间包时发生二次氧化，主要有以下几种方法：

(1) 长水口保护。钢包采用长水口保护浇铸就是用一个长的耐火管与钢包滑动水口的下水口连接，在连接处通入氩气密封，防止空气吸入，耐火套管的下部伸入中间包覆盖剂下的钢液中，使钢包到中间包的铸流全部密封，可以有效防止钢液二次氧化。

(2) 充气罩/箱保护。在钢流和中间包之间采用一个充满氩气的罩子或者箱体将铸流密封好，使钢流一直处于保护气氛之中，可有效避免钢液的二次氧化。

b 中间包至结晶器的保护浇铸。

为防止从中间包到结晶器钢流的二次氧化，一般采用浸入式水口加保护渣覆盖的铸流保护方式。

(1) 浸入式水口。浸入式水口安装在中间包底部，同中间包连接后插入结晶器内。它具有防止钢流二次氧化、钢水飞溅、调整钢水流速和流股方向，促进钢液中夹杂物上浮，防止保护渣卷入钢坯中等作用。

(2) 保护渣。保护渣覆盖在钢液的表面，避免钢液与空气接触，有效减少了钢液的二次氧化。同时，保护渣也具有吸收夹杂物、绝热保温等作用。

E 连铸工艺参数

连铸的工艺参数主要包括拉速、浇铸温度、冷却强度、结晶器锥度、振动参数、水口参数、保护渣物化性能等。其中，拉速与过热度是主要的两个连铸工艺参数。

a 拉速

拉速是连铸生产过程中最重要的工艺参数，其他工艺参数一般都是依据拉速设定的，拉速的合理选择与控制对连铸过程极为重要。连铸拉速的确定通常是依据连铸机的冷却能力确定。一方面要求连铸坯出结晶器具有一定的凝固坯壳，确保坯壳能够承受钢水的静压力，避免拉漏事故；另一方面保证连铸坯矫直后，未到达切割机之前铸坯已经完全凝固。通常，连铸坯的拉速受结晶器锥度、结晶器振动参数、保护渣性能、结晶器液面波动等影响。

b 浇铸温度

钢水的浇铸温度是指连铸中间包内的钢水温度，决定连铸是否顺行的首要因素，过高或者过低的浇铸温度都会对连铸坯的质量带来危害。

钢水浇铸温度过高，将造成以下危害：

(1) 铸坯出结晶器坯壳变薄，容易发生漏钢事故。

(2) 耐火材料侵蚀加重，容易导致铸流失控，增加安全隐患。

(3) 非金属夹杂物增加，影响铸坯质量。

(4) 连铸坯柱状晶发达，组织评价下降，中心偏析严重。

当然，浇铸温度过低，同样会引发其他危害，主要如下：

(1) 容易导致水口堵塞，浇铸被迫中断。

（2）铸坯表面容易产生结疤、夹渣、裂纹等缺陷。

（3）钢水黏度增大，非金属夹杂物不容易上浮，影响铸坯内部质量。

由此可见，保证钢水有一个合理的浇铸温度对连铸工艺的顺行以及保证连铸坯的质量非常重要。钢水的浇铸温度可以用式（3-53）计算。

$$T_c = T_L + \Delta T \tag{3-53}$$

式中 T_c——钢水的浇铸温度；

T_L——钢种的液相线温度；

ΔT——钢水的过热度。

其中，钢水的过热度主要依据铸坯的质量要求以及浇铸性能来确定，表3-4列出了三大类钢种过热度的参考指标。

表3-4 不同钢种的过热度要求 （℃）

钢 种 类 别	过 热 度
非合金结构钢	10～20
铝镇静深冲钢	15～25
高碳、低合金钢	5～15

c 其他

除了拉速、浇铸温度两个重要的连铸工艺参数外，冷却强度、结晶器锥度、保护渣物化性能、结晶器振动、浸入式水口参数等同样对连铸过程具有重要影响。

由于钢液的凝固收缩，如果结晶器不设计锥度，凝固坯壳与结晶器铜板之间的气隙从上而下将逐渐增大，影响传热。图3-14所示为连铸过程结晶器内气隙形成示意图。为了减小或消除凝固收缩在结晶器壁与坯壳间形成的气隙，加强和改善结晶器铜板传热，以保证铸坯出结晶器时有足够的厚度，减少漏钢风险，结晶器按要求应具有一定的倒锥度。

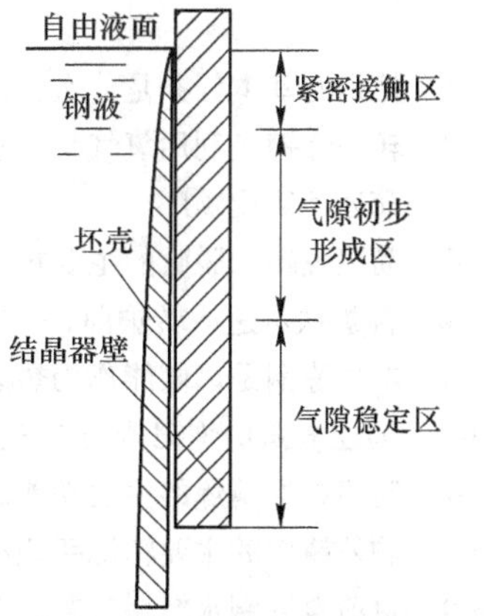

图3-14 结晶器内气隙形成示意图

连铸保护渣起到减小铸坯表面与结晶器铜板表面的摩擦力，改善传热的作用；浸入式水口的尺寸及参数对结晶器内流场的影响很大，合理的浸入式水口参数有利于结晶器形成合理的流场，提高铸坯质量。

F 结晶器传热及凝固坯壳的生成

a 结晶器传热

水冷结晶器是连铸过程的第一次强制冷却，其内部的传热经过以下5个过程：

（1）钢水对初生坯壳的强制对流传热。

（2）凝固坯壳内的单向传导传热。

（3）凝固坯壳向铜板的传热。

（4）结晶器铜板内的传导传热。

（5）结晶器铜板对冷却水的强制对流传热。

b　结晶器内凝固坯壳的生长

钢水从流入结晶器至出结晶器这段时间内，由于水冷结晶器的强制冷却作用，与铜板接触的钢液热量被带走而形成初生凝固坯壳。结晶器内凝固坯壳的形成及生长具有以下特点：

(1) 结晶器液面附近，钢水与铜板接触，由于表面张力的作用形成一个半径较小的弯月面。

(2) 已经凝固的坯壳，由于凝固收缩而脱离结晶器铜板，直接与钢水静压力平衡。

(3) 初生坯壳脱离结晶器铜板后，形成气隙，坯壳得不到足够的冷却而温度回升，强度降低，在钢水静压力作用下坯壳重新贴回结晶器铜板。

(4) 过程 (2) 与过程 (3) 反复进行，直至连铸坯形成足够厚度的凝固坯壳被拉出结晶器。

(5) 结晶器的角部是二维传热，因此传热快，也最早形成气隙。

G　二次冷却

连铸坯被拉出结晶器后，进入二次冷却区。二冷区强制冷却使铸坯凝固潜热全部释放，最终铸坯完全凝固。在这个过程中，铸坯中心的热量是通过凝固坯壳传导到铸坯表面，然后这些热量部分以铸坯的辐射方式带走，部分以铸坯与接触辊的传导传热带走，最主要的热量是被喷淋到铸坯表面的冷却水带走，约占60%。因此，影响二次冷却效果的是喷淋冷却水。

复习思考题

3-1　炼钢的基本任务是什么?

3-2　转炉炼钢是利用氧气将铁水中的杂质元素氧化分离，是一个氧化过程。列举钢液中的主要元素，并简述其氧化顺序。

3-3　简述脱磷、脱硫的主要热力学影响因素。

3-4　高炉铁水进入转炉前，一般先经过铁水预处理工艺。简述铁水预处理的主要功能及其必要性。

3-5　电炉炼钢是以电能作为热源的炼钢方式，电炉炼钢主要包括哪几种方式?

3-6　简述电弧炉炼钢传统工艺及现代工艺，对比其特点。

3-7　简述炉外精炼的主要功能。

3-8　炉外精炼的主要精炼手段有哪些?

3-9　目前常见钢水精炼工艺有哪些?

3-10　与传统模铸工艺相比，连续铸钢工艺主要有哪些优越性?

3-11　连铸机的主要设备包含哪些?

3-12　简述中间包和结晶器的功能作用?

参 考 文 献

[1] 冯聚和，艾立群，刘建华. 铁水预处理与钢水炉外精炼 [M]. 北京：冶金工业出版社，2006.

[2] 王新华. 钢铁冶金 [M]. 北京：高等教育出版社，2007.

[3] 雷亚，杨治立，任正德. 炼钢学 [M]. 北京：冶金工业出版社，2010.

[4] 姜力文. 基于信息熵的转炉炼钢动态过程建模研究 [D]. 辽宁：大连理工大学，2010.

[5] 朱苗勇. 现代冶金学（钢铁冶金卷）[M]. 北京：冶金工业出版社，2005.
[6] 陈家祥. 钢铁冶金学（炼钢部分）[M]. 北京：冶金工业出版社，1990.
[7] 丁永昌，徐曾启. 特种熔炼 [M]. 北京：冶金工业出版社，1995.
[8] 朱航宇，李正邦，王董青. 电渣冶金法生产大型钢锭综述 [J]. 铸造技术，2012 (3)：311 ~ 313.
[9] 晏强. 大型感应炉用于干式捣打料性能的研究 [D]. 武汉：武汉科技大学，2011.
[10] 彭旭. 电子束熔炼冶金硅中杂质蒸发行为研究 [D]. 辽宁：大连理工大学，2011.
[11] 曹广畴. 现代板坯连铸 [M]. 北京：冶金工业出版社，1994.
[12] 蔡开科，程士富. 连续铸钢原理及工艺 [M]. 北京：冶金工业出版社，1994.
[13] Takeuchi E, Brimacombe J K. Effect of oscillation-mark formation on the surface quality of continuously cast steel slabs [J]. Metallurgical Transactions B, 1985, 16 (3): 605 ~ 625.
[14] 干勇. 连续铸钢过程数学物理模拟 [M]. 北京：冶金工业出版社，2001.
[15] 高泽平，贺道中. 炉外精炼 [M]. 北京：冶金工业出版社，2005.
[16] Hashio M, Tokuda N, Kawasaki M, et al. Improvement of cleanliness in continuous cast slab at Kashina Steel Works. Continuous Casting of Steel, Secondary Process Technology, 1981 (2): 65 ~ 73.
[17] 周士凯，王蓉，王文学. 板坯连铸引锭杆设计中的若干技术问题 [J]. 连铸，2009 (1)：16 ~ 18.
[18] 王浦江. 小方坯连铸机的切割设备 [J]. 冶金设备，1995 (2)：13 ~ 17.
[19] 郑志勇. 1500mm × 700mm 特厚大型板坯立式连铸机辊列布置及铸坯鼓肚变形的研究 [D]. 河北：燕山大学，2013.
[20] 史宸兴. 实用连铸冶金技术 [M]. 北京：冶金工业出版社，1998.
[21] Xie Xin, Chen Dengfu, Long Haijun, et al. Mathematical modeling of heat transfer in mold copper coupled with cooling water during the slab continuous casting process [J]. Metallurgical and Materials Transactions B, 2014 (45): 2442 ~ 2452.
[22] Long Mujun, Dong Zhihua, Chen Dengfu, et al. Effect of uneven solidification on the quality of continuous casting slab [J]. International Journal of Materials and Product Technology, 2013, 47 (1 ~ 4): 216 ~ 232.

4 铝冶金

本章导读

现代铝工业主要有三个生产环节：（1）从铝土矿提取纯氧化铝；（2）用冰晶石－氧化铝熔盐电解法生产铝；（3）铝加工。从矿石中提铝的方法，根据矿石的铝硅比不同，主要有拜耳法、碱石灰烧结法以及各种联合法等。由于铝与氧的亲和力很强，且金属铝的电负性极小，在熔盐电解质中才能电解得到金属铝。本章将对各生产过程的基本理论、工艺设备和生产特点进行系统的阐述。

4.1 概　述

4.1.1 铝的性质和用途

铝是元素周期表中第3周期ⅢA族元素，原子序数13，相对原子质量26.98154。它是地壳中含量最丰富的金属元素，平均含量为8.7%。

铝是一种轻金属，具有银白色的金属光泽。铝的主要物理特性如下：

（1）熔点低。铝的熔点对纯度十分敏感，纯度越高，则熔点越高。一般工业纯铝熔点为660℃上下，纯度降低，则熔点下降。常压下纯度为99.996%的铝，熔点为660.37℃，可修正为660℃。液态铝的蒸气压不高，沸点为2467℃。

（2）密度小。从晶格参数算出铝的密度为2.6987g/cm^3。铝的密度与其中所含的合金元素或杂质的种类和数量有关。使其密度增大的元素有Fe、Cu、Mn、V、Cr、Ti、Pb等，使其减小的元素有B、Ca、Mg、Li等，Si稍稍减小铝的密度。工业纯铝的密度主要取决于其中Fe和Si的质量分数。一般工业纯铝中$m(\mathrm{Fe})/m(\mathrm{Si})$为2～3，密度约为2.10～2.71g/cm^3。

（3）电阻率小。高纯铝的电阻率在293K时为（2.62～2.65）$\times10^{-8}\Omega\cdot\mathrm{m}$，这相当于铜的标准电阻率的1.52～1.54倍。用作工业导电材料的铝，在293K时，电阻率不大于$2.80\times10^{-8}\Omega\cdot\mathrm{m}$。一般质量分数为99.5%～99%的铝,电阻率为（2.80～2.85）$\times10^{-8}\Omega\cdot\mathrm{m}$。铝中添加其他金属，都会增大铝的电阻率。

（4）具有良好的导热能力。在20℃时，铝的导热率为2.1W/(cm·℃)。

（5）具有良好的反射光线的能力，特别是对于波长为0.2～12μm的光线。

（6）没有磁性，不产生附加的磁场，所以在精密仪器中不会起干扰作用。

（7）易于加工，可用一般的方法把铝切割、焊接或粘接，铝易于压延和拉丝。

（8）可以同多种金属构成合金，如Al-Ti、Al-Mg、Al-Zn、Al-Fe合金。

铝的主要化学性质如下：

（1）铝同氧反应，生成氧化铝。氧化铝的生成热很大，这就可以解释铝在自然界中很少以游离状态出现的原因。铝在空气中生成一层致密的氧化铝薄膜，避免了进一步被氧化，使其在空气中没有锈蚀效应。这一特性使它在空气中具有良好的抗腐蚀性能。

（2）铝在高温下能够还原其他金属氧化物。利用这些反应可制取纯金属，如 Mg、Li、Mn、Cr 及其相应的铝基母合金，或者焊接钢轨。

在800℃以上温度，铝同三价卤化物（如 AlF_3、$AlCl_3$、$AlBr_3$、AlI_3）发生反应，生成一价铝的卤化物。在冷却时，一价铝的卤化物分解出常价铝的卤化物和铝。利用这种歧化反应，可以从铝合金中提取纯铝。

（3）由于铝的两性性质，既可溶于稀酸，又易于被苛性碱溶液侵蚀，生成氢气和可溶性铝盐，但是高纯度铝可以抵御某些酸的腐蚀作用，可用来储存硝酸、浓硫酸、有机酸和其他化学试剂。

（4）铝不与碳氢化合物（饱和的或不饱和的、脂肪族或芳香族的）发生反应。但是因碳氢化合物中可能有一定量的酸或碱，铝也会受到腐蚀。铝不与酒精、酚、醛、酮等发生反应。但是铝与醋酸起反应，温度升高，反应加剧。

铝的保护剂包括多种有机的或无机的胶体（如树脂、树胶、淀粉等）、碱金属的铬酸盐和重铬酸盐、铬酸、高锰酸盐、过氧化氢以及其他氧化剂。它们能够促进生成铝表面上的保护性氧化膜。但是这些保护剂不是绝对保险的，因为其中往往含有某些有害的杂质，而且当环境不同时，它们的防护作用会减退。

铝的用途在生活、交通运输、航空航天、冶金和农业等方面都有广泛体现，是比较理想的应用型金属。

（1）传统用途。由于铝具有质轻、良好的导热性和导电性、可加工性以及构成高强度、耐腐蚀性合金等优良性能，因而成为有色金属中应用最广泛的金属。大量的铝用于制造建筑用结构材料、包装材料、电力输送线、日用品和机械设备。通常采用阳极氧化的方法，在铝材或铝制品表面涂上色彩鲜艳的氧化膜，或者用电泳的方法涂上美丽的有机漆，使它成为经久耐用而又美观的建筑材料和日用品。由于铝是一种优良的导电材料，按质量计算，铝比任何其他金属能够更好地导电，故用铝作导电材料可显著地节省投资。铝具有良好的导热性能，它是制造机器活塞、热交换器、冷却器翅板、饭锅、电熨斗等的理想材料。铝还具有良好的反射光和热的能力，可用来制造反光镜，又可用作保温材料。铝还可用于制作铝制辅币。

（2）交通运输上的应用。一般而言，汽车上用铝代替钢，每千克铝可减轻车身质量1.5kg，而车身质量每减轻1kg，可在 16×10^4km 总行程中节省汽油10L。新型轿车采用铝合金横梁与压铸复合构件相连接的构造，不仅具有优于钢制车体的强度，而且使车体质量减轻了40%。

（3）航空工业上的应用。铝材是飞机的主要结构材料，一般占50%～80%。民用飞机铝材用量均在70%以上，在可以预见的将来，铝合金仍然会是飞机的主要结构材料。此外，它还是导弹与火箭的结构材料，火箭除发动机主要使用了钢材以外，其他结构件以铝合金为主，其次是钛合金、镁合金，还有一部分难熔金属合金。

（4）冶金工业上的应用。在钢铁冶金工业上用铝做脱氧剂，钢锭浇铸时用作冒口发热剂，平均每吨钢需要0.8kg 铝。此外，还用铝作还原剂，生产高熔点金属。

（5）农业上的应用。铝材在农业上可发挥重要作用，除制造农业机械外，用铝合金型板卷绕而成的螺旋型铝合金粮仓，与传统的钢筋混凝土粮仓相比，建造铝合金粮仓的劳动强度减轻20%，基建投资可减少1/3～1/2，可在产粮地区就地建造，不受气候与土壤条件的限制，特别适用于南方潮湿多雨地区。

4.1.2 铝土矿及资源分布概况

铝在自然界中只能以化合物形式存在，到目前为止已发现的含铝矿物约有250种左右，其中以铝硅酸盐最多，其次是氧化铝的水合物，可用于提取氧化铝的矿石有铝土矿、明矾石、霞石、高岭土、黏土、长石、页岩、丝钠铝石。目前氧化铝生产中最主要的原料为铝土矿，世界95%以上的Al_2O_3是用铝土矿生产的。

铝土矿是一种以氧化铝水合物为主，Al_2O_3含量为40%～70%的矿石。根据其所含结晶水及矿物结构的不同，铝土矿可分为三水铝石（$Al_2O_3 \cdot 3H_2O$）、一水软铝石（γ-$Al_2O_3 \cdot H_2O$）和一水硬铝石（α-$Al_2O_3 \cdot H_2O$）。铝土矿类型不同，溶出的难易程度存在差异，三水铝石最易被苛性钠溶出、一水软铝石次之、一水硬铝石的溶出条件则最为苛刻。因此，铝土矿的类型不同，处理方法及作业条件也不同。

铝土矿矿床按下伏基岩的性质大体可分为三类：储存于硅酸盐岩上的新生代红土型矿床、储存于碳酸盐岩上的古生岩溶型矿床、储存于陆源岩上的古生代或中生代齐赫文型沉积矿床，铝土矿矿床以前两种为主，分别占86%及12%，后者仅占2%。红土型铝土矿矿床产于红土型风化壳中，是由酸性、中性、碱性含铝硅酸岩石在热带、亚热带气候条件下经深度化学风化形成。红土型矿床以三水铝石矿石为主，其次为三水铝石－一水软铝石型混合型铝土矿，矿体呈层状、帽状，其上常被土壤或富铁红土层覆盖，其下常为富含高岭石、埃洛石的黏土层及半风化基岩。此类铝土矿易探、易勘、易加工，是铝土矿矿床中最重要的类型。红土型矿床的矿石品质上乘，以高铁、低硅、高铝硅比（A/S）为特点，是氧化铝工业的优质原料。岩溶型铝土矿床是含铝岩石被具有强腐蚀性的SO_4^{2-}或CO_3^{2-}溶液分解，在溶液流动过程中，不同元素沉积到不同方位，经风化等作用形成。岩溶型铝土矿以一水硬铝石型铝土矿为主，其次为一水软铝石型铝土矿，它的特点是高铝、高硅、中低铝硅比，地下开采的铝土矿主要属于这种类型。

4.1.2.1 世界铝土矿资源与分布

世界铝土矿资源总量极为丰富。据美国地质调查局的统计，2010年世界铝土矿储量为310亿吨，基础储量约395亿吨，资源量670亿～900亿吨。基础储量的静态保障年限约205年。

世界铝土矿地理分布高度集中，储量分布极为不均，除中国、巴尔干半岛和俄罗斯有较小的矿带外，大型铝土矿带都位于热带及亚热带地区。工业发达国家及铝的消费大国如美国、德国、日本、法国、意大利、英国、加拿大等的铝土矿储量都不多。按照铝土矿储量排位，前5名的国家依次为几内亚、澳大利亚、牙买加、巴西和印度，其储量分别为78亿吨、60亿吨、23亿吨、21亿吨和9亿吨，分别占世界总储量的26.2%、19.4%、7.4%、6.8%和2.9%，合计占世界总量的62.7%。几内亚、澳大利亚两国的储量占世界总量的45.6%，南美洲的巴西、牙买加、圭亚那、苏里南的铝土矿储量约占世界总量25%。此外，近些年越南发现了一些大型铝土矿，其储量超过52亿吨。按照2010年的储量，各大洲铝土矿的储量比例为南美洲34%、非洲28%、亚洲18%、大洋洲14%，其他地区6%。

国外铝土矿主要为铝硅比高的三水铝石型铝土矿，但氧化铁含量一般都比较高。

4.1.2.2　中国铝土矿资源及分布

我国铝土矿资源储量丰富，保有资源储量约30亿吨，其中基础储量约8.7亿吨，资源量约21.3亿吨。中国铝土矿的基础储量和储量在世界上分别占第7位和第9位。资源分布很广，截至2015年年底，全国保有资源储量的铝土矿区约487处，主要分布在山西、河南、广西、贵州、云南、重庆、山东等省，占全国总储量的92%左右。四川、海南等15个省也有一定的资源储量，仅约占全国总储量的8%。

我国铝土矿资源具有的特点可归纳为：

(1) 资源分布集中，主要分布在山西、广西、贵州、河南等4省区。

(2) 主要有两种类型：沉积型一水硬铝石型矿床，堆积型一水硬铝石型矿床。同时以前者为主，约占资源总储量的82%，后者占17%。

(3) 矿床总体规模不大。截至2015年年底，资源储量大于20000kt的大型矿不足40个，中国的大型矿床规模仅相当于国外的小型或中型偏小。

(4) 以难溶的一水硬铝石型铝土矿为主，占全国总资源量的99%以上，三水铝石型的不到1%，且品位低、规模小。

(5) 共（伴）生组分（镓、钒、锂、钛等）多，可以综合开发利用。

(6) 铝硅比偏低，大多数为高铝（$w(Al_2O_3)>60\%$）、高硅（$w(SiO_2)=5\%\sim15\%$）、低铁（$w(Fe_2O_3)<10\%$）的，且矿体薄，品位波动大。

(7) 适合经济开采和利用的铝土矿资源少，且露采的铝土矿比例偏低，仅占总量的38%。

(8) 从2006年起，中国氧化铝生产能力的年均增长量达7000kt，2015年氧化铝产量60000kt。即使考虑远景储量，乐观估计，国内铝土矿资源的服务年限不会超过13年。中国铝土矿资源保障程度低，对氧化铝工业的绿色发展、低碳发展和可持续发展问题必须高度关注和重视。

中国铝土矿的外观和物理化学性能随着矿物组成和化学成分的不同而有很大变化。有的铝土矿很坚硬，有的则松软如土，一捏就碎；结构也有土状、致密状与豆面状的；颜色在白色到赭色之间变化，含铁多的呈红色，含铁少的呈灰白色或浅黄色。

我国的一水硬铝石型铝土矿的工艺矿物学特点包括：

(1) 铝土矿中主要矿物为一水硬铝石、高岭土、伊利石、赤铁矿、锐钛矿、金红石等。

(2) 一水硬铝石多以隐晶集合体的形式存在，与硅矿物、氧化铁矿物等脉石矿物紧密镶嵌，嵌布粒度细，要使矿物实现较完全的单体解离必须细磨。

(3) 含硅矿物的硬度、密度、晶格常数、形状因子等与一水硬铝石的有着明显的差异，因此，它们的可碎性也有很大差别，含硅脉石在细磨过程中会有部分泥化。

(4) 含硅脉石为铝硅酸盐，其表面活性点与含铝有用矿物相同。

4.1.3　铝的生产现状

由于铝及其合金具有许多优良性能，而且铝的资源又很丰富，因此，铝工业自问世以来发展十分迅速。1890～1900年，全世界金属铝的总产量约为2.8万吨，到20世纪50年代中叶，铝的产量已超过铜而居有色金属之首位，产量仅次于钢铁。1990年世界原铝产量为1600多万吨（此外还有占铝总消耗量20%左右的再生铝），约占世界有色金属总产量的40%；而2015年世界原铝产量达到5643万吨。

表4-1给出了世界铝产量和我国铝产量。

表4-1 世界铝产量和我国铝产量统计 （万吨）

年 份	1995	1998	2002	2006	2008	2011	2014
世界原铝产量	1974	2266	2609	3402	3950	4400	5390
我国原铝产量	171.0	241.8	436.0	918.7	1315.7	1745.3	2810
全球原铝消费量	2030	2219	2523	3393	3690	4240	5485
我国原铝消费量	191	240	425	865	1242	1763	2805

冰晶石－氧化铝熔盐电解仍然是目前工业生产金属铝的唯一方法，所以铝生产包括从铝矿石生产氧化铝以及电解炼铝两个主要过程。每生产1t金属铝消耗近2t氧化铝。因此，随着电解炼铝的迅速增长，氧化铝生产也迅速发展起来。

世界各地氧化铝产量见表4-2。

表4-2 世界各地区氧化铝产量 （万吨）

地区 \ 年份	2000	2005	2008	2010	2012	2014	2015
非洲及亚洲（中国除外）	480.2	613.1	658.8	683.6	645.4	617.4	623.4
中国	432.0	851.0	2374.4	3195.5	4238.7	5073.7	5897.9
北美	547.6	692.8	616.0	534.4	609.3	657.9	644.9
南美	1150.3	1318.8	1576.8	1380.9	1406.3	1366.4	1321.2
西欧	585.4	656.0	695.1	563.7	578.6	589.8	592.0
中东欧	476.9	543.0	530.1	460.5	416.4	403.1	407.6
大洋洲	1571.5	1792.0	1972.8	2012.4	2155.8	2079.9	2037.7
合计	4419.7	6466.7	8424.0	8831.0	10050.5	10788.2	11524.7

90%以上的氧化铝供电解炼铝使用，因此，氧化铝工业的盛衰主要取决于电解炼铝工业的发展状况。电解炼铝以外使用的氧化铝称为非冶金用氧化铝或多品种氧化铝。世界上非冶金用氧化铝的开发十分迅速，在电子、石油、化工、耐火材料、精密陶瓷、军工、环境保护及医药等许多高新技术领域取得广泛的应用。1990年世界非冶金用氧化铝产量340万吨，2000年434万吨，2015年达到651万吨。目前非冶金用氧化铝产品达400多种。

世界第一个用拜耳法生产氧化铝的工厂投产于1894年，日产仅1t多。100多年来，随着世界铝需求量的增加，氧化铝工业发展很快，2015年世界氧化铝总产量为11524万吨，其中冶金级氧化铝产量达到10873万吨。氧化铝工业的发展，促使其生产技术和装备水平不断提高。

首先，工厂的生产规模不断扩大，大型设备被普遍采用，整体配置也向紧凑节能方向发展，综合过滤及阶梯式闪蒸等高效配置方式、烟气余热利用、七效蒸发等节能系统及设备被积极采用，自动化控制进一步集中，单位产品工艺占地低于 0.16m^2/t Al_2O_3。

另外，在流程和工艺上也有许多变化和提高。管道化溶出、降膜蒸发、悬浮焙烧等技术的开发和应用使氧化铝生产能耗、生产成本及劳动力大幅度降低。拜耳法生产工艺能耗由 20 世纪 50 年代初期的 13GJ/t Al_2O_3 到现在低于 8GJ/t Al_2O_3。

4.2 氧化铝生产

4.2.1 氧化铝工业的发展

1886 年冰晶石－氧化铝熔盐电解法制铝及 1887 年拜耳法生产氧化铝等技术的发明，为铝生产向工业规模发展奠定了基础。到 19 世纪末期铝的生产成本开始明显下降，铝本身已成为一种普通常用金属。20 世纪初期，铝材除了日常用品外，主要在交通运输工业上得到了应用。1901 年用铝板制造汽车车体；1903 年美国铝业公司把铝部件供给莱特兄弟制造小型飞机。汽车发动机开始采用铝合金铸件，造船工业也开始采用铝合金厚板、型材和铸件。随着铝产量的增加和科学技术的进步，铝材在其他工业部门，如医药器材、铝印刷版及炼钢用的脱氧剂、包装容器等的应用也越来越广泛，大大刺激了铝工业的发展。1910 年世界的铝产量增加到 45000t 以上，已开始大规模生产铝箔和其他新产品，如铝软管、铝家具、铝门窗和幕墙，同时铝制炊具及家用铝箔等各种新产品也相继出现，使铝的普及化程度向前推进了一大步。

我国的氧化铝工业从无到有、由弱到强，取得了许多令人瞩目的辉煌成就，先后建立了山东、郑州、贵州三个氧化铝厂，陆续建成了山西、中州、苹果等重点氧化铝企业，我国六大氧化铝厂已基本形成。

我国氧化铝工业自 1954 年以来，发展迅速，基本上以每十年翻一番的速度迅速发展，2003 年产量突破了 600 万吨，2012 年产量突破了 4000 万吨。我国氧化铝产量的变化见表 4-3。

表 4-3 我国氧化铝产量的变化

年 份	1954	1970	1980	1990	2000	2005	2010	2013	2015
产量/万吨	3.5	52.7	85.5	146.4	432.03	851.0	3195.5	4418.6	5897.9

4.2.2 电解铝对氧化铝的质量要求

电解铝对氧化铝的质量要求：一是氧化铝的纯度，二是氧化铝的物理性质。

氧化铝的纯度是影响原铝质量的主要因素，同时也影响电解过程的技术经济指标。如果氧化铝中含有比铝更正电性元素的氧化物（Fe_2O_3、SiO_2、TiO_2 等），这些元素在电解过程中将首先在阴极上析出而使铝的质量降低。同时，如果电解质中含有磷、钒、钛、铁等杂质，还会使电流效率降低。从析出电位的计算结果看，它们对电流效率的影响次序是磷 > 钛 > 钒 > 铁。如果氧化铝中含有比铝更负电性元素的（碱金属及碱土金属）氧化物，则在电解时与冰晶石、氟化铝发生反应，从而破坏电解质的正常成分，影响电解过程并增加氟化铝的消耗。

氧化钠是氧化铝产品中的主要杂质，氧化钠含量高对电解槽的运行有很大影响。当电解质中钠含量增加时，必须多加入氟化铝以维持正常的 NaF/AlF_3 值，造成氟化盐消耗量增加，同时增加电解槽中电解质的体积。氧化钠在电解质化学变化和电解槽的传料和工艺控制方面起着重要作用。在铝电解过程中氧化钠可与氟化铝发生反应生成氟化钠，使电解质的正常分子比发生改变。为了保持电解质的正常组成，必须补充相应数量的氟化铝，Na_2O 含量保持在0.3%～0.4%，钠的平衡可以得到良好的控制。Na_2O 含量主要取决于氢氧化铝的粒度和洗涤条件。根据计算，氧化铝中 Na_2O 含量每增加0.1%，则每生产1t铝需多消耗价格昂贵的氟化铝3.8kg。

灼减表示氧化铝进入电解槽之后所要释放的总水量。由于氧化铝中吸附的水和电解质中的氟化物反应生成氟化氢气体，增加了电解槽氟化物的排放。具有高灼减量的氧化铝除溶解时间短外，可形成硬度较大的结壳，并且具有一定强度，能保持在电解质上方，减少热损失。但当较高灼减量的氧化铝进入电解质熔体时，由于其优良的溶解性能可引起挥发物起泡，部分颗粒处于游离状态。氧化铝的灼减高和吸附的水分，将增加电解质中氟化物水解产生的氟化氢。电解厂要求氧化铝水分少，但水分和焙烧程度密切相关，要求氧化铝比表面积大、灼减小，但吸湿性要大，因此就需要综合权衡。根据我国氧化铝质量标准，目前氧化铝灼减基本上都能达到小于1% 的要求。

因此，电解铝用的氧化铝必须具有较高的纯度，其杂质含量应尽可能低。氧化铝质量与生产方法有关，拜耳法生产氧化铝的纯度要高于烧结法。

我国氧化铝的质量标准见表4-4。表中三级以下的 Al_2O_3 不能用作电解铝材料。

表4-4 我国氧化铝的质量标准 (%)

等级	化学成分				
	Al_2O_3（不小于）	杂质（不大于）			
		SiO_2	Fe_2O_3	Na_2O	灼减
一级	98.6	0.02	0.03	0.55	0.8
二级	98.5	0.04	0.04	0.60	0.8
三级	98.4	0.06	0.04	0.65	0.8
四级	98.3	0.08	0.05	0.70	0.8
五级	98.2	0.10	0.05	0.70	1.0
六级	97.8	0.15	0.06	0.70	1.2

注：本表摘自 GB 8178—1987。

对氧化铝物理性质的研究，从20世纪70年代中期以后才受到广泛的重视，而且要求越来越严格。20世纪70年代初期以前，美洲国家用三水铝石矿为原料，以低浓度碱溶液溶出，生产砂状氧化铝。欧洲则用一水铝石矿为原料，以高浓度碱溶液溶出，生产面粉状氧化铝。现代铝电解厂要求氧化铝具有良好的物理性能，因为性能好的氧化铝在电解质中的溶解速度快，槽底沉淀少；流动性好，便于风动输送和向电解槽自动添加；在加料和输送过程中飞扬损失少，可降低氧化铝单耗，改善环境；对氟化氢的吸附能力强，能提高氧化铝做吸附剂的干法烟气净化的效果；保温性能好，能在电解质上形成良好的结壳，屏蔽电解质熔体，减少热损失；可有效地防护阳极氧化，减少阳极消耗。

表征氧化铝物理性质的指标常用的有粒度、磨损指数、比表面积、堆积密度、α-Al_2O_3 物理性含量、安息角等。氧化铝的流动性、粉尘量、保温能力、在冰晶石熔体中的溶解速度和吸附氟化氢的能力等都取决于上述各项物理性质。表4-5给出不同类型氧化铝的物理性质。

（1）粒度。铝电解要求氧化铝的粒度要均匀。按照惯例，氧化铝的粒度分布是用两种主要粒级参数来描述的，即大于150μm的粗颗粒和小于45μm的细颗粒所占的百分数。现代铝电解要求所用氧化铝大于150μm的含量要小于2%，小于45μm的含量要小于10%。大于150μm的粗颗粒含量高会影响氧化铝在电解质中的溶解速率，而小于45μm特别是小于20μm的细粒级含量增多，将使电解作业中粉尘量增加，并且影响定时定点的准确下料。

（2）磨损指数。磨损指数是表征氧化铝强度和控制氧化铝粒度的一个重要指标。在保证其他物理性质的情况下，磨损指数越小越好。磨损指数越小，表明氧化铝强度越大，在输送、装卸以及电解槽烟气净化系统中，由于撞击、磨损而增加的粒级含量越少。

（3）比表面积。对于比表面积，是要求其稍大，一般控制在60～80m^2/g。比表面积小，表明氧化铝的煅烧程度高，结晶度提高，对氟化氢的吸附能力差，同时也使氧化铝在电解质中的溶解速率降低，产生槽底沉淀，这对中间下料电解槽尤为不利。

（4）α-Al_2O_3 含量。氧化铝中的 α-Al_2O_3 含量应降到5%～10%，以利于提高电流效率。

（5）堆积密度。氧化铝的堆积密度要求基本恒定，否则对于定时定容积加料方式的现代铝电解槽，其下料量不易控制。

我国生产的氧化铝粒度界于面粉状和砂状之间，称为中间状氧化铝。20世纪80年代以来，我国对砂状氧化铝的生产工艺进行了大量研究，为发展我国的砂状氧化铝生产工艺打下了基础。

表4-5 不同类型氧化铝的物理性质

物理性质	氧化铝类型		
	面粉状	砂状	中间状
≤45 μm的粒级含量/%	20～50	10	10～20
平均直径/μm	50	80～100	50～80
安息角/(°)	>45	30～35	30～420
比表面积/$m^2 \cdot g^{-1}$	<50	>35	>35
密度/$g \cdot cm^{-3}$	3.90	≤3.70	≤3.70
堆密度/$g \cdot cm^{-3}$	0.95	>0.85	>0.85

4.2.3 氧化铝生产方法

氧化铝的生产方法大致可分为四类，即碱法、酸法、酸碱联合法和热法。但目前用于工业生产的几乎全属于碱法。

4.2.3.1 碱法

碱法生产氧化铝的基本流程如图4-1所示。

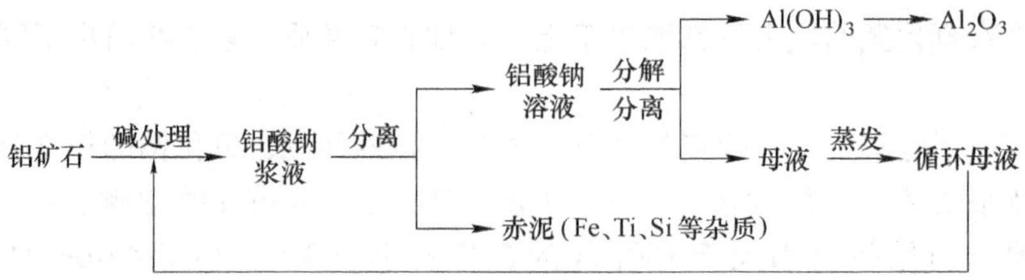

图4-1 碱法生产氧化铝的基本流程

碱法生产氧化铝，是用碱（NaOH或Na_2CO_3）来处理铝矿石，使矿石中的氧化铝转变成铝酸钠溶液。矿石中的铁、钛等杂质和绝大部分的硅则成为不溶解的化合物，将不溶残渣（由于含氧化铁而呈红色，故称为赤泥）与溶液分离，经洗涤后弃去或综合利用，以回收其中的有用组分，纯净的铝酸钠溶液分解析出氢氧化铝，经与母液分离、洗涤后进行焙烧，得到氧化铝产品。分解母液可循环使用，处理另外一批矿石。

根据矿石性质，碱法生产氧化铝工艺主要有拜耳法、烧结法和拜耳烧结联合法等多种流程。

（1）拜耳法。拜耳法是以含有大量游离苛性碱的结晶母液于高温下处理铝土矿，使铝土矿中的氧化铝水合物溶解得到铝酸钠溶液，在低温下用添加氢氧化铝晶种的方法，使铝酸钠溶液分解析出氢氧化铝结晶，得到的种分母液经蒸发浓缩后返回溶出下一批铝土矿。

拜耳法的特点是：

1）适合高A/S矿石，A/S>9；

2）流程简单、能耗低、成本低；

3）产品质量好，纯度高。

（2）烧结法。碱石灰烧结法是在高温烧结过程中使炉料中的氧化物转变为铝酸钠（$Na_2O \cdot Al_2O_3$）、铁酸钠（$Na_2O \cdot Fe_2O_3$）、原硅酸钙（$2CaO \cdot SiO_2$）和钛酸钙（$CaO \cdot TiO_2$），用水或稀碱液溶出时，铝酸钠溶解进入溶液，铁酸钠水解为NaOH和$Fe_2O_3 \cdot H_2O$沉淀，而原硅酸钙和钛酸钙不溶成为泥渣，分离后得到铝酸钠溶液。铝酸钠溶液净化后通入CO_2，分解析出$Al(OH)_3$结晶，而碳分母液（主要成分为Na_2CO_3）经蒸发浓缩后可返回配料烧结，循环使用。

碱石灰烧结方法的特点：

1）适合低A/S矿，A/S为3~6；

2）流程复杂、能耗高、成本低；

3）产品质量较拜耳法低。

（3）联合法。拜耳法和碱石灰烧结法是目前工业上生产氧化铝的主要方法，它们各有其优缺点和运用范围。拜耳法流程简单、能耗低、成本低、产品质量好，但只适用于处理高A/S矿石（A/S>9）。碱烧结法流程比较复杂、能耗高、产品质量及成本都较拜耳法低，但它可以处理低A/S矿石（A/S为3~6）。当生产规模较大时，采用拜耳法和烧结法的联合生产流程，可以兼有两种方法的优点，而消除其缺点，取得比单一方法更好的经济效果，同时可以更充分利用铝矿资源。联合法可分为并联、串联和混联三种基本流程，它主要适用于 A/S 为 7 ~9 的中低品位铝土矿。

4.2.3.2 酸法

酸法是用硝酸、硫酸、盐酸等无机酸处理含铝原料而得到相应铝盐的酸性水溶液，然后使这些铝盐或水合物晶体（通过蒸发晶体）或碱式铝盐（水解结晶）从溶液中析出，也可用碱中和这些铝盐水溶液，使其以氢氧化铝形式析出。煅烧氢氧化铝、各种铝盐的水合物或碱式铝盐，便得到氧化铝。

4.2.3.3 酸碱联合法

酸碱联合法是先用酸法从高硅铝矿中制取含铁、钛等杂质的不纯氢氧化铝，然后再用碱法（拜耳法）处理。其实质是用酸法除硅，碱法除铁。

4.2.3.4 热法

热法适于处理高硅高铁铝矿，其实质是在电炉或高炉内进行矿石的还原熔炼，同时获得硅铁合金（或生铁）与含氧化铝的炉渣，两者借密度差分开后，再用碱法从炉渣中提取氧化。

4.2.4 拜耳法生产氧化铝

拜耳法是由拜耳在 1889 ~ 1892 年提出而得名的。100 多年来它已经有了许多改进，但仍然习惯地沿用着拜耳法这个名词。拜耳法在处理低硅铝土矿，特别是用在处理三水铝石型铝土矿时，流程简单，作业方便，产品质量高，具有其他方法所无可比拟的优点。目前，全世界 90% 以上的氧化铝和氢氧化铝是采用拜耳法生产的。

4.2.4.1 拜耳法的原理

拜耳法的基本原理是基于拜耳提出的两项专利。一项是他发现 Na_2O 和 Al_2O_3 分子比为 1.8 的铝酸钠溶液在常温下，只要添加 $Al(OH)_3$ 作晶种，不断搅拌，溶液中的 Al_2O_3 便可以 $Al(OH)_3$ 析出，直到其中 Na_2O 和 Al_2O_3 的分子比提高到 6 为止。这即是铝酸钠溶液的晶种分解过程。另一项是他发现，已经析出大部分 $Al(OH)_3$ 的溶液，在加热时，又可以溶出铝土矿中的 Al_2O_3 水合物，这也就是利用种分母液溶出铝土矿的过程。

交替使用以上两个过程就可以一批批地处理铝土矿，得到纯的氢氧化铝产品，即构成拜耳法循环。

拜耳法的实质是如下反应在不同条件下交替进行：

$$Al_2O_3 \cdot (1\text{或}3)H_2O + 2NaOH + aq \underset{\text{低温分解}}{\overset{\text{高温溶出}}{\rightleftharpoons}} 2NaAl(OH)_4 + aq$$

4.2.4.2 拜耳法的理论循环

图 4-2 所示为拜耳法在 Na_2O-Al_2O_3-H_2O 系中的理论循环，通过该图能够更清晰的认识拜耳法的工作原理。

在溶出温度为 200℃ 的条件下，用成分为 *A* 点的循环母液来溶出一水硬铝石型铝土矿。*A* 点组成的循环母液位于 200℃ 等温线的下方，是未饱和的，具有溶解氧化铝水合物的能力。随着 Al_2O_3 的溶解，Al_2O_3 浓度随之升高，溶液组成沿着 *A* 点与 $Al_2O_3 \cdot H_2O$ 组

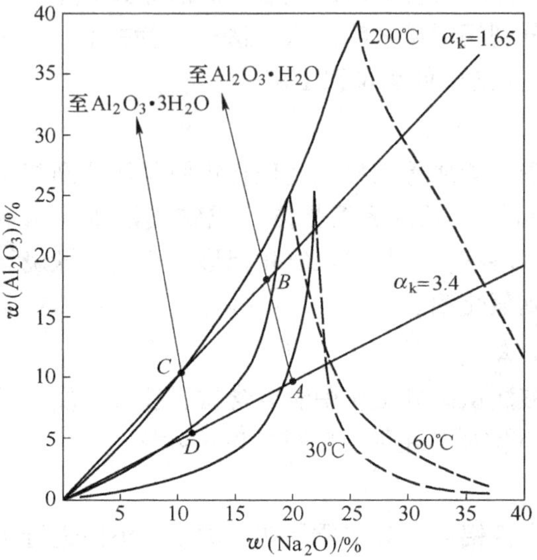

图 4-2 Na_2O-Al_2O_3-H_2O 系等温线及拜耳法循环图

成点的连线变化，直到饱和为止，理论上应达到与200℃等温线相交为止。但实际生产中，若要达到200℃等温线上往往需要很长时间，因此溶出过程在距离等温线平衡点之前的 *B* 点结束，*B* 点即为溶出液的组成点，连接 *A*、*B* 两点的线称为溶出线。从反应器排出的溶出矿浆 Al_2O_3 浓度很高，不利于晶种分解和赤泥分离，因此需要用赤泥洗液来稀释。由于苛性碱和氧化铝浓度同时按比例降低，故其组成由 *B* 点沿着等苛性比线变化到 *C* 点。*C* 点组成的溶液浓度相当于晶种分解原液的浓度，连接 *B*、*C* 两点间的线被称为稀释线。往分离赤泥后组成为 *C* 的溶液中加入氢氧化铝晶种并降低温度（如60℃），使其分解析出氢氧化铝，随着氧化铝浓度降低，溶液的苛性比上升，溶液组成沿着 *C* 点与 $Al_2O_3 \cdot 3H_2O$ 组成点的连线变化，若分解温度为30℃，则理论上溶液组成可达到与30℃等温线的交点，但实际生产中，由于分解时间等因素的限制分解到 *D* 点结束，连接 *C*、*D* 两点的线称为分解线。分离氢氧化铝后的母液经蒸发，氢氧化钠与氧化铝浓度同时提高，理论上溶液组成由 *D* 点沿着等苛性比线变化到 *A* 点，*DA* 线称为蒸发线。将上述四条线连接起来，就构成了 *ABCD* 的封闭图形，即拜耳法循环图。可以看出，组成为 *A* 点的溶液经 *B*、*C*、*D* 又回到 *A* 点的这样一个循环过程，便可从矿石中提取出一批氧化铝，且成分不发生变化。

在实际循环过程中，由于存在苛性碱和氧化铝的损失，溶出时冷凝水的稀释，添加晶种时带入的种分母液以及机械损失等原因，使生产过程与理论循环有一定的差别。

4.2.4.3 拜耳法的基本流程

图4-3所示为拜耳法生产氧化铝的基本工艺流程。每个工厂由于条件不同，可能采用的工艺流程会稍有不同，但原则上没有本质的区别。

根据拜耳法生产的基本工艺流程，可以把生产过程大致分为如下主要生产工序：原矿浆制备、高压溶出、矿浆稀释和赤泥分离洗涤、晶种分解、氢氧化铝分离洗涤、氢氧化铝煅烧、母液蒸发与碳酸钠苛化等。

（1）原矿浆制备。原矿浆制备是氧化铝生产的第一道工序。所谓的原矿浆制备，就是

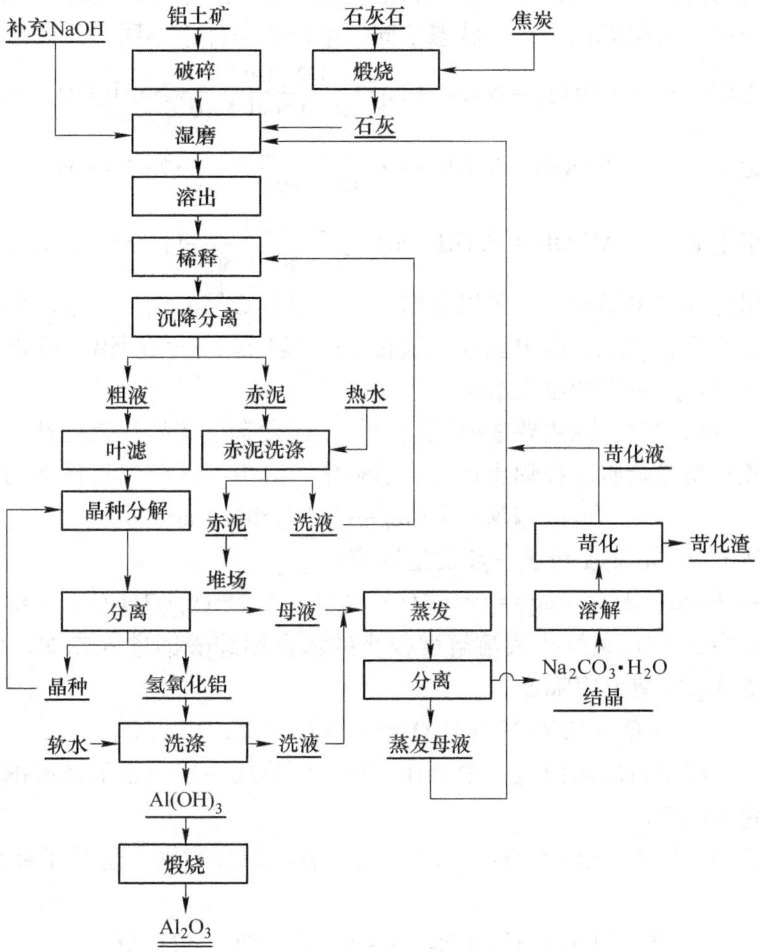

图 4-3 拜耳法生产氧化铝的基本工艺流程

把拜耳法生产氧化铝所用的原料，如铝土矿、石灰、铝酸钠溶液等按一定的比例配制出化学成分、物理性能都符合溶出要求的原矿浆。对原矿浆制备的要求是：

1）参与化学反应的物料要有一定的细度；

2）参与化学反应的物质之间要有一定的配比和均匀混合。

因此原矿浆制备在氧化铝生产中具有重要作用。能否制备出满足氧化铝生产要求的矿浆，将直接影响到氧化铝的溶出率，影响赤泥沉降性能、种分分解率以及氧化铝的产量等技术经济指标。

原矿浆制备工序的主要技术指标包括铝硅比、矿浆细度、液固比、氧化钙添加量、补充碱量、循环母液浓度、配料分子比等。

(2) 高压溶出。溶出是拜耳法生产氧化铝的两个主要工序之一。溶出的目的在于将铝土矿中的氧化铝水合物以铝酸钠形式转入溶液，而铁、硅等杂质进入赤泥。工业生产上的高压溶出不是用纯的苛性钠溶液，而是用生产流程中的循环母液，其主要成分有苛性钠、铝酸钠、碳酸钠、硫酸钠以及少量的铝硅酸盐等。

铝土矿有时同时含有三水铝石和一水软铝石或一水软铝石和一水硬铝石的两种矿物，称为混合型铝土矿。根据氧化铝存在状态不同，溶出的条件也不同，具体反应如下：

三水铝石型铝土矿 $$Al(OH)_3 + NaOH + aq \xrightarrow[100 \sim 130g/L\ Na_2O]{120 \sim 140℃} NaAl(OH)_4 + aq$$

一水软铝石型铝土矿 $$AlOOH + NaOH + aq \xrightarrow[180 \sim 240g/L\ Na_2O]{205 \sim 230℃} NaAl(OH)_4 + aq$$

一水硬铝石型铝土矿 $$AlOOH + NaOH + aq \xrightarrow[180 \sim 250g/L\ Na_2O]{230 \sim 245℃} NaAl(OH)_4 + aq$$

以上是溶出过程的主要反应，可以看出，三水铝石最易溶出，可采用较低的溶出温度和碱浓度；一水软铝石次之，溶出温度一般在200℃以上；一水硬铝石最难溶解，必须在添加石灰的条件下采用更高的温度溶出。

铝土矿作为溶出对象，除主要成分氧化铝外，还含有硅酸盐、氧化钛、氧化铁、碳酸盐、有机物及硫化物等杂质。在铝土矿溶出过程中，其中一部分硅将按下列反应进行：

$$SiO_2 + 2NaOH + aq = Na_2SiO_3 + aq$$

在铝酸钠溶液中 Na_2SiO_3 可进一步发生反应：

$$1.7Na_2SiO_3 + 2NaAl(OH)_4 + aq = Na_2O \cdot Al_2O_3 \cdot 1.7SiO_2 \cdot 2H_2O \downarrow + 3.4NaOH + aq$$

可见，矿石中的 SiO_2 最终生成溶解度很小的水合铝硅酸钠进入赤泥，引起氧化铝和碱的损失，造成 Al_2O_3 溶出率降低。

$$3TiO_2 + 2NaOH + H_2O = Na_2O \cdot 3TiO_2 \cdot 2H_2O$$

氧化钛在一水硬铝石的溶出过程中会在矿物表面形成一层致密的钛酸钠保护膜，进而阻碍氧化铝水合物的溶出。

在添加石灰的条件下，能使 TiO_2 反应生成不溶性的钛酸钙，防止了钛酸钠保护膜的形成，反应为：

$$TiO_2 + Ca(OH)_2 + H_2O = CaO \cdot TiO_2 \cdot 2H_2O \downarrow$$

硫化物如黄铁矿在溶出时转变为 Na_2S 进入溶液，逐渐被空气氧化为亚硫酸钠和硫酸钠，造成苛性钠损失，同时溶液中的 Na_2S 还会使钢制设备受到强烈腐蚀，增加溶液中铁的含量。为此铝土矿溶出时往往加入氧化剂（氧气、臭氧、漂白粉或硝酸钠），使硫化钠转为硫酸钠。

以赤铁矿存在的氧化铁不与苛性钠反应，但一些二价铁的化合物却会使赤泥的沉降性能变坏。

以 $CaCO_3$ 和 $MgCO_3$ 形式存在的碳酸盐矿物，在碱溶液中发生如下反应：

$$(Ca、Mg)CO_3 + 2NaOH = Na_2CO_3 + (Ca、Mg)(OH)_2$$

碳酸盐在溶出过程中消耗碱，降低苛性钠的浓度，且 Na_2CO_3 的积累还会引起后续母液蒸发的困难。

综上所述，在铝土矿溶出过程中，矿物中铝以铝酸钠的形式进入溶液，除极少量杂质溶解于碱溶液，绝大部分硅、铁、钛都进入赤泥。

拜耳法铝土矿溶出属于多相反应。其特征是反应过程发生于两相（矿粒与碱液）的界面上。两相接触界面上的 OH^-，由于不断反应而逐渐消耗，在靠近矿粒表面的溶液中的 OH^- 浓度显著降低。同时，在这一层中的反应产物 $Al(OH)_4^-$ 的浓度则近于饱和，形成扩散层。溶液中的 OH^- 不断地通过扩散层向固相（矿粒）表面移动，与氧化铝水合物反应；而反应产物 $Al(OH)_4^-$ 则不断地通过扩散层向外移动（离开矿粒），使反应能继续进行。

因此，铝土矿的溶出过程可以分为下列几个步骤：

1）循环母液湿润矿粒的表面；

2）OH^- 与氧化铝水合物反应；

3）形成 $NaAl(OH)_4$ 的扩散层；

4）$Al(OH)_4^-$ 从扩散层扩散出来，而 OH^- 则从溶液中扩散到固相接触面上。

目前氧化铝工业生产中铝土矿的溶出工艺主要有压煮器溶出和管道化溶出两种。

1）蒸汽直接加热压煮器溶出。传统的蒸汽直接加热压煮溶出器溶出所用的压煮系统如图4-4所示，主要设备包括矿浆输送泵、预热器组、溶出器组、自蒸发器组。将预脱硅后的原矿浆，经多程列管式预热器组加热到140～160℃，进入压煮器组后用高温蒸汽直接加热到溶出温度并同时进行溶出。溶出后的浆液经自蒸发器组逐级降温，放出的自蒸发蒸汽（二次蒸汽）用于预热器组预热矿浆。降温后的料浆送至稀释槽。压煮器作为溶出系统的主体设备，能耐250℃矿浆所产生的压力，通常由几台串联成溶出器组，用高压蒸汽直接加热或间接加热。但直接加热产生的冷凝水会降低碱的有效浓度，而影响溶出效果。因此现在拜耳法生产多采用间接加热的溶出器。与直接加热压煮器相比，间接加热的溶出器采用机械搅拌，内部装有立管或蛇管，蒸汽通入管内以加热矿浆。

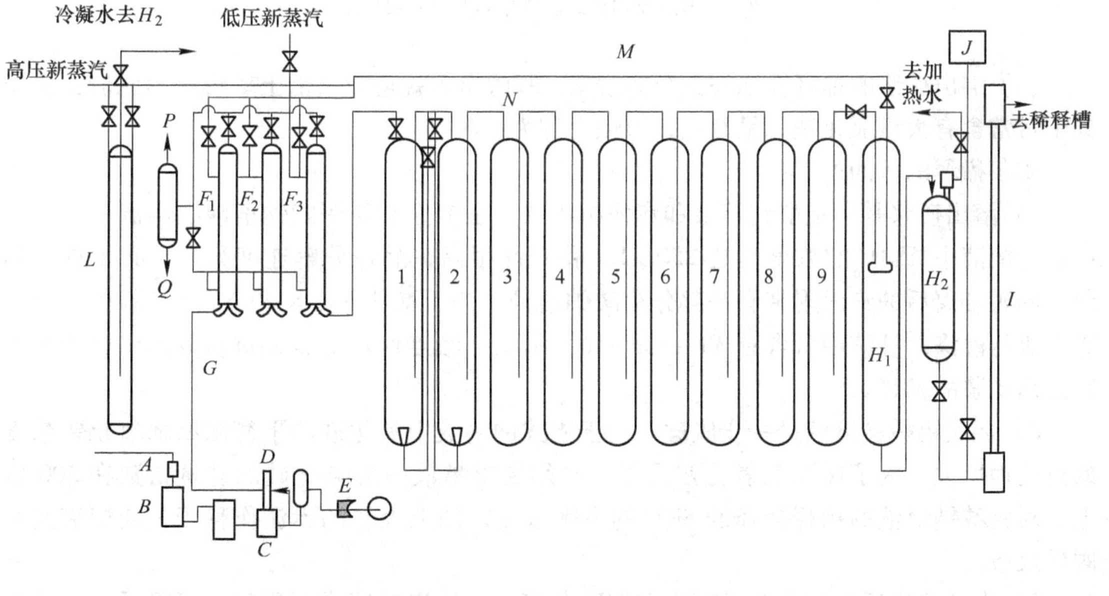

图4-4 蒸汽直接加热高压溶出设备流程

A—原矿浆分料箱；B—原矿浆槽；C—泵进口空气室；D—泵出口空气室；E—油压泥浆泵；$F_{1\sim3}$—双层预热器；$H_{1,2}$—自蒸发器；I—溶出矿浆缓冲器；J—赤泥洗涤高位槽；K—冷凝水自蒸发器；P，Q—去加热赤泥洗液；L—高压蒸汽缓冲器；N—不凝性气体排出管；G—原矿浆管道；M—乏汽管道；1，2—加热溶出器；3～10—反应溶出器

2）管道化溶出。该技术是使高温溶出料浆经夹层套管的外层，将在内管反向流动的原矿浆加热后，再进一步加热实现溶出。该系统溶出温度可达260～300℃，溶出时间大

大缩短，溶出母液碱浓度可以降低，并得到苛性比值低的溶出液，图 4-5 所示为其示意图。原矿浆用隔膜泵泵入管道内，与溶出高温料浆进行热交换，以预热矿浆，然后用高温熔盐间接加热到溶出温度，并进行保温溶出。溶出后的高温浆料与原矿浆进行热交换以回收热量同时达到降温的目的。根据溶出反应所需的停留时间，溶出管道的长度为 1150m 左右。

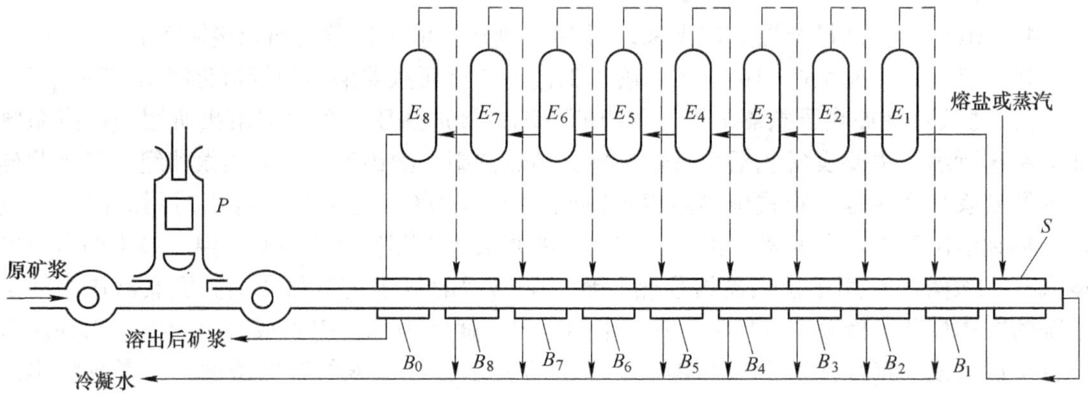

图 4-5 铝土矿管道化溶出示意图

P—隔膜泵；$B_{1\sim8}$—自蒸发蒸汽预热段；$E_{1\sim8}$—自蒸发器；K—冷凝水槽；

B_0—矿浆于溶出后矿浆热交换段；S—加热段

(3) 溶出矿浆的稀释及赤泥的分离洗涤。所谓赤泥就是溶出铝土矿得到的泥渣，由于其中常常含有大量氧化铁，呈红色，习惯上称为赤泥。

矿浆稀释的目的如下：

1）溶出矿浆是由铝酸钠溶液和赤泥组成的，是铝土矿与铝酸钠溶液在高温下反应的产物。溶液中 Al_2O_3 的浓度高达 250g/L，稳定性很高，晶种分解速度很慢，必须进行稀释。同时分离后的赤泥附带有一部分铝酸钠溶液，为了减小 Al_2O_3 和 Na_2O 的损失，要对赤泥进行洗涤。洗液中常含有 30～50g/L 的 Al_2O_3，浓度低不能直接进行分解，可用来进行溶出矿浆的稀释。

2）促使铝酸钠溶液进一步脱硅。由于铝酸钠溶液中氧化硅的平衡浓度随氧化铝浓度的升高而增大，为了保证氢氧化铝质量，必须要求精液中的氧化硅的硅量指数在 300 以上。对铝酸钠溶液的稀释会降低 SiO_2 的平衡浓度，加上大量的赤泥作种子，使溶液发生脱硅反应。

3）由于溶出后的矿浆要进行赤泥沉降分离，对溶出矿浆进行稀释，可降低料浆的黏度，以便于赤泥的沉降分离。

(4) 晶种分解。晶种分解就是将铝酸钠溶液降温，降低其稳定性，再加入氧化铝作晶种，并进行搅拌使其析出氢氧化铝的过程，是拜耳法生产氧化铝的另外一个关键工序。该工序对产品的产量、质量以及全厂的技术经济指标有着重大的影响。晶种分解除得到氢氧化铝外，同时得到苛性比较高的种分母液，作为溶出铝土矿的循环母液，从而构成自发生产氧化铝的闭路循环。

衡量种分过程效率的技术经济指标是种分分解率、产出率、分解槽单位产能以及所得的 $Al(OH)_3$ 的质量。砂状氧化铝要求的物理性能主要取决于种分过程的控制。

铝酸钠溶液的分解率是以析出的 Al_2O_3 占原液中总的 Al_2O_3 的百分数来表示的：

$$\eta = \left(\frac{A_{原} - A_{母}\frac{N_{原}}{N_{母}}}{A_{原}} \right) \times 100\%$$

式中 $A_{原}$，$A_{母}$，$N_{原}$，$N_{母}$——分别为分解原液和分解母液中 Al_2O_3 和 Na_2O 浓度。

产出率 Q 为单位体积分解原液中分解出来的 Al_2O_3 的量（kg/m^3）：

$$Q = A_{原}\,\eta$$

可见，分解原液的 Al_2O_3 浓度较高时可获得较高的产出率。

分解槽的单位产能 P 是指单位时间从分解槽单位体积中分解出的 Al_2O_3 的量：

$$P = \frac{A_{原}\,\eta}{\tau}$$

式中 P，τ——分别为分解槽单位产能，$kg/(m^3 \cdot h)$，以及分解时间，h。

显然，提高分解原液的 Al_2O_3 浓度有利于提高产能，而延长时间产能则会下降。

(5) 氢氧化铝分离与洗涤。经晶种分解得到的氢氧化铝浆液，要进行分离才能得到所需要的氢氧化铝和种分母液。分离后得到的氢氧化铝大部分不经洗涤返回流程作晶种，其余部分经洗涤回收氢氧化铝。种分母液则返回流程中重新使用。

为了达到氢氧化铝和母液分离目的，可采用不同的方法，如沉降或过滤等。料浆液固比大的可用沉降法，液固比小的可以过滤。由于料浆液固比影响过滤效率，因此在一般情况下，都先将氢氧化铝料浆进行浓缩，然后再进行过滤分离。

主要技术经济指标有：氢氧化铝洗水量、料浆固液比、成品氢氧化铝含水率、过滤机产能等。

(6) 氢氧化铝煅烧。煅烧就是将氢氧化铝在高温下脱去附着水和结晶水，并使 Al_2O_3 发生晶型转变，制得符合电解要求的氧化铝的工艺过程。氧化铝的许多物理性质，特别是比表面积、α-Al_2O_3 含量、安息角、密度等主要取决于煅烧条件。粒度和强度与煅烧条件也有很大关系。煅烧过程对氧化铝产品的杂质（主要是 SiO_2）含量也有影响。

(7) 种分母液的蒸发与碳酸钠的苛化。蒸发的主要目的是排除流程中多余的水分，保持循环系统中液量的平衡，使母液蒸发浓缩到能满足拜耳法溶出铝土矿所需的碱度。拜耳法生产氧化铝是一个闭路循环流程，母液中的碱要循环使用。在生产过程中，进入流程中的水分主要包括赤泥洗水、氢氧化铝洗水、原料带入的水分、蒸汽直接加热的冷凝水。除随赤泥带走以及在氢氧化铝煅烧等过程排除水分外，流程中多余的水分由蒸发工序排除。

母液蒸发的另一个任务是排除进入生产系统中的碳酸钠，维持其在系统中的平衡。铝土矿中含有少量的碳酸盐（如石灰石、菱铁矿等），铝土矿溶出时加入的石灰也因煅烧不完全而含有少量石灰石。这些碳酸盐与高浓度苛性碱溶液作用生成碳酸钠并在循环过程中不断累积。此外，铝酸钠溶液中的 NaOH 吸收空气中的 CO_2 也会生成碳酸钠，这两种作用下约有 3% 的苛性碱转变为碳酸钠。

碳酸钠在铝酸钠溶液中的溶解度是随全碱浓度提高而降低的，在母液蒸发浓缩过程中，Na_2CO_3 的溶解度下降，会以一水碳酸钠的形式结晶析出。析出的 $Na_2CO_3 \cdot H_2O$，必须经处理转变为 NaOH 才能返回流程。通常先将其溶解，然后再加入石灰乳于 95℃以上进行苛化反应：

$$Na_2CO_3 + Ca(OH)_2 = 2NaOH + CaCO_3 \downarrow$$

4.2.5 烧结法生产氧化铝

4.2.5.1 烧结法的原理

早在拜耳法提出之前，法国人勒·萨特里在 1958 年就提出了碳酸钠烧结法，即用碳酸钠和铝土矿烧结，得到含有固体铝酸钠 $Na_2O \cdot Al_2O_3$ 的熟料或烧结块，将其用稀碱溶液溶出便得到铝酸钠溶液，往溶液中通入 CO_2 气体，即可析出氢氧化铝，残留在溶液中的主要是碳酸钠，可以循环利用。这种方法的缺点是原料中的 SiO_2 仍然是以铝硅酸钠转入泥渣，造成 Al_2O_3 和 Na_2O 的损失，并且得到的成品氧化铝质量差、流程复杂、耗热量大。所以在拜耳法问世后此方法就逐渐被淘汰了。

后来发现用碳酸钠和石灰石按一定比例与铝土矿烧结，可以很大程度上减轻 SiO_2 的危害，使 Al_2O_3 和 Na_2O 的损失大大减少，这样就形成了碱石灰烧结法。在处理高硅铝矿时，该法比拜耳法优越。

除了这两种烧结方法外，还有单纯用石灰石与矿石烧结的石灰烧结法，它比较适用于处理黏土类原料，特别是含有一定可燃成分的煤矸石、页岩等，这时原料中的氧化铝反应生产成铝酸钙，经碳酸钠溶液浸出后，可得到铝酸钠溶液。

碱石灰烧结法的原理包括三部分：

（1）高温焙烧使铝土矿中的 Al_2O_3 与加入的 Na_2CO_3 反应形成易溶于水或稀碱的固体铝酸钠（$Na_2O \cdot Al_2O_3$），同时使杂质硅、铁、钛等生成原硅酸钙（$2CaO \cdot SiO_2$）、铁酸钠（$Na_2O \cdot Fe_2O_3$）、钛酸钙（$CaO \cdot TiO_2$）等。

（2）用调整液溶出熟料中的 Na_2O 与 Al_2O_3，得到铝酸钠溶液，与进入赤泥的原硅酸钙、钛酸钙以及 $Fe_2O_3 \cdot H_2O$ 等不溶性残渣分离。

（3）熟料的溶出液（粗液）进行专门的脱硅净化，脱硅后的精液经 CO_2 分解产出 Al_2O_3。碳分母液蒸发浓缩后返回配料。

4.2.5.2 烧结法的基本流程

碱石灰烧结法生产氧化铝的工艺过程主要有：生料配料，炉料烧结，熟料溶出，赤泥分离与洗涤，粗液脱硅，碳酸化分解，氢氧化铝分离和洗涤，氢氧化铝煅烧，母液蒸发。碱石灰烧结法的基本流程如图 4-6 所示。

（1）生料配料。铝土矿生料组成包括铝土矿、石灰石（或石灰）、新纯碱、循环母液和其他循环物料。按一定摩尔比配料，使铝土矿中的 Al_2O_3、Fe_2O_3、SiO_2 在适宜的烧结温度下，相应地全部生成 $Na_2O \cdot Al_2O_3$、$Na_2O \cdot Fe_2O_3$、$2CaO \cdot SiO_2$。从原则上看，标准配方的熟料可以得到更高的 Al_2O_3 和 Na_2O 的溶出率。

（2）炉料烧结。生料的烧结在回转窑内进行，制取主要含铝酸钠、铁酸钠和硅酸二钙的熟料。配制合格的生料浆送入熟料窑内，在 1200～1300℃的高温下发生一系列的物理化学反应，主要使氧化铝与纯碱化合成可溶于水的固体铝酸钠，而氧化铁与纯碱化合成可以水解的铁酸钠，其他杂质化合成不溶性的盐，并且烧至部分熔融，冷却后得到多孔的

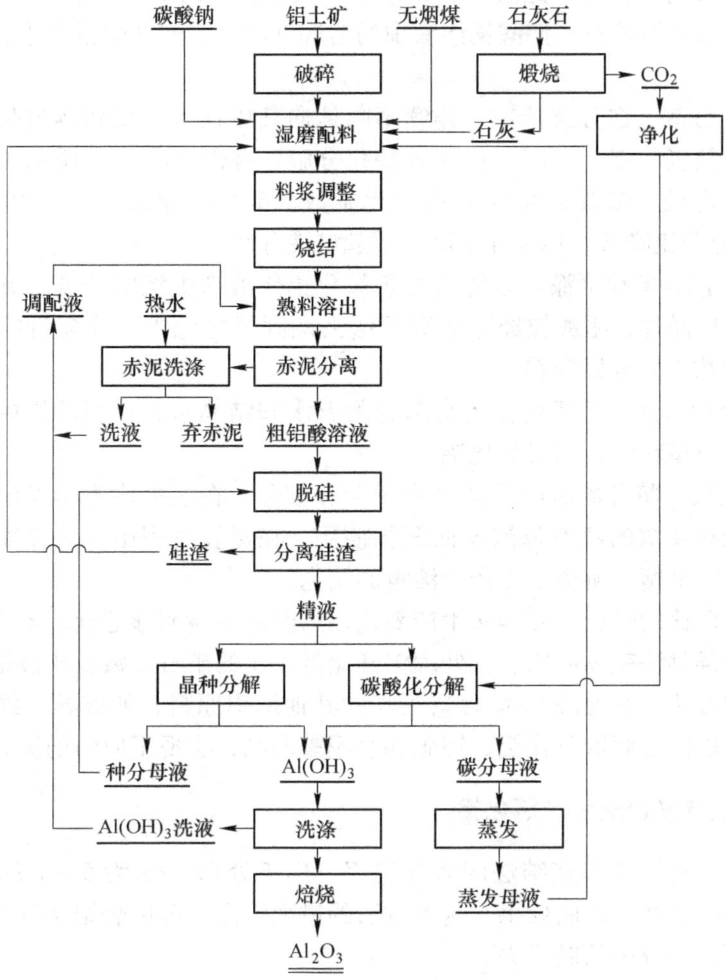

图 4-6 碱石灰烧结法生产氧化铝的工艺流程

块状熟料。

(3) 熟料溶出。熟料经过破碎达到要求的粒度后，用生产过程中产生的赤泥洗液和氧化铝洗液配制的稀碱液（生产上称为调整液）在球磨机内进行粉碎性溶出，使有用成分 $Na_2O \cdot Al_2O_3$ 尽可能完全转入溶液，而杂质 Fe、Ca、Ti、Si 的氧化物则转入赤泥。

(4) 赤泥分离与洗涤。为了减少溶出过程中的化学损失，赤泥和铝酸钠溶液必须快速分离，为了回收赤泥溶液带走的有用成分 Al_2O_3 和 Na_2O，将赤泥进行多次反向洗涤再排入堆场。

(5) 粗液脱硅。熟料溶出过程中，原硅酸钙不可避免地与溶液发生反应，造成粗液中会有 5~6g/L 的 SiO_2，这部分杂质将影响成品氧化铝的质量。为了保证产品质量，粗液必须进行专门脱硅处理，制成精液，使其中 SiO_2 的含量降到 0.2g/L 以下。脱硅后的固体产物称为硅渣。硅渣及其附液中含有相当数量的有用成分，所以要返回配料加以回收。脱硅分为常规脱硅法和深度脱硅法。前者是把粗液加热并搅拌，使溶液中的 SiO_2 与 $NaAl(OH)_4$

反应生成水铝硅酸钠（称为钠硅渣）析出。深度脱硅法是向溶液中加入石灰，使 SiO_2 生成水化石榴石。水化石榴石在铝酸钠溶液中的溶解度比水合铝硅酸钠更小，因而能达到深度脱硅的效果。

（6）碳酸化分解。在分解槽中，连续不断地向其中通入二氧化碳气体，可以使铝酸钠溶液分解析出氢氧化铝，生产上称为碳酸化分解，有部分精液要添加种子进行晶种分解，以制得种分母液，来提高精液的苛性化系数。碳分的原理是 CO_2 中和了溶液中的 NaOH，使溶液分子比降低，稳定性下降，引起溶液分解。

（7）氢氧化铝分离和洗涤。分解后的氢氧化铝浆液送去沉降分离，并按颗粒大小进行分级，细颗粒作晶种，粗颗粒经过洗涤后送去烧制氢氧化铝。分离后的母液（有种分和碳分）经蒸发浓缩后返回配料。

（8）氢氧化铝焙烧。氢氧化铝还有部分附着水和结晶水，在循环炉内经过高温脱水并进行一系列的晶型转变，制得氧化铝。

（9）母液蒸发。将分离后的母液（有种分和碳分，在这里称为蒸发原液）经过蒸发器浓缩为符合配料要求的蒸发母液返回配料使用。在蒸发过程中，又浓缩了流程中的水分，使液量保持了平衡，避免了生产中液量的堵塞。

随着矿石铝硅比的降低，拜耳法生产氧化铝的经济效益明显恶化。对于铝硅比低于 7 的矿石，单纯的拜耳法就不适用了。处理铝硅比低于 4 的矿石，碱石灰烧结法几乎是唯一得到实际应用的方法。在处理 SiO_2 含量更高的其他炼铝原料，如霞石、绢云母以及正长石时，烧结法可以同时制取氧化铝、钾肥和水泥等产品，实现了原料的综合利用。

4.2.6 拜耳－烧结联合法生产氧化铝

这是一种采用拜耳法和烧结法的联合流程，用于处理 A/S 为 5～7 的中等品位铝土矿，可取得较单一方法更好的效果。这类方法的最大特点是可用烧结法系统所得的铝酸钠溶液来补充拜耳法系统中的碱损失。

拜耳－烧结联合法生产氧化铝的工艺有三种形式，即串联法、并联法和混联法。并联法是用拜耳法处理铝硅比高的铝土矿，用烧结法处理铝硅比低的铝土矿，烧结法部分的铝酸钠溶液并入拜耳法系统进行晶种分解，以补充拜耳法系统的苛性碱损失。串联法是用拜耳法处理中低品位的铝土矿，再用烧结法处理含有大量氧化铝和苛性钠的拜耳法赤泥，所得铝酸钠溶液并入拜耳法系统。混联法是在串联法的基础上研制的，在拜耳法赤泥中添加一部分铝硅比低的矿石作为烧结法的原料，以解决串联法的烧结法向拜耳法系统供碱不足的问题。世界上只有美国、前苏联和中国采用拜耳－烧结联合法，美国和前苏联采用串联法处理低品位三水铝石型铝土矿，中国采用混联法处理高硅低铁的铝土矿。

4.3 电解铝生产工艺

现代铝工业生产，主要采用冰晶石－氧化铝熔盐电解法。直流电通入电解槽，在阴极和阳极上发生电化学反应。电解产物，阴极上是液体铝，阳极上是气体 CO_2（75%～80%）和 CO（20%～25%）。在工业电解槽内，电解质通常由 95%（质量分数）冰晶石与 5% 氧化铝组成，电解温度为 950～970℃。电解液的密度约为 2.1g/cm^3，铝液密度为

2.3g/cm^3，两者因密度差而上下分层。铝液用真空抬包抽出后，经过净化和过滤，浇铸成商品铝锭，其纯度可达到99.5%～99.8%。阳极气体中还含有少量有害的氟化物、沥青烟气和二氧化硫。经过净化后，废气排入大气，回收的氟化物返回电解槽内。

炼铝的原料是氧化铝，工业氧化铝的物理性能，对于保证电解过程正常进行和提高气体净化效率，关系甚大。一般要求它能够较多较快地溶解在熔融的冰晶石里，并且能够在气体净化装置里有效地吸收HF气体。生产1t铝从理论上计算需要1889kg氧化铝。实际上，由于工业氧化铝中Al_2O_3含量不到99%，加上加料过程中的机械损失，生产1t铝所需的工业氧化铝量为1920～1940kg。

冰晶石是氧化铝的溶剂。氧化铝能够溶解在冰晶石熔液中，在962℃时约溶解11%。冰晶石－氧化铝熔液在950℃左右能够良好地导电，它的密度比同一温度下铝液的密度小10%左右，因而能够保证铝液与电解液分层。在这种熔液里基本上不含有正电位超过铝的元素，从而能够保证电解产物铝的质量。此外，冰晶石－氧化铝熔液基本上不吸水，在电解温度下它的蒸气压也不高，因而具有较大的稳定性。

在铝电解过程中，具有很大侵蚀性的高温冰晶石熔液直接同电极接触。在各种材料中，能够抵御这种侵蚀并且能够良好地导电而又价格低廉的只有炭素。目前铝工业上均采用炭阳极和炭阴极。炭阳极在电解过程中参与电化学反应而连续消耗，炭阴极原则上只破损而不消耗。在炭阴极上经常有一层铝液覆盖着，这层铝液实际上就是阴极。铝电解用的阳极可分为自焙阳极与预焙阳极两大类。

铝工业需用大量的廉价电能。水电是最佳的选择，其次是核电，煤电次之。目前，在全世界的铝工业中，大约70%的电能来自水电和核电，其余30%来自煤电和天然气发电。

4.3.1 工业铝电解质物理化学性质

4.3.1.1 铝电解质的熔度

由两种或更多的晶体物质组成的混合熔体，在冷凝时也有一个固定的初晶温度，即熔度。它是随混合熔体的组成而变化的。电解过程的温度至少应该高出电解质的熔度10～15℃，铝电解过程的温度一般为950℃左右，比铝的熔点（660℃）高了很多，如果铝电解过程的温度能够降低，对于降低电能消耗、减少电解质的损耗、延长设备的寿命都有好处。

为了降低熔体的初晶温度，目前常用的添加剂有CaF_2、MgF_2、LiF和NaCl。随着CaF_2添加量的增加，$Na_3AlF_6-Al_2O_3$熔体初晶温度降低；MgF_2的作用较CaF_2要更加明显，目前工业铝电解生产中，MgF_2的添加量一般为3%～8%；据报道，添加5%的LiF，电解质的初晶温度将降低50℃左右；NaCl对初晶温度降低的梯度为4～5℃/1% NaCl，而氧化铝溶解度的降低速率为0.3%～0.4%/1% NaCl，但含有NaCl的电解质对铁器和铜母线均有侵蚀，而且凝固后较坚硬致密，因此，铝电解槽中NaCl的添加量不宜超过10%。

4.3.1.2 铝电解质的密度

对于铝电解质来讲，密度是一个重要的性质，它直接影响着电解质熔体和铝液分离是否良好。在常用添加剂中，CaF_2和MgF_2的添加使电解质的密度增大。就影响程度而言，

CaF_2 大于 MgF_2。添加剂 LiF 和 NaCl 对 $Na_3AlF_6-Al_2O_3$ 系熔体密度的影响与之相反，它们都使熔体的密度明显地降低。

4.3.1.3 铝电解质的电导率

熔体的电导率是指长 1cm、截面积 $1cm^2$ 的体积的熔体的电导，也称为比电导。工业铝电解质的电导率随着生产的进行，呈周期性变化。工业铝电解质中的炭渣使其电导率降低。据测定，电解质含炭 0.6%，电导率下降 10% 左右。因为炭粒在熔体中实际上起到绝缘体的作用，从而使熔体真实导电截面积减小，粒渣含量越大，电导率降低的幅度也越大。实践表明，当电解质大量含炭（病槽）时，槽电压便自动升高。添加 MgF_2，能很好分离炭渣，故 MgF_2 能间接地提高电解质的电导率。工业电解质中通常悬浮着固体的 Al_2O_3，也会减小熔体的有效导电截面，使电解质的电导率降低，这也是加工后槽电压自动升高的原因之一。槽底沉淀因搅动而返回电解质中时，也具有同样的作用，故生产中不宜搅动槽底沉淀物。

研究表明，电解质熔体中的 Al_2O_3 每提高 1%，电导率下降 $4.28\times10^{-2}\Omega^{-1}\cdot cm^{-1}$；在 960℃时，LiF 含量每增加 1%，电导率增大 2%；添加剂 CaF_2 一般来讲会降低熔体的电导率，但它能促使电解质与炭渣分离；冰晶石摩尔比增大、温度升高都将使熔体的电导率提高。

4.3.1.4 铝电解质的黏度

生产中，电解质的黏度应当适当。黏度太大，对铝液和电解质的分离、阳极气体的排出、炭渣与熔体的分离、电解质的循环、氧化铝的溶解等过程不利。此外，黏度大，熔体的电导率也将降低；相反黏度太小，虽然能消除上述不良影响，却加速了铝的溶解与再氧化反应而使电流效率降低。

铝电解质的黏度随着温度的升高而逐渐变小，生产中氧化铝的浓度升高，黏度也会明显地提高。研究表明，随着 CaF_2 和 MgF_2 含量的增加，熔体的黏度也随之增大，其中 MgF_2 的影响大于 CaF_2。其原因是 Mg^{2+} 和 Ca^{2+} 在熔体中能构成体积大的阴、阳配离子，如 $MgAlF_7^{2-}$。同样，LiF 和 NaCl 的添加将使得冰晶石－氧化铝熔体的黏度降低，其中以 LiF 的作用更明显。

4.3.1.5 铝电解质熔体的表面性质

铝电解质熔体的表面性质是熔体与其他物质接触时，表面或界面之间相互作用时所表现出的特性。

（1）电解质熔体在气相中的表面张力。在气相中，溶体表面质点（分子、原子、离子）因受内层作用力的影响，具有向内收缩的趋势，表面质点对内部产生一种压力，这种力就称为表面张力。能够降低熔体表面张力的物质称为表面活性物质，反之为非表面活性物质。电解质熔体中 AlF_6^{3-}、AlF_4^-、$AlOF_2^-$、$AlOF_3^{2-}$ 等离子都使熔体的表面张力降低。将 AlF_3 和 Al_2O_3 添加到 NaF 或 Na_3AlF_6 熔体中便能生成上述离子。对于 Na_3AlF_6 熔体，AlF_3 和 Al_2O_3 均是表面活性物质。实践表明，作为表面活性物质的 AlF_3 大多集中于表面，即熔体表面 AlF_3 浓度大于内部浓度，故 AlF_3 的挥发损失较大，而且温度越高，摩尔比越小，AlF_3 的损失越大。就此而论，铝电解质的摩尔比不能太低。

（2）电解质－铝液界面张力。界面张力实质上也是表面张力，所不同的是前者的接触相是一种不相容的液体（或熔体），而后者的接触相是气体。研究表明，添加剂中只有KF和NaCl是界面活性物质，其他如LiF、CaF_2、MgF_2都是非界面活性物质。在铝电解生产中，电解质－铝液界面张力增大，有利于铝液界面的收缩，使铝的溶解损失减少，从而提高电流效率。

（3）电解质在碳素材料上的润湿性。在生产中，电解质对炭的润湿性要求适中。太大加速熔体对内衬、槽底的渗透，造成电解槽过早的破损；太小又易发生阳极效应。AlF_3、Al_2O_3、NaCl都能增加电解质在碳素材料上的润湿性；而CaF_2、MgF_2的添加能使炭渣与熔体分离，即熔体与炭的润湿性变差了。

4.3.1.6 铝电解质的蒸气压

铝电解质的蒸气压直接关系到氟化盐的消耗以及对生态环境的污染。铝电解质蒸气压随着AlF_3含量（或NaF/AlF_3摩尔比的降低）的增加而迅速增大，显然是AlF_3易于挥发的结果，且温度升高，熔体的蒸气压也随之升高。在冰晶石－氧化铝熔体中添加CaF_2、MgF_2和LiF都使熔体蒸气压降低。对降低氟化盐的挥发损失来讲，首先应该降低电解温度，其次是电解质的摩尔比。

4.3.1.7 铝电解质的离子迁移数

在电解过程中，通过熔体的电流是由离子迁移而转移的。离子迁移数就是某种离子输送电荷的数量，或者说输送电荷的能力。熔体中，几乎全部电流都由Na^+传递。

4.3.2 氧化铝在电解质中的溶解行为

铝电解的主要原料是氧化铝，它能否顺畅地溶解进入电解质关系到铝电解槽的生产能否顺利进行，生产过程是否平稳、是否产生沉淀以及是否产生病槽等问题，相应地影响到电流效率、电能消耗和物料消耗。

向电解质加入冷的氧化铝时，氧化铝进入熔体后，细散颗粒的外层会生成一层薄的凝固电解质，如果氧化铝经过预热达到足够的温度则不出现凝固的外壳，这些氧化铝在缓慢降落的过程中，一面吸热，使本身的温度达到电解质的温度，一面逐渐溶解。氧化铝的溶解过程是一个强烈的吸热过程，根据计算，溶解1%的氧化铝，电解质的温度会下降14℃（如果所需的热全部由电解质提供），大约有一半这样的热量提供给颗粒加热用，另一半则提供给颗粒溶解。

4.3.2.1 细分散氧化铝的溶解

细分散氧化铝的溶解是指呈颗粒状的氧化铝，当加入熔体中并强烈搅拌时，这些分散的颗粒很快便溶解。氧化铝在电解质中溶解的影响因素如下：

（1）氧化铝在电解质中的沉降速度。氧化铝溶解在电解质中的数量与氧化铝在电解质中的沉降速度成反比。α-Al_2O_3在电解质的密度大于γ-Al_2O_3，因而前者在电解质中的沉降速度要比后者快。氧化铝在电解质中的沉降速度不仅取决于氧化铝（及其结块）的密度、电解质黏度和温度，而且也取决于氧化铝被湿润的情况。

（2）搅拌。无论气体搅拌还是机械搅拌，都有利于氧化铝溶解速度的提高。

（3）电解质温度。提高熔体的温度能加快氧化铝的溶解，在工业条件下，氧化铝经过预热更有利于溶解。

（4）氧化铝的物相组成。研究指出，α-Al_2O_3 要比 γ-Al_2O_3 溶解情况差，约比后者慢1/3，工业氧化铝含有20%～75%的 α-Al_2O_3，这种氧化铝的溶解速度居中。

（5）添加剂的加入。冰晶石熔体含有不同的添加剂（CaF_2、MgF_2、AlF_3、NaCl）时，随着这些添加剂的增多，氧化铝的溶解时间增加，特别是摩尔比降低时，氧化铝溶解时间延长。

4.3.2.2 部分聚集状氧化铝的溶解

聚集状氧化铝是指加入电解槽中的氧化铝，在接触电解质后本身在加热过程中所形成的块体。聚集状氧化铝与细分散氧化铝的溶解行为与规律基本一样，具体如下：

（1）氧化铝的沉降情况。点式下料器加入氧化铝时，氧化铝首先在电解液表面铺展开，它们在加热过程中呈现出浮动的状态；砂状氧化铝接触到熔融电解质时，它的底部能出现凝固的薄壳，上部则处于干燥状态，逐渐被由下往上伸展的电解质所湿润，而后逐渐沉降。

（2）氧化铝相态对溶解速率的影响。α-Al_2O_3 要比 γ-Al_2O_3 溶解情况差。

（3）添加剂的影响。电解质熔体中存在添加剂时，能降低氧化铝的溶解速率。

（4）温度的影响。当电解质熔体的温度升高时，氧化铝在熔体中的溶解速率增大。

（5）过热度的影响。高的过热度和搅拌速率都能加速氧化铝的溶解。

（6）氧化铝灼减的影响。高灼减有利于溶解过程。

4.3.3 铝电解的电极过程

4.3.3.1 阴极过程

电解质中，Na^+是电流的主要传递者，所传输的电流达到总数的99%。在单一熔盐电解过程中，传输电流的离子往往就是在电极上放电的离子。但是在复杂的熔盐体系中，如冰晶石－氧化铝熔体究竟是何种离子放电，则要根据它们的电极电位来确定。在其他条件相同时阳离子电位越正，则在阴极上放电的可能性越大，反之亦然。因此，在复杂的熔盐体系的电解过程中，就可能出现某种离子传递大部分电流，而在电极上放电的却是另外一种离子的现象。

在冰晶石－氧化铝熔体中，已经证实在1000℃左右，纯钠的平衡析出电位比纯铝的约负250mV。同时研究表明，在阴极上离子放电时，并不存在很大的过电压。因此阴极上析出的金属主要是铝。即铝是一次阴极产物。阴极反应是：

$$Al^{3+}(\text{配离子}) + 3e = Al$$

但是冰晶石－氧化铝熔体中并不存在单独的 Al^{3+}，铝是包含在铝氧氟配离子中的。因此，Al^{3+}放电之前首先发生铝氧氟配离子的解离，但也不排除配离子直接放电的可能性。

然而，冰晶石－氧化铝熔体中钠和铝析出电位的差值并非一成不变，而是随着电解质摩尔比的增大、温度的升高、Al_2O_3 浓度的减少以及阴极电流密度的提高等而缩小的。当两者电位差降低到接近于零时，钠离子就有可能同铝离子一同放电，造成电流效率的损失。

在工业电解槽上，为了保证铝的一次反应能充分进行，宜采用酸性电解质体系，在较低的温度下电解，并维持尽可能大的 Al_2O_3 浓度。此外，槽内还须具备良好的传质条件，防止 Na^+ 在阴极上大量积聚。

4.3.3.2 阳极过程

冰晶石－氧化铝熔体电解的阳极过程是比较复杂的。这是由于阳极与阴极不同，炭阳极本身也参与电化学反应。铝电解时的阳极过程是配位阴离子中的氧离子在炭阳极上放电析出 O_2，然后与炭阳极反应生成 CO_2 的过程。

$$2O^{2-}(\text{配离子}) + C - 4e = CO_2$$

因此，一次阳极产物应该是 CO_2 气体。但是，工业槽上的阳极气体总是含有 20% ~ 30% 的 CO，这是由于炭渣的存在，或 CO_2 气体渗入阳极孔隙中以及溶解在电解质中的铝再氧化反应所致。

4.3.3.3 非正常条件下钠的析出

尽管在铝电解环境下铝优先放电析出，但钠与铝的析出电位差仅为 250mV，相差不大。当电解条件变更时，钠也会优先析出，或与铝同时析出。这些条件是：电解温度、电解质的摩尔比、氧化铝浓度和阴极电流密度。当电解槽的温度升高、电解质的摩尔比增大、阴极电流密度增大时，钠都有可能优先析出；并且电解槽局部过冷，使该处阴极附近电解质中钠离子向外扩散受阻，此时该阴极区内电解质中 NaF 含量高，钠有可能优先析出。析出后的钠主要去向是向炭素内衬渗透，引起阴极的体积膨胀和开裂。

4.3.3.4 阳极过电压

铝电解生产中，阴极过电压很小，然而阳极过电压却很大。铝电解过程的理论分解电压为 1.2V（960℃）左右，而测得的实际分解电压达 1.45 ~ 1.65V，甚至更高。两者相差 250 ~ 500mV，其原因就是阴、阳极上存在过电压，特别是阳极过电压。产生阳极过电压的原因很多，归纳起来有四个方面：

（1）阳极反应过电压。铝电解阳极主反应是铝氧氟离子中的 O^{2-} 放电，并与炭阳极反应生成 CO_2。这一过程极其复杂，其中炭氧结合物的生成和分解过程迟缓，这是产生过电压的主要原因。此外，含氧配离子进入炭阳极孔隙，以原子态氧进入碳的晶体，再成为 CO_2 解吸出来，也同样会产生反应过电压。

（2）阳极电阻过电压（气膜电阻）。阳极上吸附着大小气泡以及气泡的胚芽都起着阻碍电流的作用，而引起过电压，故又称为气膜电阻。从电解槽可以观察到槽电压是随着阳极气泡的逸出而波动的。并且波动的次数与气泡逸出声响的起伏是对应的。这种过电压随 Al_2O_3 浓度的降低而增大，特别是临近阳极效应时猛增；此外，还随阳极表面积的增大而增大。

（3）浓差过电压。铝电解过程中，阳极近层氧离子浓度减少，氟化铝浓度增大而造成了浓差过电压，它随着 Al_2O_3 浓度的减少而增大。

（4）势垒过电压。在阳极附近的熔体中，有许多不在阳极上放电的离子，它们的存在使阳极附近形成了一个电化学屏障，阻碍含氧配离子在阳极上放电。突破这道屏障就需要能量，于是产生了势垒过电压。

综上所述，阳极过电压就是这四项之和。而阴极过电压只有后面的两项，所以它比较小。

4.3.3.5 阳极效应

铝电解过程中的阳极效应现象是：阳极周围（指与熔体接触的部位）电弧光耀眼夺目，并伴有噼噼啪啪的声响，阳极周围电解质却不沸腾，没有气泡大量析出。电解质好像被气体排开，电解槽的工作处于停顿状态。此时槽电压由原来的4V猛升到30～50V，甚至更高，与电解槽并联的指示灯发亮，表示该槽发生了阳极效应。

铝电解生产过程中，发生阳极效应的难易程度通常可用“临界电流密度”来判断。临界电流密度是指在一定条件下，电解槽发生阳极效应时的最低阳极电流密度。它与熔盐的性质、温度、阳极性质、添加剂等很多因素有关。但是，对铝电解来讲，上述因素基本上是固定的，唯一明显变化的是电解质中氧化铝的浓度。实践证明，阳极效应发生之际，正好是氧化铝缺少之时。工业铝电解槽阳极电流密度一定，当电解质中 Al_2O_3 浓度减少到0.5%～1.0%时，它便超过了临界电流密度，于是发生阳极效应。

4.3.4 电解槽的结构

4.3.4.1 预焙阳极电解槽

预焙阳极电解槽又可分为不连续式（图4-7）和连续式（图4-8）两种，前者是目前工业采用最多的槽型。

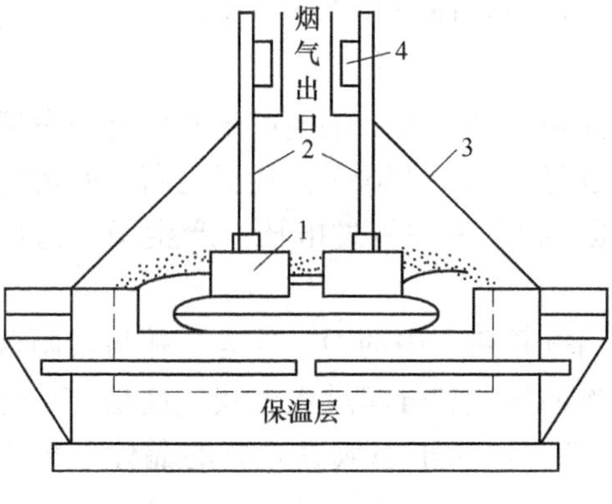

图4-7 现代不连续预焙槽结构示意图
1—预焙阳极；2—铝导杆；
3—槽罩；4—阳极母线大梁

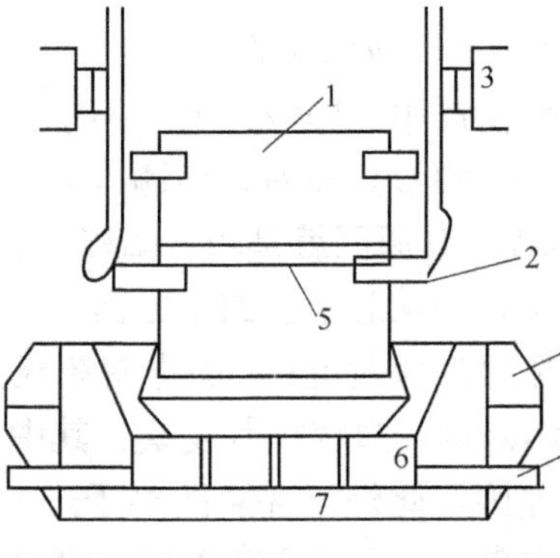

图4-8 连续预焙槽结构示意图
1—阳极炭块；2—阳极棒；3—阳极母线；4—槽壳；
5—炭块接缝；6—阴极炭块；7—保温层；8—阴极棒

预焙槽的结构主要可分为阳极装置、阴极装置和导电母线系统三大部分。

（1）阳极装置。它由三个部分组成，即阳极母线大梁、阳极炭块组和阳极升降机构。

预焙槽有多个阳极炭块组，每一组包括2～3块预制阳极炭块。炭块、钢爪、铝导杆组装成电解用阳极。钢爪由高磷生铁浇铸在炭碗中，与炭块紧紧地黏结。铝导杆则是采用渗铝法和爆炸焊与钢爪焊接在一起的。铝导杆通过夹具与阳极母线大梁夹紧，将阳极悬挂在大梁上。

阳极母线大梁承担着整个阳极的重量，并将电流通过阳极输入电解槽。它由铸铝制成，由升降机构带动上下移动，以调整阳极的位置。

预备阳极炭块组数取决于电解槽的电流强度、阳极电流密度以及炭阳极块的几何尺寸。

（2）阴极装置。它由钢制槽壳、阴极炭块组和保温材料砌体三部分组成。

铝电解槽的槽壳是用钢板焊接，或铆接而成的敞开式六面体。它分为无底槽壳和有底槽壳；并有背撑式和摇篮式两种。目前多采用有底槽壳。所谓无底槽壳是就其槽壳是个空的框架，底面没有钢板。为了增强槽壳的强度，槽壳四周和底部用筋板和工字钢加固。

阴极炭块组包括阴极炭块和钢棒。钢棒镶嵌在阴极炭块的燕尾槽内，也是用高磷生铁浇铸，使铁棒与炭块紧密连接在一起。

保温耐火砌体由各种耐火砖、保温砖砌筑而成。在槽壳中自下而上一般砌有2～3层石棉板，铺有一层70mm厚的Al_2O_3粉，再砌上2～3层硅藻土保温砖、两层黏土砖、捣固一层炭素糊，最后按错缝方式安放好阴极炭块组、炭块间的缝隙要用底糊捣实填充。槽壳与其上窗口（阴极帮引出口）各处，均须用水玻璃、石棉灰调和料密封，以免在生产中炭块与空气接触而氧化。

电解槽的四侧由外至里地砌有石棉板（或作为伸缩缝）、耐火砖和侧部炭块。由槽壁内衬和槽底炭块围成的空间称为槽膛，其深度一般是500～600mm。槽膛四周下部用炭糊捣固成斜坡，称为人工伸腿，以帮助铝液收缩于阳极投影区内。

整个槽壳安装在水泥基底上，槽壳与基底之间安放有电气绝缘材料，以确保安全生产。

（3）导电母线及其配置。铝电解槽的导电母线系统包括阳极母线、阴极母线、立柱母线和槽间连接母线。它们都是用大截面的铸造铝板。除此之外，还有阴极软母线和阴极小母线，前者用于立柱和阳极母线之间的连接，后者则用于阴极钢棒和阴极母线之间的连接。

连续式预焙阳极电解槽的显著特点是采用一种特制的炭糊将预制阳极块粘接在快耗尽的阳极上，炭糊在电解过程的高温下焦化，而将新旧阳极块结成为一个整体。电流从侧部导入。这种槽型与不连续预焙槽相比，消除了残极，阳极连续使用，无须更换阳极；同时也消除了因更换阳极而引起的电流分布不均、阳极消耗不均的现象。而缺点是阳极接缝处电阻大，阳极结构复杂，热损失大。因而其技术经济指标低于不连续预焙槽。

4.3.4.2 自焙阳极电解槽

20世纪20年代，铝工业受到铁合金电弧炉所用自焙电极的启发，开始采用自焙阳极。这种阳极在电解过程中只要定期地补充阳极糊，阳极就可以连续使用。因此，省去了阳极炭块的煅烧工序，而且没有残极需要处理，使生产成本大大降低。它与当时的小型预焙槽相比，阳极减少，操作简化；还能适应较大的电流强度，产能扩大，技术经济指标大为改善。目前，对于中、小型铝厂，这种电解槽仍具有投资少、见效快的优点。铝工业最先采用的是侧部导电自焙槽，简称侧插槽（图4-9）。20世纪40年代，又出现了上部导电自焙阳极槽，简称上插槽。

（1）侧插槽。它的阳极装置由炭阳极、阳极框架以及阳极升降机构三部分组成。

炭阳极的外部是安放在阳极框架中的1～2mm厚的铝箔箱。阳极糊（经1300℃左右高温煅烧的沥青焦、石油焦等作为骨料和黏结剂的沥青的块状碳素材料）由铝箱上口加入。在电解过程中，阳极糊借助本身的电阻热和电解质传递来的热焙烧成型。焙烧后烧结成型的部分称为“阳极锥体”。阳极棒须在烧结前钉入，并与水平线成15°～20°。在电解过程中，铝箱和炭阳极一同消耗，阳极糊不断烧结焦化，保持锥体的稳定，故又称为连续自焙阳极。

阳极框架由槽钢和钢板焊制而成，框在铝箱外围。它的下部挂有“U”形吊环，用来套住阳极棒头，使阳极能随它一起升降。阳极框架装有滑轮组，通过钢丝绳悬挂在阳极升降机构上。它的作用除升降阳极外，还能起到维护铝箱外形，使之能够经受液体糊受热的膨胀作用。

阳极升降机构主要由电机、减速机、滑轮组组成，其作用是在必要时升、降阳极。

除上述之外，现代侧插槽还安装有料斗和阳极罩，或卷帘、吊门等，后者的作用是保障车间环境、收集废气以便净化处理。

（2）上插槽。它是由炭阳极、阳极框套、集气罩、阳极气体燃烧器和阳极升降机构组成，其阳极装置如图4-10所示。

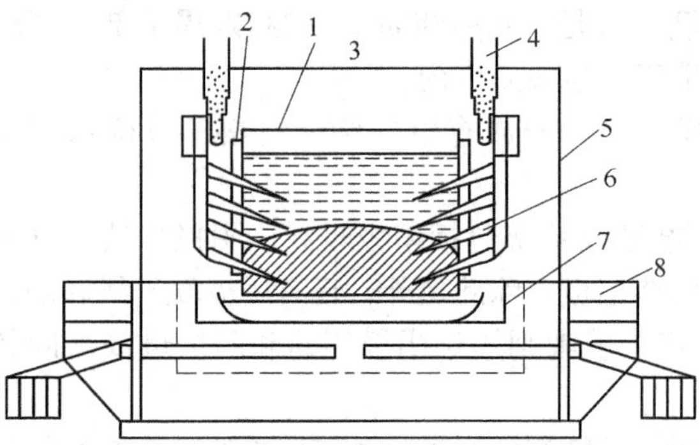

图4-9 侧部导电自焙阳极电解槽

1—铝箱；2—阳极框架；3—阳极锥体；4—Al_2O_3 料斗；5—槽罩；6—阳极棒；7—阴极棒；8—槽钢壳

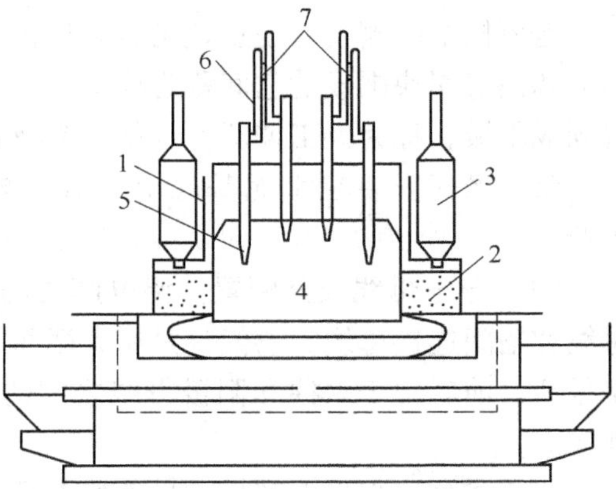

图4-10 上部导电自焙阳极电解槽

1—阳极框套；2—集气罩；3—燃烧器；4—炭阳极；5—阳极棒；6—铝合金导杆；7—阳极母线大梁

炭阳极：它与侧插槽炭阳极一样也是由阳极糊连续自焙而成。阳极棒垂直插到阳极锥体内。其主要不同点是拔棒后留下的棒孔要由上层液体糊充填，生成所谓“二次阳极”，所以阳极糊较侧插槽用的阳极糊的流动性稍大。

阳极棒：通过爆炸焊焊接在铝合金导杆上的钢棒。钢棒插入炭阳极，插入深度按四个水平面配置。铝导杆用夹具和阳极母线大梁紧接。与侧插槽同样，钢棒也须在阳极糊未烧结前插入，待烧结后才能使用。阳极棒的作用，一方面作导电体；另一方面承担整个阳极的重量。

阳极框套和集气罩：炭阳极的外围为阳极框套，它是用10mm厚的钢板焊成的，且用型钢加固。框套的下缘四周装有铸铁集气罩，且延伸到面壳上的氧化铝料层内，将面壳上部空间密闭起来。阳极气体汇集在集气罩内并在燃烧器内燃烧，然后再送去净化系统处理。

阳极上的主、副提升机构：主机用来升降阳极母线大梁和炭阳极，而副机用来升降阳极框套。

目前，铝工业发展的主流是采用大型预焙槽，它们的产能已占世界总产能的40%；其次是上插槽（27%）；侧插槽约为22%。近年来新建铝厂多采用大型中间下料预焙槽。

除上述四种槽型外，铝工业界都在进行新型电解槽的研究，如多室电解槽，惰性阴极，惰性阳极电解等。但至今还无工业应用的报道。

4.3.5 电解槽的操作

铝电解槽的常规作业，无论是自焙槽还是预焙槽，其主要内容都包括有加料、出铝和阳极工作三个部分，其具体内容依槽型不同而有所不同。

4.3.5.1 加料

铝电解槽的加料作业，就是定时定量地向电解槽中补充氧化铝，新型电解槽采用所谓连续或点式下料，每次下料之间也有规定的时间间隙，连续下料的间隙，则只有20s左右，点式下料是每隔几分钟下一次。

下料的目的在于保持电解质中 Al_2O_3 浓度稳定。电解质熔体中 Al_2O_3 含量一般为5%～8%。但近年来，大型槽采用连续下料或点式下料后，Al_2O_3 浓度一般只有2%～3%，甚至更低。因为保持低的浓度，电流效率可达94%。同时可以使 Al_2O_3 迅速溶解，而不致产生沉淀或悬浮在电解质中，这对提高电流效率是有利的。

大型槽的下料大都是借助于电子计算机自动控制，下料部位可在边部，也可在炭块中间，后者更具有优越性，即无需打开槽罩。间断加料作业过程是由天车联合机组或地面龙门式联合机组来完成的。中、小型槽通常采用地爬式打壳机作业。

铝电解的加料作业程序是先扒开在壳面上预热的氧化铝料层，再打开壳面，将氧化铝推入熔体，然后往新凝固的壳面上添加一批新氧化铝，不允许将冷料直接加入电解质中。我国在生产中总结了“勤加工、少下料”的操作法，对于中型槽实现稳产高产是行之有效的。加料作业除补充 Al_2O_3 外，通常要伴随着调整电解质组成，如补充添加剂、调整电解质的冰晶石摩尔比等，故加料（主要是每天的第一次加工）前要取样分析电解质成分。待添加的氟化盐要和氧化铝混合好，铺在壳面上预热，其上再以氧化铝覆盖，然后在加工时加入。

4.3.5.2 出铝

电解出的铝定期、定量地从电解槽中取出。每两次出铝之间的时间称为出铝周期。中型槽一般为1～2天，大型槽每天出一次，每次出铝量大体上等于在此周期内的铝产量。

出铝一般用真空抬包来完成，抽出的铝液运往铸造部门。在铝锭铸造前，铝液要经溶剂净化、质量调配、扒渣澄清等一系列的处理，这些过程一般都在混合炉内按一定顺序依次进行，然后铸造成各种形状的铝坯或商品铝锭。

工业电解槽取出的铝液，通常含有三类杂质：

（1）铝电解过程中，随同铝一道析出的金属杂质，如Si，Fe、Na、Ti、V、Zn、Ga等，总量达1‰或更多。

（2）非金属固态夹杂物，如 Al_2O_3、炭和碳化物等。

（3）气体夹杂物，如 H_2、CO_2、CO、CH_4 和 N_2，其中最主要的是 H_2。这些夹杂物必须尽量除去，否则将影响铝的性能和质量。

铝液的净化方法有静置法和连续溶剂净化法。所谓静置法就是在尽可能低的温度下长时间地静止放置。该法可减少铝液中氢的含量，因为随着温度的降低，氢在铝液中的溶解度降低。也可以往铝液中通入气体达到除去氢的目的。如果所通气体为氯气不仅可除去氢，还可以除去部分金属杂质，并吸附固态夹杂物和气态夹杂物使之一并清除。但是氯气及所产生气体氯化物对环境和设备都存在腐蚀问题，现在铝工业中，一般采用 N_2 和 Cl_2 的混合气体来进行净化处理，其中 N_2 为90%或50%。这样既保留了纯氯气的优点，又减少了氯气对环境的污染。

4.3.5.3 阳极作业

阳极是电解槽的心脏，它的管理工作十分重要。阳极作业视电解槽的槽型以及电流导入方式而不同。

（1）自焙阳极槽的阳极作业。自焙阳极在电解过程中，阳极糊是借助电解高温完成焙烧成阳极锥体的。它在生产中因参与电化学反应而不断消耗，阳极工作的主要任务是补充阳极糊（习称下糊）和转接阳极小母线（上插槽无此项工作），工作步骤一般是：拔出快要接触电解质熔体的阳极棒，将小母线转接到已经进入锥体的阳极棒上，然后钉棒，即将阳极棒钉入快要焙烧成锥体的阳极糊中去。这样当糊体焙烧成锥体时，钉入的棒便可与之保持最好的接触，保证导电均匀。阳极工作应保持阳极均匀地焙烧，电流均匀地导入阳极，并保持阳极棒、阳极以及各金属导体之间应良好接触以降低电压降。阳极工作完毕后，要保持阳极不倾斜，在电解过程中不氧化、不掉块、无断层和裂缝现象。

（2）预焙阳极作业有三项：

1）定期地按照一定的顺序更换阳极块，以保持新、旧阳极能均匀地分担电流，保证阳极大梁不倾斜；

2）阳极更换后必须用氧化铝覆盖好；

3）抬起阳极母梁，因为大梁随着阳极块的消耗而位置降低，当达到不能再降的位置时，就必须将它抬高。

以上所述是铝电解槽正常生产的主要操作，操作质量是保证铝电解生产技术条件稳定的先决条件。除此之外，铝电解过程要进行的工作还有熄灭阳极效应和冰槽处理等。

4.3.6 铝电解的主要技术经济指标

在正常生产期，需要对各项工艺技术条件进行控制管理。这些工艺技术条件包括槽工作电压、加料量、铝水平和电解质水平、阳极效应、槽温等，在保证电解槽操作过程质量的前提下，控制好这些技术条件，电解槽才能长期在稳定状态下工作，获得高的电流效率和低的能量消耗。

4.3.6.1 槽工作电压

槽工作电压是指电解槽阳极母线至阴极母线之间的电压降，是与电解槽并联的直流电压表上反映出的计算机控制后的实际槽电压。在正常生产期，操作者要控制稳定的槽工作电压，因为槽工作电压对电解温度有明显的影响，过高或过低的电压都会给电解槽的运行带来变化。

槽工作电压过高会造成：（1）浪费电能；（2）电解质热量收入增多，会使电解走向热槽，炉膛被熔化，铝质量受影响；（3）铝损失速度加快，降低电流效率。

槽工作电压过低会造成：（1）最初因热收入减少可能出现低温时的好处，但由于电解质冷缩，产生大量的沉淀，很快使炉底电阻增加而发热，由冷槽转为热槽，其结果是损失可能比高电压时要大得多；（2）槽电压过低还可能造成压槽、阳极周边突出、滚铝和不灭效应等技术事故。

对槽工作电压的控制，要根据电解槽的实际情况要有一个预先设定值，在无计算机控制的情况下，需人工判断此值，并根据该值进行人工调整槽工作电压。而在计算机程序控制的情况下，同样人工判断此值但是要输入计算机，成为计算机控制电解槽运行的重要参数，这个值即是设定电压，另外由于正常电解槽的电压随时在变动，为避免计算机误判造成不停地升降阳极，要设定一定范围的电压波动值（100～150mV），电压波动只要在此范围内，计算机就认为电压正常而不做出反应。在调整设定电压时，必须同时实行其他调整热平衡的措施（如调整出铝量），不能单靠变更电压来维持。对设定电压应尽量保持稳定，避免在无干扰因素的情况下每天变动。

4.3.6.2 铝水平和出铝

在采用炭阴极的电解槽上，炉膛底部需积存一定数量的铝液，意义较大：

（1）保护炭阴极，防止铝直接在炭阴极表面析出，避免生成大量的碳化铝而腐蚀阴极及增加阴极电阻。

（2）铝液为良好的导热体，能够传导槽中心的热量到四周，使电解槽各处温度均匀。

（3）炉底有一层铝液，起到了平整炉底，减少水平电流的作用，并且高层铝液还能削弱电磁力的影响，减轻铝液波动。

（4）适当的铝液数量能够控制阴极炉膛的变化，可以增加阴极电流密度，有利于电流效率的提高。

因此，其数量必须同时满足电解槽的热设计和磁场设计，生产中应按计划数量保持。

生产槽中的铝液被装在所确定的炉膛内，在定型的炉膛中保持一定的高度，操作者通过对铝水平的控制来对出铝量进行控制。铝水平的高低是影响电解槽热平衡的重要因素，不适当的铝水平会对电解槽的正常运行产生有害的作用。

每台槽的出铝量应等于出铝周期内所产生的铝量，目的是保持槽内有稳定的铝水平，以使槽的热平衡不致被破坏。

4.3.6.3 极距

极距是铝电解槽中铝液界面至阳极底掌的垂直距离。极距既是电解过程中的电化学反应区域，又是维持电解温度的热源中心，对电流效率和电解温度有着直接影响。

增加极距能减少铝的损失，会使电流效率提高。这是因为溶解在铝液界面附近的电解质中的铝粒子和单价铝离子扩散和转移到阳极附近的距离增加，并且电解质的搅拌强度减弱的缘故。但是由于极距增加，槽工作电压也会升高，会增加电能的消耗。另外，电解质的热收入增多，温度升高又对电流效率产生不利影响。

缩短极距可降低槽电压，节省电能。但是过度地缩短极距会使铝的损失增加，降低电流效率。

当槽电压恒定时，极距会受到炉底、阳极电压降和电解质电阻的影响。当炉底、阳极电压降增高时，或电解质电阻变大时，极距就会被压缩。

所以，电解槽应从保持稳定的热平衡制度出发，在不影响电流效率的情况下保持尽可能低的极距，以便获得良好的技术经济指标。

在各类型电解槽中，极距一般保持在4～5cm之间，自焙槽偏低，预焙槽偏高。因为预焙槽的阳极数目众多，使每块阳极都严格地保持在同一水平距离有困难，另外预焙槽保温性能不如自焙槽，也使预焙槽的极距要略高一些。同时也不应有极距太低的炭块出现，因为这会引起电流分布不均，造成局部过热和槽工作电压的摆动。

4.3.6.4 电解温度

铝电解槽的电解温度是指电解质的温度，这是一个温度范围，一般取950～970℃，高出电解质的初晶温度15～20℃。它是生产中极为重要的技术参数。通过研究，铝的二次损失随电解温度的升高而增加，温度每升高10℃，则电流效率降低约1%。所以，在生产中力求降低电解温度，尽可能地在电解温度较低的条件下进行生产。

铝的熔点是660℃，如果为了制取液态铝，电解温度只需高出铝的熔点100～150℃即可。但是由于电解质的初晶温度要远远高于铝的熔点温度，因此电解温度的高低实质上取决于电解质的初晶温度，因为只有在电解温度总是要比其初晶温度高15～20℃的情况下才能进行生产。如果在生产中某电解质成分已定，其熔点较高，单纯为取得低电解温度而降低其温度，不但达不到目的，而且还往往导致相反的结果。这是因为电解温度过低造成电解质收缩，黏度增大，密度增加，电导率下降，氧化铝的溶解度降低。轻者使槽内产生大量沉淀，并很快转化为热槽。严重时还会出现铝液和电解质的熔体混淆，铝液上漂，生产恶化，使各项生产指标下降。所以，要想保持较低的电解温度，必须从调整电解质成分、降低其初晶温度入手。向电解槽中添加MgF_2、CaF_2或LiF，以及降低分子比，都可以达到降低电解温度的目的。

当然，正常电解温度的保持也需要其他技术参数的配合，因为各项参数的改变都能引起电解温度的变化。电流强度和槽工作电压的变化会影响电解质的热量收入变化，铝液和电解质的水平高低将影响电解热平衡和热惯性的好坏。所以，在生产中要综合调整各项技术参数，使电解温度稳定在规定范围内，其温度范围视电解槽的类型、工艺制度和电解质成分而定。

4.3.6.5 电解质成分

电解质主要是由熔融的冰晶石和溶解在其中的氧化铝组成，另外还有少量的MgF_2、CaF_2等添加物。电解质的成分决定了电解质的性质，其中分子比对电解质的物理性质影响很大。

（1）电解质分子比。目前电解铝生产上采用酸性电解质。其优点如下：1）电解质的初晶温度低，可降低电解温度；2）钠离子在阴极上放电析出的可能性小；3）电解质的密度和黏度降低，使电解质的流动性较好，并有利于金属铝从电解质中析出，铝液与电解质熔体分层清晰；4）电解质与炭素以及电解质与铝液界面上的表面张力增大，有助于炭粒从电解质中分离和减小铝在电解质中的溶解度；5）槽面上的电解质结壳松软好打，便于加工操作。

（2）电解质中的氧化铝含量。电解质中氧化铝含量不同，对其性质也有影响，但是氧化铝在电解过程中不断消耗，其含量只能控制在某一范围。氧化铝含量与加工下料的方法和制度有关，也就是与槽型有关。

在边部打壳加工制度下，不能准确掌握下料量，所以氧化铝在电解质中的浓度变化范围较大，电解质中的氧化铝含量在打壳下料结束时会提高到5% ~6%，而在下一次加料前则减少到2% ~3%。所以为使电解槽保持良好的运行，要尽量使氧化铝浓度的波动小，采取“勤加工，少加料”的操作方法对稳定边部打壳加工电解槽的高产稳产非常重要。

在中间半连续下料制度下，由于能做到准确计量氧化铝下料量，电解质中的氧化铝浓度被控制在较窄范围内波动，不会出现大幅波动的情况，对稳定生产有好处。这样选择电解质中的氧化铝浓度保持为多少，对中间下料预焙槽的生产就很重要。通常有三种浓度可供选择：即高浓度（6% ~8%）、中等浓度（3% ~6%）和低浓度（2% ~3%）。

目前，大型预焙槽选择电解质中的氧化铝含量在1.5% ~3%之间，主要是因为电解质的分子比控制较低（在2.5以下），以利于低温操作，提高电流效率，而且电能消耗也不会增加太多。

（3）电解质中添加剂。电解质中含有一定数量的氟化钙或氟化镁，其主要作用在于使初晶温度降低和增大铝液－电解质的界面张力；促进熔体中的炭渣分离。

（4）电解质水平。电解质水平是指电解质液体在槽内的高度。电解质是溶解氧化铝的溶剂，保持合适的电解质水平对电解槽平稳而有效地进行生产有重要作用。电解质水平高低取决于电解槽的类型和容量、阳极电流密度、下料方式和操作制度、铝液水平以及操作人员的技术水平。维持适当的电解质水平会有以下优点：

1）可以使电解槽具有较大的热稳定性，电解温度波动小。

2）有利于加工时氧化铝的溶解，不易产生沉淀。

3）阳极同电解质的接触面积增大，使槽电压减小。

在生产过程中，电解质水平的高低是与铝液水平的高低紧密联系的，电解质水平要依据铝液水平而调整，维持电解槽的热平衡，热平衡一旦遭到破坏，两者的高度就会变化。所以电解温度的波动会直接影响到两者的高度变化。电解温度过高，则槽底和槽侧的电解质沉淀和结壳熔化，使电解质水平提高而铝液水平降低；反之，电解温度过低，则槽底和槽侧的电解质沉淀和结壳就会增多增厚，使电解质水平萎缩而铝液水平提高。

4.3.6.6 阳极效应系数

阳极效应系数是指每日分摊到每台槽上的阳极效应次数。阳极效应的发生在电解铝生产中的好处：

（1）在效应发生时，电解质对炭粒的润湿性不良，增加了炭渣从电解质中分离出来的机会，从而使电解质比电阻下降，电解质压降降低，在保持电解槽热量同等输入的情况下，极距就可抬高，铝的溶解损失降低，电流效率提高。

（2）阳极效应所产生的热量有60%可用于溶解氧化铝，有助于控制槽内的沉淀数量，可作为氧化铝投入量的校正依据。定时下料不可避免会出现偏差，这些偏差积累到一定程度会使槽正常运行失调，必须及时清理校正，清理的手段即是人为设定效应间隔时间，即进行一段时间的正常加料后，停止加料一段时间，让其消耗积料直到发生效应，证明槽内积料已被清理完全。

（3）补充电解槽热量的不足。

（4）清理阳极底掌表面及槽中其他炭素物质。

（5）可判断槽内运行及加工情况。

所以，在电解铝生产过程中，是需要电解槽发生阳极效应的，但是对阳极效应系数的确定应权衡利弊，加以适当控制，使之尽可能少。

复习思考题

4-1 提取氧化铝的主要矿石有哪些？我国铝土矿的特点是什么？

4-2 简述浓度、苛性比值、温度、SiO_2 等杂质对铝酸钠溶液稳定性的影响？

4-3 简述拜耳法的基本原理及优缺点。

4-4 溶出料浆稀释的作用有哪些？

4-5 简述碱石灰烧结法基本原理。

4-6 什么是熟料溶出时的二次反应？工业上采取什么措施抑制二次反应？

4-7 烧结法为什么必须设脱硅工序？脱硅方法有哪两种？

4-8 为什么说拜耳法只宜处理铝硅比高的铝土矿而碱石灰烧结法可以处理铝硅比低的铝土矿？

4-9 现代工业铝电解槽有哪几种结构类型？各有什么特点？

4-10 工业电解质的基本组成怎样？常用哪些添加剂？其作用是什么？

4-11 什么是铝电解槽的阳极效应？发生阳极效应的原因是什么？

参考文献

[1] 毕诗文. 氧化铝生产工艺 [M]. 北京：化学工业出版社，2006.

[2] 杨重愚. 轻金属冶金学 [M]. 北京：冶金工业出版社，2014.

[3] 中国有色金属工业协会. 中国铝业 [M]. 北京：冶金工业出版社，2013.

[4] 刘业翔. 现代铝电解 [M]. 北京：冶金工业出版社，2008.

[5] 王婕. 电解铝生产工艺与设备 [M]. 北京：冶金工业出版社，2006.

[6] 邱竹贤. 铝电解原理与应用 [M]. 徐州：中国矿业大学出版社，1998.

[7] 王祝堂，熊慧. 中国铝土矿资源及分布 [J]. 轻合金加工技术，2014 (08)：44.

[8] 王祝堂，熊慧. 世界铝土矿资源与分布 [J]. 轻合金加工技术，2014 (09)：10.

[9] 肖亚庆. 中国铝工业技术发展 [M]. 北京：冶金工业出版社，2007.

[10] 张伦和. 我国氧化铝工业能耗及节能措施（上）[J]. 轻金属，2009 (11)：3 ~ 6.

[11] 张伦和. 我国氧化铝工业能耗及节能措施（下）[J]. 轻金属，2010 (1)：3 ~ 5.

[12] 顾松青. 我国的铝土矿资源和高效低耗的氧化铝生产技术 [J]. 中国有色金属学报，2004，14 (01)：91 ~ 97.

[13] 尹中林，顾松青. 并行法氧化铝生产新工艺——我国混联法氧化铝生产工艺的发展方向 [J]. 世界有色金属，2001 (7)：4 ~ 8.

[14] 邹忠，张红亮，陆宏军. 铝电解过程中氧化铝浓度的控制 [J]. 矿冶工程，2004，24 (5)：49 ~ 52.

[15] 刘世英，石忠宁，邱竹贤，等. 铝电解槽中沉淀的形成及分析 [J]. 轻金属，2006 (7)：34 ~ 36.

[16] 杨玲，王智堂. 铝电解阳极效应的分析及控制 [J]. 有色金属：冶炼部分，2007 (3)：28 ~ 30.

[17] 邱竹贤，何鸣鸿，范立满. 融盐铝电解中若干物理化学问题的研究 [J]. 东北大学学报：自然科学版，2001，22 (2)：119 ~ 122.

5 钛 冶 金

本章导读

金属钛由于其优良的特性，在航天航空、海洋、化工等领域具有广阔的应用前景。我国钛资源占世界总钛资源的50%以上，主要分布在攀枝花－西昌地区。当前，钛资源利用主要包括三个环节：(1) 从钛精矿中富集得到高钛渣；(2) 高钛渣氯化制备 $TiCl_4$；(3) 硫酸法或氯化法制备钛白粉和 Kroll 工艺制备海绵钛。无论是钛白粉的制备还是海绵钛的制备，流程长、工艺复杂。本章重点对钛富集、提取过程中的基本理论、原理及工艺过程进行系统阐述。

5.1 概　　述

5.1.1 钛的性质

钛（Titanium）是一种金属元素，呈灰色，原子序数为22，相对原子质量为47.87；常温下密度为4.51g/cm^3，不足钢的60%，强度与普通钢接近；比强度高，大约是不锈钢的3倍、铝合金的1.3倍；熔点为1668℃，沸点为3260℃。

钛的导热性和导电性能较差，近似或略低于不锈钢。钛具有超导性，纯钛的超导临界温度为0.38～0.4K。钛具有可塑性，高纯钛的伸长率可达50%～60%，断面收缩率可达70%～80%，但强度低，不宜作结构材料。钛既耐高温，又耐低温，在－253～500℃这样宽的温度范围内都能保持高强度。钛的耐腐蚀性很强，强腐蚀剂“王水”能够吞噬白银、黄金，然而，在“王水”中浸泡了几年的钛，依旧铿亮。常温下，钛在空气中可稳定存在，当加热到400～550℃时，则在表面生成一层牢固的氧化膜，可起保护作用。钛吸收氧、氮、氢的能力很强，金属钛中即使含量甚微（0.01%～0.005%）也能严重影响它的力学性能。

5.1.2 钛的用途

金属钛优异的性能，使得钛及钛合金的应用受到了各行各业的青睐和重视，被誉为“未来金属”、“太空金属”和“海洋金属”。

(1) 钛在航天航空方面的应用。近年来，钛材虽然在非航空航天工业中的应用不断增加，但是航空航天仍居“主打”地位。从1952年钛在道格拉斯 DC-7 班机上用作发动机短舱和隔火壁开始，至今许多飞机的结构件均使用钛合金制造。在波音757、超声速 SR-71 黑鸟、F-22 喷气战斗机、空间卫星和导弹上，钛零件都起到极为关键的作用，如飞机内的风扇圆盘、发动机叶片等均为钛铸件和锻件制造。此外，战略火箭发动机、宇宙飞船（如神舟五号、神舟六号）、人造卫星天线等也大量使用钛。

（2）钛在海洋产业方面的应用。在海水中，钛具有其他金属材料无法比拟的耐蚀性能，特别是耐受海水的高速冲刷腐蚀。目前，美国、日本、法国等国家都已研制出各种先进的钛制深潜器、潜艇、海底实验室装置来进行海洋研究。此外，沿海电站、海上采油设备、海水淡化、海洋化工生产、海水养殖业等都广泛采用钛制设备和装置。

（3）钛在化工方面的应用。目前钛设备的应用已从最初的“纯碱与烧碱工业”扩展到整个化工行业，设备种类已从小型、单一化发展到大型、多样化。据化工部门预计，化工行业的年用钛量将超过1500t。20世纪70～80年代以后，我国真空制盐企业逐步开始采用钛金属材料制造设备，结果设备腐蚀情况大大改观。

（4）钛在石油行业的应用。在石油精炼过程中，石油加工产品与冷却水中的硫化物、氯化物和其他腐蚀剂，对炼油装置特别是低温轻油部位的常减压塔顶冷凝设备的腐蚀性严重，设备腐蚀问题已经成为困扰炼油工业的突出问题之一。近年来美国、日本等国将钛制设备引入到这些高腐蚀的环节，取得了很好的效果。

（5）钛在汽车工业的应用。钛的轻质、高强度等性能早已被汽车制造商所关注，钛在赛车上的应用已有许多年的历史，目前赛车几乎都使用了钛材，日本汽车用钛已超过600t，随着全球汽车工业的发展，汽车用钛还在快速增加。

（6）钛在医疗行业的应用。随着医疗技术的提高，在人体内植入金属是十分常见的外科手术，由于钛金属与人体组织排异反应弱，目前被广泛用于人工骨骼、人工关节、人造牙等人体植入物方面。此外，钛在制药机械、医疗器械方面的应用也得到进一步的认识，未来需求不可低估。

（7）钛在体育和日用品方面的应用。钛在全球高尔夫球具制造领域的消耗数量巨大，每年用于钛高尔夫球具制造的钛材量高达6000多吨。此外，网球拍、羽毛球拍、滑雪杖、雪铲、登山冰杖、登山钉、雪橇、击剑防护面罩、钓鱼竿、自行车、眼镜架、手表、工艺品以及其他生活用品都广泛使用钛材。

（8）钛在建筑材料方面的应用。备受关注的中国国家大剧院曲面屋顶全部采用钛金属板制作，是建筑用钛的典型案例，这个穹顶用掉约100t钛材。据有关资料介绍，钛材在屋面、窗框、屋檐、山墙、防雨墙屏障、围栏、外部装饰壁板、内装饰材，以及纪念碑、墓志铭、铭牌、厢屋和空气调节器等方面都有应用。

（9）钛在核工业方面的应用。除上述用途外，钛是发展核工业不可缺少的重要材料，核反应堆使用的很多设备、管道和相关部件，除使用锆、铪外，还需要大量的钛和钛基合金材料。随着核工业的进一步发展，钛的价值必将会得到更多的体现。

5.1.3 钛资源分布

钛在地壳中的丰度为0.56%，按元素丰度排列居第九位，仅次于氧、硅、铝、铁、钙、钠、钾、镁。按结构金属排列钛仅次于铝、铁、镁，比常见的铜、铅、锌金属储量的总和还多。钛属于典型的亲岩石元素，存在于所有的岩浆岩中，主要集中在基性岩中（丰度值达1.38%）。钛的分布极广，遍布于岩石、砂土、黏土、海水、动植物，甚至存在于月球和陨石中。钛资源分布很广，几乎遍布全世界。现已发现TiO_2含量大于1%的钛矿物有140多种。但现阶段具有利用价值的只有少数几种矿物，主要是金红石（理论含钛量60%）和钛铁矿（理论含钛量31.6%），如图5-1所示；其次是白钛石、锐钛矿和红钛铁矿等。

(a) (b)

图5-1 主要天然含钛矿物
（a）金红石；（b）钛铁矿

具有开采价值的钛矿床可分为岩矿和砂矿两大类。岩矿床又可分为两类，即岩浆分化形成的块状矿和碱性岩石中的金红石矿。岩矿床是原生矿，这里是指块状钛矿床，属于岩浆分化矿床，主要矿物是由含钛铁矿的钛磁铁矿和赤铁矿组成，并常含有钒、钴、镍、铜、铬等金属元素。岩矿钛铁矿有下列特点：矿中铁的氧化物主要以 FeO 形式存在，FeO/Fe_2O_3 比值较高；岩矿的结构致密，脉石含量高，可选性差，不易将 TiO_2 与其他成分分离，选出的精矿含有相当量的非铁杂质，特别是含有较高的 MgO，精矿的 TiO_2 品位一般在44%～48%之间，且选矿的回收率较低；岩矿产地集中，储量大，可大规模开采。由于岩矿的可选性差，目前世界上许多岩矿仍未被利用。岩矿钛铁矿主要产地有加拿大、挪威、美国、中国和俄罗斯等。

钛砂矿床是次生矿，属沉积矿床，有海成因和河成因之分。它来自岩矿床，由海浪和河流带到各地，在海岸和河滩附近沉积成砂矿，大多产于气候潮湿的热带、亚热带和温带地区，即大都分布在南半球的海滩和河滩上。这类矿床的主要矿物是金红石、钛铁矿，其次是白钛石。钛砂矿在形成过程中被风化，一些可溶成分被溶出，同时又夹带了一些贵重矿物，因此往往与锆英石、独居石等共生。这些矿物的特点是：Fe_2O_3 含量较高，即 FeO/Fe_2O_3 比值较小；矿物结构比较疏松，脉石含量较少，容易用选矿方法将 TiO_2 与其他成分分离；精矿品位高，其中金红石精矿 TiO_2 品位可达96%，钛铁矿精矿 TiO_2 品位可达50%～60%，且矿物颗粒较大。但砂矿钛铁矿往往含有较高的 MnO。

砂矿主要产地有南非、澳大利亚、印度、南美洲等地的海滨和内河的沉积层中。世界钛资源储量的统计有多个版本，不同资料的数据相差悬殊。公开发表的资料数据是指现有技术水平和目前经济条件下具有利用价值的资源储量，主要是指钛铁矿（包括白钛石）和金红石（包括锐钛矿）的矿物资源储量，而不包括现阶段不具有利用价值的钛矿（如钛铁晶石、榍石等）资源，世界主要钛资源储量见表5-1。

表 5-1　世界主要国家钛资源储量

国　家	钛铁矿储量/万吨	金红石储量/万吨	合计/万吨	合计所占比例/%
中 国	20000	—	—	28.9
澳大利亚	10000	1800	11800	17.05
印 度	8500	740	9240	13.35
南 非	6300	830	7130	10.30
美 国	200	—	200	0.29
巴 西	4300	120	4420	6.39
加拿大	3100	—	3100	4.48
马达加斯加	4000	—	4000	5.78
莫桑比克	1600	48	1648	2.38
塞拉利昂		380	380	0.55
挪 威	3700	—	3700	5.35
乌克兰	590	250	840	1.21
越 南	160	—	160	0.23
其他国家	2600	40	2640	3.82
总 计	65000	4200	69200	100

根据2012年美国地质调查局（USGS）公布的资料，全球钛铁矿储量约6.5亿吨、金红石储量约4200万吨，两者合计储量约6.92亿吨。中国的钛资源储备约2亿吨，占到全球总储量的28.9%，钛矿储量位居世界第一位。

我国探明的钛资源分布在21个省（自治区、直辖市），共108个矿区，主要产区为四川、河北、海南、广东、湖北、广西、云南、陕西、山西等地，其中以四川储量最大。表5-2列举了中国的主要钛矿床。

表 5-2　中国钛矿床一览表

矿床名称	类　型	品　位	规　模	利用情况
黑龙江呼玛县兴隆沟－北西里铁矿区	钛铁矿原生矿	TiO_2 8.36%	中型	未利用
新疆哈密市尾亚钛铁钒矿区	钛铁矿原生矿	TiO_2 9.73%	中型	未利用
河北承德市大庙钒钛磁铁矿	钛铁矿原生矿	TiO_2 7.17%	中型	已利用
陕西洋县毕机沟钒钛磁铁矿	钛铁矿原生矿	TiO_2 3.5% ~8.5%	中型	未利用
山西左权县桐峪钛铁矿床	钛铁矿原生矿	TiO_2 2.55%	中型	未利用
山西代县碾子沟金红石矿	金红石原生矿	TiO_2 1.92%	中型	未利用
河南舞阳赵案庄铁矿	钛铁矿原生矿	TiO_2 1.04%	中型	未利用
河南方城县柏树岗金红石矿	金红石原生矿	TiO_2 1.88%	大型	未利用
河南方城县五间房矿段	金红石砂矿	TiO_2 2.23%	大型	未利用
山东莱西县南墅石墨矿刘家庄矿区	金红石原生矿	金红石 1.96kg/t	中型	已利用
湖北枣阳大阜山金红石砂矿	金红石砂矿	金红石 18.32kg/m^3	中型	已利用
四川红格钒钛磁铁矿	钛铁矿原生矿	TiO_2 9.06%	特大型	未利用

续表 5-2

矿床名称	类 型	品 位	规模	利用情况
四川攀枝花钒钛磁铁矿	钛铁矿原生矿	TiO_2 11.68%	特大型	已利用
四川白马钒钛磁铁矿	钛铁矿原生矿	TiO_2 5.46% ~6.51%	特大型	未利用
四川太和钒钛磁铁矿	钛铁矿原生矿	TiO_2 11.76%	特大型	未利用
广西合浦县官井钛铁砂矿区	钛铁矿砂矿	钛铁矿 21.69kg/m^3	大型	已利用
广西藤县塘村钛铁砂矿区	钛铁矿砂矿	钛铁矿 42.62kg/m^3	大型	已利用
广西藤县东升钛铁砂矿区	钛铁矿砂矿	钛铁矿 32.97kg/m^3	大型	已利用
云南禄劝－武定钛铁矿砂矿区	钛铁矿砂矿	钛磁铁矿 66.98kg/m^3	大型	未利用
云南保山板桥钛铁矿	钛铁矿砂矿	钛磁铁矿 12.04kg/m^3	大型	未利用
广东化州平定钛铁矿砂矿	钛铁矿砂矿	钛铁矿 31.5kg/m^3	大型	未利用
广东紫金县临江钛铁矿砂矿	钛铁矿砂矿	钛铁矿 36.08kg/m^3	大型	未利用
海南万宁长安钛铁矿砂矿	钛铁矿砂矿	钛铁矿 33.5kg/m^3	大型	已利用
海南文昌辅前钛铁矿砂矿	钛铁矿砂矿	钛铁矿 6.1kg/m^3	中型	已利用
海南琼海沙老钛铁矿砂矿	钛铁矿砂矿	钛铁矿 29.7kg/m^3	中型	已利用

根据国家统计局统计数据，2011 年我国原生钛铁矿储量达到了 2.46 亿吨，而四川地区储量就达到 2.253 亿吨，占到全国储量的 92%。中国的钛资源储量十分丰富，但主要是钛铁矿资源，金红石矿甚少。在钛铁矿储量中，岩矿占大部分，砂矿储量少。

四川攀枝花地区是一个超大型的钒钛铁矿岩矿储藏区。该钛铁矿的特点是结构致密，固溶了较高的 MgO，因此选出的精矿品位较低，MgO 和 CaO 含量较高，给提取冶金带来一定困难。河北承德地区也有类似性质的钒钛磁铁矿，不过储量较小，钛精矿固溶的氧化镁较低，可选得钛精矿的品位较低。云南钛资源丰富，云南的砂矿易采易选，经简单选矿便可获得质量较好的钛精矿。该矿一般含 TiO_2 48% ~50%，钛铁氧化物总量（FeO + Fe_2O_3 + TiO_2）大于 95%，除含 MgO 稍高（1.2% ~2%）外，其他非铁杂质含量较少，是一种质量较好和应用价值较高的钛精矿。广东、广西和海南地区的钛铁矿砂矿品位高、杂质少，采选比较容易，又伴生有锆英石、独居石、磷钇矿、金红石等，综合利用的价值高，提取也容易，但多数伴生有放射性矿物。此外，在福建、山东和辽宁沿海和江西部分地区也有砂矿钛。我国也发现几处金红石矿床，其中以湖北枣阳的储量较大，原矿的 TiO_2 平均品位 2.31%，但由于结构致密、粒度小，选矿较困难。中国不同地区钛精矿成分见表 5-3。

表 5-3 中国不同地区钛精矿成分 (%)

成分	钛精矿名称							
	北海氧化砂矿	北海钛铁矿	海南钛铁矿	攀枝花钛铁矿	承德钛铁矿	湛江钛铁矿	富民钛铁矿	武定钛铁矿
TiO_2	61.65	50.44	48.67	47.74	47.00	51.76	49.85	48.68
ΣFe	24.87	35.41	35.23	31.75	35.77	30.29	35.06	36.44
FeO	5.78	37.39	35.76	33.93	40.95	24.4	36.50	36.78

续表 5-3

成分	钛精矿名称							
	北海氧化砂矿	北海钛铁矿	海南钛铁矿	攀枝花钛铁矿	承德钛铁矿	湛江钛铁矿	富民钛铁矿	武定钛铁矿
Fe_2O_3	29.30	9.06	10.63	7.66	5.60	16.08	9.58	10.97
CaO	0.10	0.10	0.79	1.16	0.81	0.34	0.24	<0.05
MgO	0.12	0.10	0.20	4.60	1.54	0.05	1.99	1.18
SiO_2	0.77	0.79	0.70	2.64	1.67	0.82	0.86	0.67
Al_2O_3	1.15	0.75	1.05	1.20	1.23	0.79	0.23	0.60
MnO	1.10	1.30	2.21	0.75	0.85	2.66	0.75	0.22
V_2O_5	0.01	0.02	0.01	0.1	0.14	0.017	0.12	约0.01
S	0.036	0.02	0.016	约0.2	约0.3	0.01	约0.02	0.01
P				0.01	0.063		约0.01	

5.2　富钛料生产工艺

富钛料一般指 TiO_2 含量不小于85%的电炉冶炼钛渣或人造金红石。用电炉冶炼钛精矿制取的产品 TiO_2 含量不小于90%时，产品称为钛渣。以钛精矿为原料，用其他方法制取的产品称为人造金红石。按生产工艺，可分为火法工艺和湿法工艺。火法又包括电炉熔炼法、选择氯化法、等离子熔炼法等。湿法包括部分还原－盐酸浸出法、部分还原－硫酸浸出法、还原锈蚀法、三氯化铁浸出法以及其他的化学分离法。常用的方法是电炉熔炼法、盐酸浸出法、硫酸浸出法、还原锈蚀法等。其中电炉熔炼法是目前应用最广的工艺。

5.2.1　电炉还原熔炼工艺

钛铁矿和钛精矿都可以作为电炉工艺的原料。以攀枝花为例，钒钛磁铁矿选铁后的尾矿继续选别得到二氧化钛含量约47%的钛精矿，这部分含钛资源主要用来生产富钛料。富钛料的生产主要采用还原熔炼工艺，冶炼的实质是钛精矿中铁氧化物的还原并与炉渣分离的过程。初始阶段是低温固态还原，主要是将钛铁精矿中的铁还原出来，与钛分离，随着温度的提高，还原过程在熔融状态下进行，最终达到熔融生铁和含钛炉渣的分层分离，实现钛的富集。图5-2所示为熔炼钛渣的圆形密闭电炉炉体剖面图。

钛铁矿是一种以偏钛酸铁（$FeTiO_3$）晶格为基础的多组分复杂固溶体，一般可表示为：

$$m[(Fe、Mg、Mn)O \cdot TiO_2] \cdot n[(Fe、Al、Cr)_2O_3] \quad m+n=1$$

它的基本成分是偏钛酸铁（$FeTiO_3$），偏钛酸铁的熔化温度为1743K，还原过程中为了使铁熔化易于与渣分离，实际还原熔炼的温度可达2000K，此时碳还原偏钛酸铁的可能

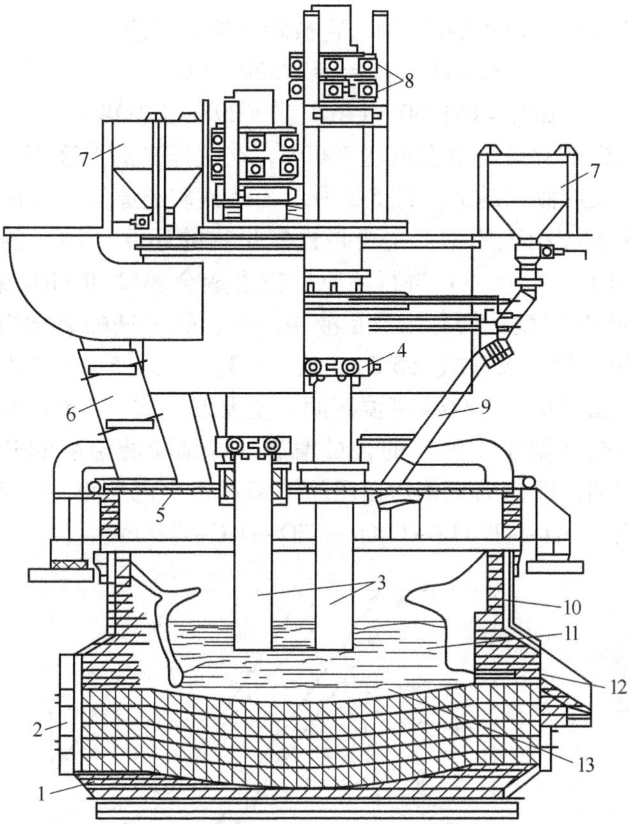

图 5-2 熔炼钛渣的圆形密闭电炉炉体剖面图

1—炉壳；2—炉衬（镁砖）；3—电极；4—电极把持器；5—水冷炉顶；6—通风管；7—加料仓；8—电极吊挂升降装置；9—下料管；10—结渣层；11—钛渣；12—出渣口；13—生铁

反应如下：

$$FeTiO_3 + C = TiO_2 + Fe + CO$$

$$\Delta G_0 = 190900 - 161T \quad (298 \sim 1700K) \tag{5-1}$$

$$3/4FeTiO_3 + C = 1/4Ti_3O_5 + 3/4Fe + CO$$

$$\Delta G_0 = 209000 - 168T \quad (298 \sim 1700K) \tag{5-2}$$

$$2/3FeTiO_3 + C = 1/3Ti_2O_3 + 2/3Fe + CO$$

$$\Delta G_0 = 213000 - 171T \quad (298 \sim 1700K) \tag{5-3}$$

$$1/2FeTiO_3 + C = 1/2TiO + 1/2Fe + CO$$

$$\Delta G_0 = 252600 - 177T \quad (298 \sim 1700K) \tag{5-4}$$

$$2FeTiO_3 + C = FeTi_2O_5 + Fe + CO$$

$$\Delta G_0 = 185000 - 155T \ (298 \sim 1700K) \tag{5-5}$$

$$1/4FeTiO_3 + C = 1/4TiC + 1/4Fe + 3/4CO$$

$$\Delta G_0 = 182500 - 127T \quad (298 \sim 1700K) \tag{5-6}$$

$$1/3FeTiO_3 + C = 1/3Ti + 1/3Fe + CO$$

$$\Delta G_0 = 304600 - 173T \quad (298 \sim 1700\text{K}) \quad (5\text{-}7)$$

钛铁矿中还往往含有一定量的赤铁矿，它被碳还原的反应为：

$$1/3Fe_2O_3 + C = 2/3Fe + CO$$

$$\Delta G_0 = 164000 - 176T \quad (298 \sim 1700\text{K}) \quad (5\text{-}8)$$

电炉还原熔炼钛铁矿的最高温度可达2000K，在这样高的温度下，以上反应均可以进行，并随温度升高，反应倾向越大。图5-3所示为钛铁矿还原熔炼反应的自由能与温度的关系，在低于1500K的固相还原中，主要是铁氧化物的还原，TiO_2 的还原量较少，主要按式（5-8）、式（5-1）、式（5-5）进行还原反应生成金属铁和 TiO_2 或 $FeTi_2O_5$（亚铁板钛矿）。在1500～1800K温度区间，主要是液相还原，除了铁的氧化物被还原外，还有相当数量的 TiO_2 被还原，即主要按式（5-2）、式（5-3）、式（5-4）进行还原反应生成金属铁和低价钛氧化物。在1800～2000K高温区间，主要发生式（5-6）和式（5-7）的反应，产物中碳化钛和金属钛（熔于铁中）的含量增加。可见随着温度的升高，二氧化钛被还原生成低价钛的量增加，即钛的氧化物在还原熔炼过程中随温度的升高呈逐级还原变化，很难得到纯的金属钛：$TiO_2 \rightarrow Ti_2O_3 \rightarrow Ti_3O_5 \rightarrow TiO \rightarrow TiC \rightarrow Ti(Fe)$。

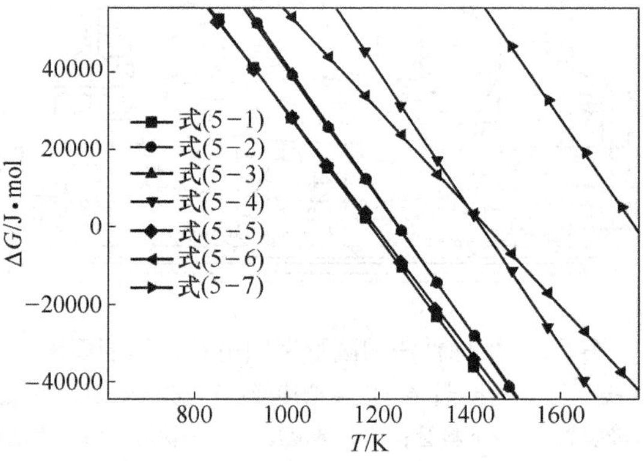

图5-3　钛铁矿还原熔炼反应的自由能与温度的关系

在熔炼过程中，不同价的钛的化合物是共存的，它们含量的比例随熔炼温度和还原度的不同而发生变化。在电炉还原熔炼钛铁矿的过程中，除了碳的还原作用外，由于碳的气化反应产生的CO和 CO_2 也参与反应，这些反应在密闭炉内的还原反应较强烈，影响较大。

5.2.2　还原锈蚀工艺

还原锈蚀法生产人造金红石是由澳大利亚西钛公司于20世纪60年代后期首创的。澳大利亚利用这种方法处理海滨蚀变矿制造人造金红石十分成功，采用当地廉价的褐煤和钛铁矿为原料，生产含 TiO_2 92%～94%的人造金红石，可作为氯化法生产钛白的原料。该方法由长沙矿冶研究院等单位于20世纪70年代在国内共同研究开发并先后在东风冶炼厂、北海选厂、广西锰钛联合冶炼厂建立了三个不同规模的生产线，使用还原锈蚀法用海滨砂矿制取的金红石品位可以达到92%以上。经过长期的生产实践，证明该工艺的技术是可靠的、安全的。还原锈蚀法具有简单、能耗少、三废污染小、投资少、成本低等优点。锈蚀法生产人造金红石工艺流程如图5-4所示。

锈蚀法生产人造金红石主要包括以下几个环节：

（1）氧化焙烧。澳大利亚在研究和工业化初期，还原之前进行预氧化焙烧处理，所用原料是半风化的钛铁矿（TiO_2 含量为54%～55%，$Fe^{3+}/Fe^{2+}=0.6\sim1.2$）。预氧化焙烧的目的是为了减少在固相还原过程中矿物的烧结。钛铁矿预氧化生成高铁板钛矿和金红石。

澳大利亚所采用的氧化焙烧是在回转窑中进行，以燃油为燃料，窑中最高温度为1030℃。氧化焙烧的气氛为空气，先把钛铁矿中的 Fe^{2+} 氧化为 Fe^{3+}，氧化是不完全的，一般仍含有3%～7%的FeO。将氧化矿冷却至600℃左右，即进入还原窑。在随后的工业化生产中，取消了预氧化工序。

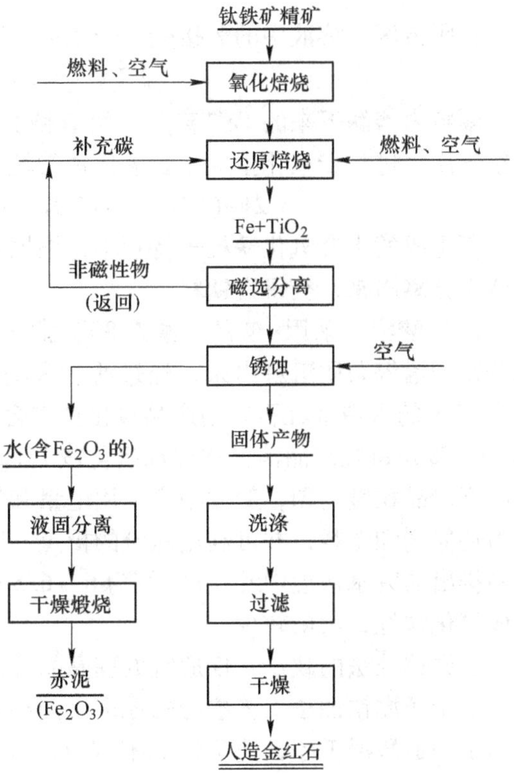

图5-4 锈蚀法制备人造金红石工艺流程

（2）还原。钛铁矿的还原是在回转窑中进行，采用煤作还原剂和燃料，澳大利亚利用本地廉价的次烟煤，物料经氧化后，钛铁矿中的铁得到活化，可提高还原速率和还原率，并可防烧结。还原温度控制在1180～1200℃，由于温度大于1030℃时，固体碳即生成CO，CO在第一阶段将 Fe^{3+} 还原为 Fe^{2+}，第二阶段将 Fe^{2+} 还原为Fe，并伴随有部分 TiO_2 被还原。要防止空气进入而引起金属铁被氧化。还原可使93%～95%的铁还原为金属铁。当温度超过1200℃时，则会发生矿物的严重烧结而使回转窑结圈。窑内温度是通过调节加煤速度和通风速度来控制的。其反应式如下：

$$Fe_2O_3 \cdot TiO_2 + 3C = 2Fe + TiO_2 + 3CO_2 \tag{5-9}$$

$$Fe_2O_3 \cdot TiO_2 + 2CO = FeO \cdot TiO_2 + Fe + 2CO_2 \tag{5-10}$$

$$FeO \cdot TiO_2 + CO = Fe + TiO_2 + CO_2 \tag{5-11}$$

为了减少锰杂质对还原过程的干扰，澳大利亚在还原过程中加入一定量的硫作催化剂，使矿中的MnO优先生成硫化物，减少锰对钛铁矿还原的影响，而所生成锰的硫化物，可在其后的酸浸过程中溶解而除去，从而可提高产品的 TiO_2 品位。从还原窑卸出的还原矿，温度高达1140～1170℃，必须将其冷却至70～80℃，方可进行筛分和磁选脱焦，分离出煤灰和余焦而获得还原钛铁矿。

锈蚀：锈蚀过程是一个电化学腐蚀过程，是在含1% NH_4Cl 或盐酸水溶液的电解质中进行的。锈蚀是放热反应，温度可升高到80℃。还原钛铁矿颗粒内的金属铁微晶相当于原电池的阳极，颗粒外表相当于阴极。

在阳极，Fe失去电子变成 Fe^{2+} 离子进入溶液：

$$Fe - 2e \longrightarrow Fe^{2+} \tag{5-12}$$

在阴极区，溶液中的氧接受电子生成 OH^- 离子：

$$2H_2O + O_2 + 4e \longrightarrow 4OH^- \tag{5-13}$$

颗粒内溶解下来的 Fe^{2+} 离子，沿着微孔扩散到颗粒外表面的电解质溶液中，同时通入空气使之进一步氧化生成水合氧化铁细粒沉淀：

$$2Fe(OH)_2 + 1/2O_2 \xlongequal{\quad} Fe_2O_3 \cdot H_2O \downarrow + H_2O \tag{5-14}$$

所生成的水合氧化铁粒子特别小，根据它与还原矿的物性差别，可将它们从还原矿的母体中分离出来，获得富钛料。

（3）酸浸。采用4%的硫酸在80℃常压下，将上述富钛料进行浸出，其中残留的一部分铁和锰等杂质溶解出来，经过滤、水洗，在回转窑中干燥、冷却，即可获得 TiO_2 含量为92%的人造金红石。副产品氧化铁中含有1%～2%的 TiO_2，钛铁矿中钛的回收率可达98.5%，每吨产品消耗锈蚀剂氯化铵11kg，耗电135kW·h。还原锈蚀法的优点：人造金红石产品粒度均匀，颜色稳定；用电量和氯化铵、盐酸、硫酸的量均少，还原时主要以煤为还原剂和燃料，并可利用廉价的褐煤，因此产品成本较低；三废容易治理，在锈蚀过程中排出的废水接近中性（pH 值为6～6.5），赤泥经干燥可作炼铁原料，也可进一步加工成氧化铁红，污染较少。

还原锈蚀法的缺点：仅适宜处理高品位的钛铁砂矿。

由于还原锈蚀法工艺本身的原因，所生产出的产品品位只能达到92%。后来在工艺中加了一道酸浸工序，使 TiO_2 品位从92%提高到94%，并降低了产品中铀、钍放射性元素的含量。

5.2.3 盐酸浸出工艺

用稀盐酸浸出法制取人造金红石有两种不同的方法。其中应用较广而有代表性的是美国科美基公司采用的BCA盐酸循环浸出法。这种方法主要是钛铁矿在稀盐酸中选择性地被浸出铁、钙、镁和锰等杂质，从而使 TiO_2 得到富集而提高了品位。其主要反应如下：

$$FeO \cdot TiO_2 + 2HCl \xlongequal{\quad} TiO_2 + FeCl_2 + H_2O \tag{5-15}$$

$$CaO \cdot TiO_2 + 2HCl \xlongequal{\quad} TiO_2 + CaCl_2 + H_2O \tag{5-16}$$

$$MgO \cdot TiO_2 + 2HCl \xlongequal{\quad} TiO_2 + MgCl_2 + H_2O \tag{5-17}$$

$$MnO \cdot TiO_2 + 2HCl \xlongequal{\quad} TiO_2 + MnCl_2 + H_2O \tag{5-18}$$

在浸出过程中 TiO_2 有部分被溶解，当溶液的酸浓度降低时，溶解生成的 $TiOCl_2$ 又发生水解而析出 TiO_2 水合物：

$$FeO \cdot TiO_2 + 4HCl \xlongequal{\quad} TiOCl_2 + FeCl_2 + 2H_2O \tag{5-19}$$

$$TiOCl_2 + (x+1)H_2O \xlongequal{\quad} TiO_2 \cdot xH_2O \downarrow + 2HCl \tag{5-20}$$

BCA盐酸循环浸出法将钛铁精矿与3%～6%的还原剂（煤、石油焦）连续加入回转窑中，在870℃左右将矿中的 Fe^{3+} 还原为 Fe^{2+}，还原矿中 Fe^{2+} 占总铁的80%～95%，在此过程中还添加2%的硫作催化剂，以提高 TiO_2 回收率，出窑时应迅速冷却至85～93℃，以防止氧化。还原料经冷却加入球形回转压煮器中，用18%～20%的再生盐酸浸出4h，浸出温度130～143℃，压力0.25MPa，转速1r/min，然后用含有18%～20%的盐酸蒸发物注入压煮器中，以提供所必需的热，避免蒸汽加热造成浸出液变稀。浸出后，固相物经带式真空过滤机进行过滤和水洗，然后在另一个窑中用870℃煅烧制成人造金红石。

浸出母液中的铁和其他金属氯化物，通过喷雾氧化焙烧法使这些氯化物都分解为氯化氢和相应的氧化物。其中 $FeCl_2$ 氧化成氧化铁红：

$$2FeCl_2 + 1/2O_2 + 2H_2O = Fe_2O_3 + 4HCl\uparrow \tag{5-21}$$

用洗涤水吸收分解出来的氯化氢便得到盐酸，然后将这再生的盐酸返回浸出工序使用，使盐酸形成闭路循环。BCA 盐酸循环浸出法制取人造金红石工艺流程如图 5-5 所示。

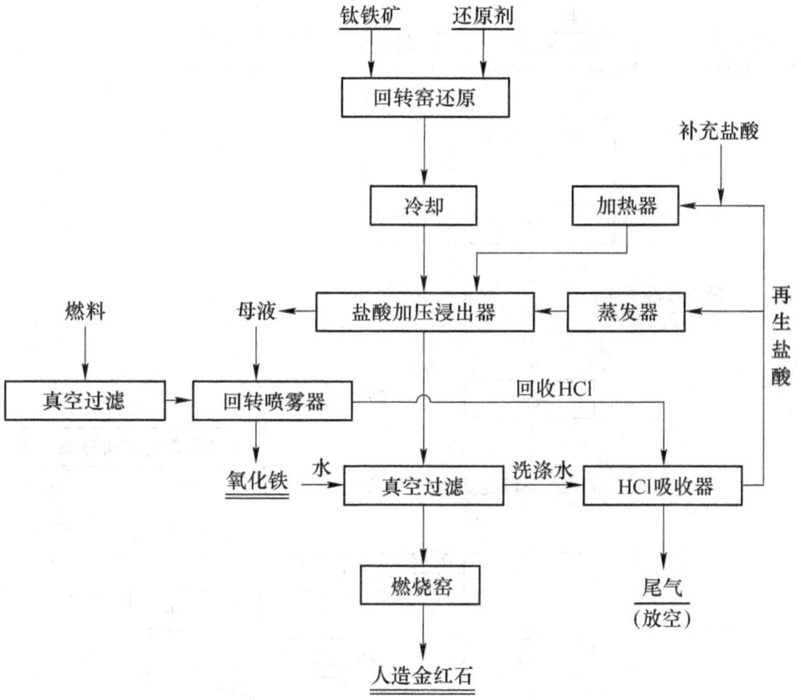

图 5-5 BCA 盐酸循环浸出法制备人造金红石工艺流程

BCA 盐酸循环浸出法的优点：以含 $TiO_2$54% 左右的钛铁矿为原料，可生产出 TiO_2 含量在 94% 左右的人造金红石，产品具有多孔性，是氯化制取 $TiCl_4$ 的优质原料；适合处理各种类型的钛铁矿；浸出速度快，除杂能力强，不仅能除铁，还可除钙、镁铝和锰等杂质，可获得高品位的人造金红石；盐酸循环浸出，洗涤产品的洗涤水，吸收氯化氢生成盐酸，又可循环使用，每吨产品只需补充 150kg 盐酸即可，由于母液经喷雾氧化焙烧再生盐酸，并闭路循环利用，产生的废料少，污染少。

BCA 盐酸循环浸出法的缺点：所用的盐酸是强腐蚀性的酸，对设备腐蚀严重，而需要专门的防腐材料来制造设备，因而投资较大；喷雾氧化焙烧再生盐酸的能耗较高。

BCA 法后来被改进可以用低品位钛铁矿为原料，生产出 TiO_2 含量在 95% ~97% 的人造金红石。改进了钛铁矿的预处理技术和从浸出母液再生盐酸的技术。

5.2.4 硫酸浸出工艺

日本石原产业株式会社采用印度高品位钛铁矿（氧化砂矿，TiO_2 含量 59.5%，矿中

的铁主要是以 Fe^{3+} 形式存在），先用还原剂将 Fe^{3+} 还原为 Fe^{2+}，然后利用硫酸法钛白生产排出的浓度为22%～23%的稀废硫酸进行加压浸出，使之溶解矿中的铁杂质而使 TiO_2 富集。这种生产人造金红石的方法源于石原公司，故称石原法。石原法包括还原、加压浸出、过滤和洗涤、煅烧等工序。石原公司早已建成了年产10万吨人造金红石的工厂。稀硫酸浸出法生产人造金红石工艺流程如图5-6所示。

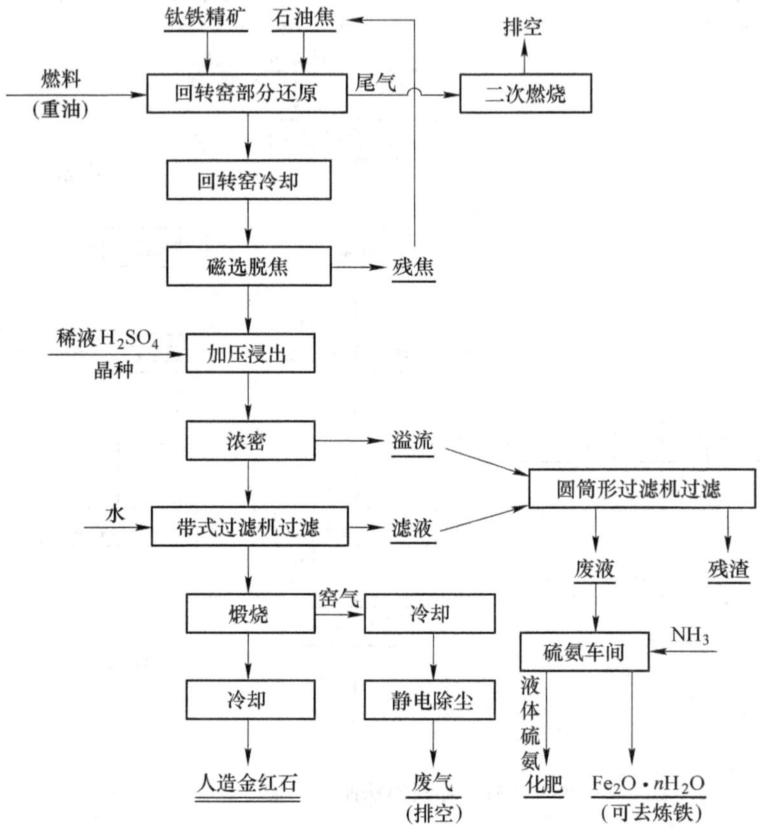

图5-6　稀硫酸浸出法制备人造金红石流程

石原法以石油焦为还原剂，在回转窑中，将矿中的 Fe^{3+} 还原为 Fe^{2+}，还原温度为900～1000℃，时间为5h，还原所得的 Fe^{2+} 占总铁的95%以上，窑内要求正压操作（19.6～39.2Pa），还原料在冷却窑中隔绝空气的情况下，冷却至80℃出料。用磁选机分离，除去残焦，剩下的还原料作为下道工序浸出之用。

加压浸出在一台80m³衬有耐酸砖的浸取罐中，加入浓度为22%～23%的稀硫酸，按固液比为1∶3加入还原料，压力为0.1～0.15MPa，温度为120～130℃，搅拌浸取8h，使矿中的 Fe^{2+} 被溶解而生成硫酸亚铁进入溶液，而 TiO_2 留在固相中。其反应式如下：

$$FeTiO_3 + H_2SO_4 \xlongequal{} FeSO_4 + TiO_2 + H_2O \tag{5-22}$$

在酸浸过程中，TiO_2 也部分被溶解而后又水解析出，加入 TiO_2 水合胶体为晶种可扩大固液两相间的浓度差，从而可加速铁的浸出速度和增加浸出率；也有助于控制产品的粒度，减少细粒产品。因为硫酸的浸出效果比盐酸差，一次浸出物中含有部分浸出不完全的矿物，可返回还原或浸出工序，重新处理。

过滤和洗涤浸出后的产物经带式过滤机进行固液分离，分出的固相物经水洗、烘干即为富钛料。分出的液相是含有 $FeSO_4$ 的滤液，用作制取硫酸氨和氧化铁红。其反应式如下：

$$2FeSO_4 + 4NH_3 + 2H_2O + 1/2O_2 = 2(NH_4)_2SO_4 + Fe_2O_3 \quad (5\text{-}23)$$

煅烧可除去富钛料中的水分和脱硫，煅烧在另一个窑中于正压（49 ~ 68.6Pa）下进行，窑头温度为900℃左右，煅烧品经冷却包装，即为人造金红石成品。

石原法的优点：石原法不但可除去矿中的铁，还可部分除去钙、镁、铝和锰等可溶杂质，可获得 TiO_2 含量 96% 的高品位产品；该法利用硫酸法钛白生产厂的废硫酸，既使产品的成本降低，又解决了钛白生产的三废治理问题；浸出的副产物 $FeSO_4$，被用来加工成硫酸铵肥料和氧化铁红。

石原法的缺点：该法稀硫酸浸出能力差，只适宜于处理高质量的钛铁精矿，如果钛铁精矿品位较低，则会使工艺过程变得复杂，并会降低产品的质量。同时三废量大，副流程复杂。

5.3 富钛料氯化工艺

5.3.1 流态化氯化工艺及原理

细粒级富钛物料和碳质还原剂在流态化炉中于高温下与氯气作用生成四氯化钛的过程，为四氯化钛最常见制取方法。此法具有气－固相间传质和传热过程快、生产效率高的特点。富钛物料主要有金红石、钛渣和人造金红石。碳质还原剂一般采用石油焦。20 世纪 50 年代后期，美国杜邦公司开始采用流态化氯化法（也称沸腾氯化法）生产 $TiCl_4$；70 年代初中国和日本也采用这种方法，并逐步淘汰竖炉氯化法。为充分利用钛资源，中国还发展了一种针对高钙镁含钛物料的流态化氯化工艺。目前世界上约有 90% 的 $TiCl_4$ 是用流态化氯化法生产的。

流态化氯化炉，炉体可分为反应段、过渡段和扩大段，如图 5-7 所示。反应段必须有一定的高度，使炉料与氯气有充分的接触时间。过渡段的锥角要求不小于炉料的安息角，以防止粉料堆集。扩大段截面积增大，可降低气流速度，使细料进一步与氯气反应，并减少粉料被气流带走的损失。大型流态化氯化炉的反应段内径在 2m 以上，$TiCl_4$ 单炉生产能力达 140t/d。

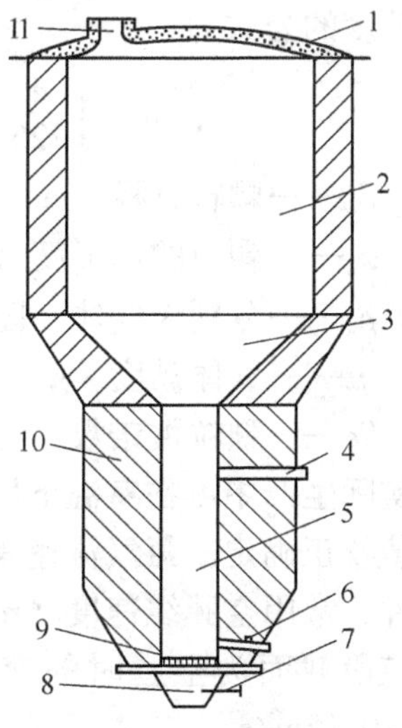

图 5-7 流态化氯化炉示意图

1—水冷炉盖；2—扩大段；3—过渡段；4—加料口；5—反应段；6—排渣口；7—氯气进口；8—气室；9—气体分布板；10—炉壁；11—炉气出口

氯气进口位于炉底，氯气经气体分布板（即筛板，开孔率约 1%）进入反应段在料层中均匀分布，并以较高气速使床层形成良好的起始流态化状态。筛板有风帽型和直孔型两种。前者虽结构复杂，但孔眼不易堵塞，气流分布均匀；后者结构简单，但易堵孔影响气流均匀分布。加料口位于反应段内料层上方，由螺旋加料器加料。扩大段顶部设有炉气出口，气态氯化产物由此排出，经管道进入后续系统，分离杂质和冷凝 $TiCl_4$。反应段下侧设有排渣口。此外，流态化氯化炉还设有测温、测压及氯气流量计量装置。

工业用富钛物料与石油焦配制的炉料和氯气分别从加料口和氯气进口连续加入炉内，在 1123 ~ 1273K 温度和一定流态化床层压差下进行氯化反应，生成的 $TiCl_4$ 等气态产物从炉气出口出炉后经后续冷凝分离系统处理得到粗 $TiCl_4$，炉渣定期由炉底排出。氯化系统采用微正压（比常压高 50 ~ 500Pa）操作为佳，以避免吸入空气而引起 $TiCl_4$ 水解堵塞管道。根据料层温度、压力和尾气组成的变化以及炉渣排放状况，可判断流态化状态及氯化反应是否正常并相应调节工艺操作制度。除温度、压力外，炉料配比、通氯量、氯气流速、炉料粒度和氯气浓度等工艺参数均直接影响钛的氯化过程和氯化效果。

炉料配比指炉料中天然金红石（或富钛料）与石油焦的质量比。不同氯化方法生成的 CO/CO_2 值不同，耗碳量也有差别。当流态化氯化炉气中 CO/CO_2 值分别为 1/2、1 和 2 时，TiO_2 加碳氯化反应按化学计量计取，即以 TiO_2 为 100，理论耗碳量分别为 18、20 和 22.5。生产中考虑到实际炉料组成及损耗，要采用过量碳，常用的矿焦比为 100 ：(27 ~ 30)。通氯量要满足按化学反应达到氯化炉生产能力和形成良好流态化状态所需气体流速的要求。前者除按化学计量外，氯气要适当过量；后者要根据选定的气流线速度（v, m/s），并结合氯化炉反应段截面积（ν, m^2），按下式确定氯气流量（A, m^3/h）：

$$v = \nu A \times 3600 \tag{5-24}$$

两者确定的通氯量要一致。在设计新氯化炉时，只要 ν 及 v 值选择合适，所确定的氯气流量便可满足炉产能及流态化质量要求。具有一定密度和粒度的固体物料，须在一定气速下方能形成良好的流态化状态。此操作气速可由颗粒带出速度（u_t, cm/s）乘以一定系数值（15% ~45%）得出。适用于钛渣或金红石中细颗粒（$1 > d_o > 0.01$mm）物料的带出速度的公式为：

$$u_t = \left[\frac{4}{225} \times \frac{(\rho_s - \rho_g)^2 g^2}{\rho_g \mu}\right]^{1/3} \times \varphi_s d_o \quad (0.4 < Re < 500) \tag{5-25}$$

式中 d_o——颗粒直径，cm；

φ_s——颗粒的球形度（球形颗粒的 $\varphi_s = 1$），无因次；

ρ_g，ρ_s——分别为气体、固体颗粒密度，g/cm^3；

μ——气体黏度，$g/(cm \cdot s)$；

Re——颗粒雷诺数，无因次。

实际生产中可在室温下用空气测出物料带出速度再换算成氯气的气速，并根据生产实践数值校正确定。氯气流速是富钛物料流态化氯化的重要工艺参数。为便于比较及控制工艺条件，常用空膛线速度（m/s），即在标准状态下（273K，0.1MPa）氯气气流通过氯化炉反应段截面为空膛时的速度衡量。$TiCl_4$ 生产用流态化氯化炉的空膛线速度一般为 0.10 ~ 0.15m/s。

炉料粒度在气 - 固相流态化氯化反应中，如果炉料粒度小即表面积大，则可使反应速度加快；但粒度过细时炉料易被气流带走而降低收率。此外，为使床层中具有不同密度的两种固体物料在同一气速下混合均匀而不分层。

氯气浓度从化学反应角度考虑，提高入炉氯气浓度，对加快 TiO_2 的氯化反应速度及提高钛的氯化率有利。生产中使用低浓度氯气时，会改变出炉气组分，并使 $TiCl_4$ 分压降低和废气量（$CO+CO_2+N_2$）增加；当固定氯气气流速度时，通氯量随氯气浓度降低而减少，炉子的生产能力也相应下降；采用稀释氯气还可使氯化过程化学反应的放热量增加。为了不显著地影响氯化－冷凝系统的技术经济指标，入炉氯气浓度以保持在80%（体积分数）以上为宜。

日本和美国是采用流态化氯化法生产 $TiCl_4$ 的主要国家。日本生产1t粗 $TiCl_4$ 耗用金红石0.455t、石油焦0.151t和氯气0.835t，氯化过程中钛的收率达98%。

高钙镁钛渣无筛板流态化氯化：用中国攀枝花钛铁矿制得的钛渣含MgO和CaO量达6%～8%，在流态化氯化时生成的 $MgCl_2$、$CaCl_2$ 于炉温下呈熔融状态，当 $MgCl_2$、$CaCl_2$ 在床层中富集到一定浓度时便会使炉料黏结成块，甚至会破坏炉料的正常流态化状态。为此，采取了四项相应的技术措施。（1）采用无筛板流态化氯化炉，其反应段的下部不设置平筛板，而在锥形炉底侧壁上装有若干根带清理孔的通氯管，排渣口位于炉底部。炉子的这种结构可避免平筛板孔眼易堵塞的弊病；如通氯管堵塞，可由与之相连的压差管显示得知，立即清理，保证氯气流畅通；若有黏结块料沉积在炉底，可从渣口定期排出。（2）稀释氯气并适当补充氧气，将炉温提高50～100K，使 $MgCl_2$、$CaCl_2$ 挥发量增大，以降低床层中钙、镁氯化物的浓度。（3）增加配碳量，使钛渣：石油焦达到100：(45±3)。这样的炉料配比除满足氧与碳反应所需的碳外，还剩余一部分碳作为稀释剂，使床层中 $CaCl_2$、$MgCl_2$ 分散粘连在细碳粒上，起到减少块状物料生成的作用。（4）改进加料、排渣制度，适当延长物料氯化时间。高钙镁钛渣流态化氯化生产 $TiCl_4$ 的排渣量较大，物料单耗较高。

流态化氯化法是生产 $TiCl_4$ 的主要方法，其今后发展方向是：进一步提高单炉的生产能力，强化并完善后续收尘、冷凝系统，实现氯化－冷凝系统全过程的自动控制；减轻并消除生产过程产生的三废对环境污染和人体健康的影响，综合处理生产过程中排出的废副物料，并回收其中的有价组分。

5.3.2 熔盐氯化工艺及原理

细粒级富钛物料和石油焦在氯化炉内的熔盐中与氯气作用生成四氯化钛的过程，为四氯化钛制取的重要方法。所用富钛物料主要有钛渣或金红石。熔盐由碱金属氯化物（NaCl、KCl）和碱土金属氯化物（$CaCl_2$、$MgCl_2$）组成。此法的炉生产能力高、氯化温度较低，适用于各种富钛物料的氯化。

1954年，苏联索里雅克夫（C. П. COЛqgOB）和拜别柯夫（M. K. BaHOeKOe）等提出用熔盐氯化钛渣生产 $TiCl_4$ 的方法，1961年实现了工业化生产，经不断改进后，已于前苏联普遍应用，并达到生产过程自动控制的程度。中国从80年代开始也有用熔盐氯化法生产 $TiCl_4$ 工艺。

富钛物料的熔盐氯化是在气（氯气）－固（物料）－液（熔盐）三相体系中进行的，反应过程复杂。当氯气流以一定流速由炉底部喷入熔盐后，对熔盐和反应物料产生强烈的搅动作用，并分散成许多细小气泡由炉底部向上移动。悬浮于熔盐中的细物料在表面张力作用下黏附于熔盐与氯气泡的界面上，随熔盐和气泡的流动而分散于整个熔体中，为在高温下进行氯化反应创造了良好条件。反应产物 $TiCl_4$ 和沸点较低的组分（$SiCl_4$、$AlCl_3$、

$FeCl_2$ 等）及非冷凝性气体（CO、CO_2 等），以气态从熔盐中逸出进入冷凝分离系统；高沸点氯化物（$MgCl_2$、$CaCl_2$、$FeCl_2$ 等）则残留在熔盐中，使熔盐组成及其物理化学性质逐渐发生变化。因 SiO_2 的氯化率较低，大部分以固体渣形态在熔盐中积累。

熔盐的物理化学性质（表面张力、黏度等）随其组成不同而变化，并对氯化过程产生重要影响。较低表面张力和黏度的盐系，对反应物料的润湿性能好，可减少熔盐流动阻力和增强氯气泡的活动性，这是维持正常熔盐氯化反应的必要条件。此外盐系还要具有较大的密度，使反应物料不易沉积。

熔盐中存在的少量氯化铁，在参与氯化反应时起着传递氯的催化作用，使 TiO_2 的氯化速度明显提高。

熔盐氯化炉，炉体有圆形和长方形两种，如图 5-8 所示。加料口位于炉子上侧部（熔池上方），通氯口位于炉底部。氯化产物混合炉气由炉顶部排出，废熔盐由炉侧部前床或炉底部排出。氯化炉余热可由炉顶喷淋 $TiCl_4$ 浆液及装在炉墙内的水冷导热管导出。

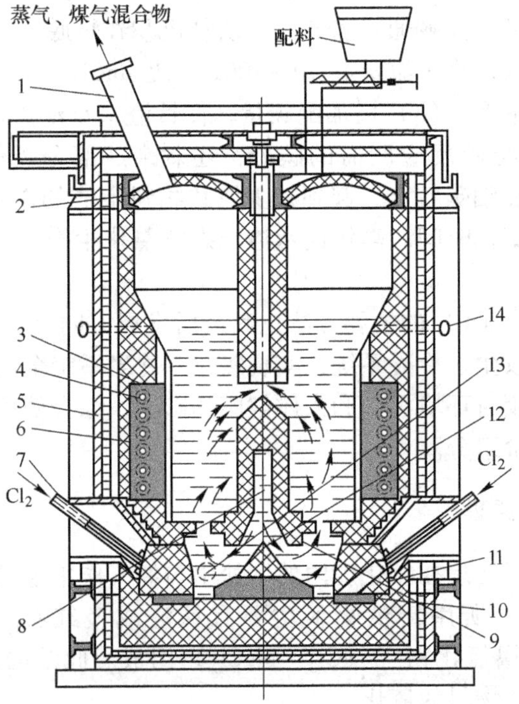

图 5-8 熔盐氯化炉示意图

1—烟道；2—炉顶；3—电极；4—水冷塞杆；5—壳体；6—石墨保护壁；7—通氯管；8—溢流道；9—循环隔墙；10—热电偶；11—水冷填料箱；12—耐火黏土气体分布器；13—下部排渣口；14—上部侧排料口

将细粒富钛物料和石油焦按 100：（5～20）计量混匀后加入炉内已预热的熔盐中，炉料在 1023～1073K 温度下与氯气发生激烈反应，混合炉气中的 CO_2：CO≈（10～20）：1（体积比），放热量较大，须排除余热。熔盐的典型组成（质量分数,%）为：TiO_2 1～5，C 2～5，（$FeCl_2+FeCl_3$）≤10～12，SiO_2≤3～6，Al_2O_3≤3～6，NaCl 15～20，$MgCl_2$ 10～20，KCl 30～40，$CaCl_2$≤5～10。随着氯化作业进行，熔盐组成改变，性质变差，须定期排出废盐、添加新盐。新盐可使用镁电解槽的废电解质，其组成（质量分数,%）为：KCl 50～80，NaCl 5～10，$CaCl_2$ 8～10，$MgCl_2$ 4～5。反应生成含有 $TiCl_4$ 的混合炉气，进入后续冷凝分离系统处理，制得粗 $TiCl_4$。

前苏联为采用熔盐氯化法生产四氯化钛的主要国家，$TiCl_4$ 单炉生产能力达到 120～150t/d（20～25t/(m^2·d)），由炉料到粗 $TiCl_4$ 的钛收率为 95%～96%，生产每吨粗 $TiCl_4$ 消耗钛渣 0.5t、石油焦 0.1t、氯气约 0.9t，排出废盐约 0.2t。

在 $TiCl_4$ 生产方法中，熔盐氯化法仍将占有一定的重要地位。今后除简化炉型结构、实现大型化及进一步完善后续冷凝系统外，将着重解决废熔盐的回收利用及更有效地从中提取钪等有价元素问题。

5.4 四氯化钛精制

粗四氯化钛是一种红棕色浑浊液，含有许多杂质，成分十分复杂，主要有 $SiCl_4$、$AlCl_3$、$FeCl_3$、$FeCl_2$、$VOCl_3$、$TiOCl_2$、Cl_2、HCl 等杂质，它们都是有害杂质，特别是含氧、氮、碳、铁、硅等杂质元素。例如 $VOCl_3$、$TiOCl_3$ 和 Si_2OCl_6 等含有氧元素的杂质，它们被还原后，氧即被钛吸收，相应地增加了海绵钛的硬度。如果原料中含 0.2% $VOCl_3$ 杂质，可使海绵钛含氧量增加 0.0052%，使产品的 HB 硬度增加 4。显然必须除去这些杂质，否则，用粗 $TiCl_4$ 液作原料，只能制取杂质含量为原料中杂质含量四倍的粗海绵钛。

对于制取颜料钛白的原料而言，特别要除去使 $TiCl_4$ 着色（也就是使 TiO_2 着色）的杂质，如 $VOCl_3$、VCl_4、$FeCl_3$、$FeCl_2$、$CrCl_3$、$MnCl_2$ 和一些有机物等，但 $TiOCl_3$ 则不必除去。随着这些着色杂质的种类和数量的不同，粗 $TiCl_4$ 液的颜色呈黄绿色至暗红色。按杂质在 $TiCl_4$ 冷凝过程中所收集到的物态和溶解度的不同可分为四类：

（1）可溶性气体杂质：O_2、N_2、Cl_2、HCl、$COCl_2$、COS；

（2）可溶性液体杂质：CCl_4、$VOCl_3$、$SiCl_4$、$SnCl_2$、$SOCl_2$；

（3）可溶性的固体杂质：$AlCl_3$、$FeCl_3$、$NbCl_5$、$TaCl_5$、$MoCl_5$；

（4）不溶悬浮固体杂质：TiO_2、SiO_2、$VOCl_3$、$MgCl_2$、$ZrCl_4$、$FeCl_2$、$MnCl_2$、$CrCl_3$。

不溶悬浮固体杂质（TiO_2、SiO_2、$VOCl_2$、$MgCl_2$、$ZrCl_4$、$FeCl_2$、$MnCl_2$、$CrCl_3$），可用固液分离方法除去，工业中因 $TiCl_4$ 浆液黏度大过滤困难，常采用沉降方法分离；可溶性气体杂质，在处理过程中随温度的升高而除去；可溶性液体和可溶性固体杂质，属于难分离杂质，这类杂质可依据其沸点的不同除去。

蒸馏除高沸点杂质：$FeCl_3$ 等高沸点固体杂质在 $TiCl_4$ 中的溶解度都很小，有的呈悬浮物状态分散在 $TiCl_4$ 中。在氯化作业中，已用机械过滤法除去了大部分悬浮物。但余下的极细的固体杂质颗粒，在四氯化钛中形成胶溶液，同时还少量地溶解于 $TiCl_4$ 中，单靠机械过滤难以完全除去，需采用蒸馏方法精制。蒸馏作业是在蒸馏塔中进行的。控制蒸馏塔底温度略高于 $TiCl_4$ 的沸点（140～145℃），使易挥发组分 $TiCl_4$ 部分气化；难挥发组分 $FeCl_3$ 等因挥发性小而残留于塔底，即使有少量挥发，也可能被下落的冷凝液滴冷凝而重新返落于塔底。控制塔顶温度在 $TiCl_4$ 沸点（137℃左右），由于塔内存在一个小的温度梯度，$TiCl_4$ 的蒸气在塔内形成内循环。向上的蒸气和下落的液滴间接触，进行了传热传质过程，增加了分离效果。在这个过程中，沿塔上升的 $TiCl_4$ 蒸气中的 $FeCl_3$ 等高沸点杂质逐渐降低，纯 $TiCl_4$ 蒸气自塔顶逸出，经冷凝器冷凝成馏出液，而釜残液中 $FeCl_3$ 等高沸点杂质不断富集，定期排出使之分离。

精馏除低沸点杂质：低沸点杂质包括溶解的气体和大多数液体杂质。其中气体杂质在加热蒸发时易于从塔顶逸出，分离容易。但 $SiCl_4$ 等液体杂质大多数和 $TiCl_4$ 互为共溶，相互间的沸点差和分离系数又不是特别大，因此分离比较困难。如 $TiCl_4$-$SiCl_4$ 混合液经过一次简单蒸馏操作还不能达到良好的分离，心须经过一系列蒸馏釜串联蒸馏才能完全分离。实践中采用一种板式塔代替上述一系列串联蒸馏装置，也就是将一系列蒸馏釜重叠成塔状，每一块塔板就相当于一个蒸馏釜。这种蒸馏装置称为精馏塔，它节约占地面积和热能，操作简单而高效。全塔所进行的部分冷凝和部分气化一系列累积过程就是精馏。精馏必须要有回流。

我国 $TiCl_4$ 精馏工艺常选用浮阀塔如图 5-9 所示。精馏塔分两段：下部为提馏段，用以

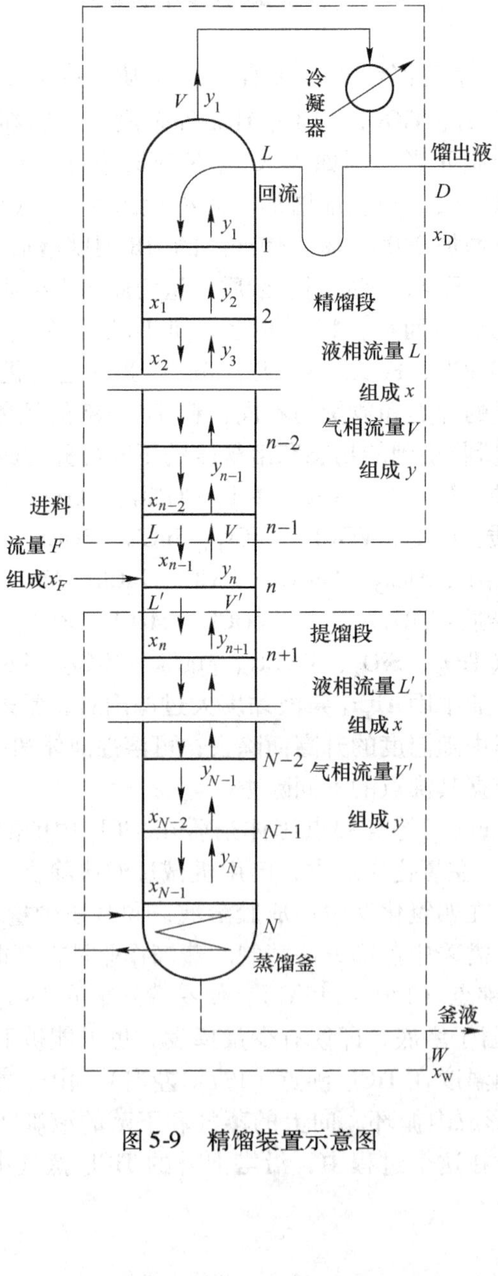

图 5-9 精馏装置示意图

将粗 $TiCl_4$ 中低沸点杂质提出，上部为精馏段，使上升蒸气中的 $SiCl_4$ 等增浓。按物料的特性，塔底控制在 $TiCl_4$ 的沸点温度（140℃左右），塔顶控制在略高于 $SiCl_4$ 的沸点温度（57~70℃），使全塔温呈一温度梯度从塔底至塔顶渐降。精馏操作时，塔底含有 $SiCl_4$ 等杂质的 $TiCl_4$ 蒸气向塔顶上升，穿过一层层塔板，并和塔顶的回流液和塔中向下流动的料液相迎接触。在每块塔板上，在气液两相间的逆流作用下进行了物质交换。在塔底的蒸气上升时，由于温度递降，挥发性小的 $TiCl_4$ 逐渐被冷凝，因而越向上，塔板上的蒸气中易挥发的 $SiCl_4$ 的浓度越大；相反，塔顶向下流的液相，由于温度递增，挥发性差的 $TiCl_4$ 浓度越大。控制塔底温度 140~145℃ $TiCl_4$ 气化，控制塔顶温度 57~70℃ $TiCl_4$ 上升过程液化，向下溢流，$SiCl_4$ 从塔顶逸出，$TiCl_4$ 液化及高沸点物质由下口流出。

5.5 海绵钛制备工艺

5.5.1 钠热还原工艺

用钠还原四氯化钛制取金属钛的过程，为金属铁生产方法之一。还原作业在高温、氩气保护下进行，还原产物经破碎、水浸除去 NaCl 后获得海绵状金属钛。此法为美国人亨特（M. A. Hunter）于 1910 年研究成功，故又称亨特法。1954 年英国首先建立用这种方法生产海绵钛的工厂。中国在 20 世纪 60 年代后期至 70 年代曾用这种方法生产海绵钛。

钠热还原工艺制取海绵钛的化学反应如下：

$$1/2TiCl_4 + 2Na \xlongequal{} 1/2Ti + 2NaCl \qquad (5\text{-}26)$$

还原反应为放热反应。钠热还原反应可能是分以下阶段进行的：

$$2TiCl_4 + 2Na \xlongequal{} 2TiCl_3 + 2NaCl \qquad (5\text{-}27)$$

$$TiCl_4 + 2Na \xlongequal{} TiCl_2 + 2NaCl \qquad (5\text{-}28)$$

$$2TiCl_3 + 2Na \xlongequal{} 2TiCl_2 + 2NaCl \qquad (5\text{-}29)$$

$$TiCl_2 + 2Na \xlongequal{} Ti + 2NaCl \qquad (5\text{-}30)$$

高温下（1200K），式（5-26）~式（5-30）的反应 $\Delta G^{\ominus}$ 值有很大的负值，表明这些反应均可进行。根据各反应的 $\Delta G^{\ominus}$ 负值的大小可知，当限定钠量时，优先按反应式（5-27）~式（5-30）进行。故可控制 $TiCl_4$ 和钠的配比，使 $TiCl_4$ 首先生成 $TiCl_2$，再由 $TiCl_2$ 制取金属钛。

还原生成的 NaCl 熔体，不但能溶解 $TiCl_2$ 和 $TiCl_3$，还能与之相互作用生成诸如 Na_3TiCl_6、Na_2TiCl_4、$NaTiCl_3$ 等氯配合物。$TiCl_3$-NaCl 共熔体含 $TiCl_3$ 63.5%（质量分数），熔点为 735K。$TiCl_2$ – NaCl 共熔体含 $TiCl_2$ 50%（质量分数），熔点为 878K。此外，金属钠在 NaCl 熔体中也具有一定的溶解度。由低价氯化钛还原为金属钛的反应在 NaCl 熔体中进行；由于熔体中含有相当数量钛的低价氯化物，故不能在还原过程中排盐，致使反应罐容积利用系数低，炉生产能力小。目前，此工艺已淘汰。

5.5.2 镁热还原工艺

镁热还原法于 1940 年为卢森堡科学家克劳尔（W. J. Kroll）研究成功，故又称克劳尔法。1948年美国杜邦（DuPont）公司开始用这种方法生产商品海绵钛。传统镁热还原法是在还原作业结束待还原产物冷却后，再组装蒸馏设备进行真空分离作业。20世纪70年代苏联成功地采用了半联合法。80年代初，日本又成功地采用了还原-蒸馏联合法，简称为联合法。其工艺特征是在镁热还原 $TiCl_4$ 结束后，便将热态还原产物在高温下直接转入真空蒸馏分离金属镁和 $MgCl_2$，这是镁热还原法工业化以来的重大技术进步。至1990年，世界海绵钛年生产能力约14.5万吨，其中约90%采用镁热还原法生产。大多数镁热还原法生产厂家采用联合法或半联合法。另有个别厂家用酸浸法或氩气吹除法处理还原产物。酸浸法与钠热还原法生产海绵钛处理还原产物的工艺相似，氩气吹除法是循环使用高温氩气将反应罐中蒸发的金属镁和 $MgCl_2$ 带出。我国1958年建成的海绵钛车间投产，1989年实现了联合法生产。2010年，我国海绵钛产量达到6.6万多吨，占到全球产量的1/3。

镁热还原法工艺原理主要涉及还原和真空蒸馏两大过程。

总反应式为：

$$1/2TiCl_4 + Mg = 1/2Ti + MgCl_2 \quad (5\text{-}31)$$

反应式（5-31）是放热反应，反应一经开始，就可使反应罐维持在1073～1223K温度进行自热生产。实际还原过程可能经过生成低价氯化物 $TiCl_2$、$TiCl_3$ 的阶段。反应为：

$$2TiCl_4 + Mg = 2TiCl_3 + MgCl_2 \quad (5\text{-}32)$$

$$TiCl_4 + Mg = TiCl_2 + MgCl_2 \quad (5\text{-}33)$$

$$2TiCl_3 + Mg = 2TiCl_2 + MgCl_2 \quad (5\text{-}34)$$

$$2/3TiCl_3 + Mg = 2/3Ti + MgCl_2 \quad (5\text{-}35)$$

$$TiCl_2 + Mg = Ti + MgCl_2 \quad (5\text{-}36)$$

还原过程必须保证有足够量的镁才能使 $TiCl_4$ 的还原反应完全。

蒸馏分离还原产物之所以要在真空条件下进行，主要有以下原因：钛在高温下具有很强的吸气性能，即使存有少量的氧、氢和水蒸气等也会被钛吸收而使产品性能变坏；常压下，凝聚相的金属镁和 $MgCl_2$ 只有在沸点下才具有较高的蒸发速度（金属镁、$MgCl_2$ 和金属钛的沸点分别为1363K、1691K和3560K），而在真空条件下，温度较低时即可达到沸腾状态，具有较高的蒸发速度；在真空条件下能降低蒸馏作业温度，从而可避免在罐壁处生成Fe-Ti合金，减少Fe-Ti熔合后生成的壳皮。

还原-蒸馏装置主要由加热炉、反应罐和冷凝器等主体设备组成，并设有加料、控温、充氩和测压系统，以及真空系统和还原过程排热系统。此外，另有 $TiCl_4$ 贮槽、液镁抬包及 $MgCl_2$ 槽等附属设备。加热炉一般为电阻炉，分区域控温。还原过程排热通风带和罐内反应区位置相对应；在真空蒸馏过程中使炉膛保持低真空状态，以防止反应罐体在高温下受压变形。钢制反应罐和冷凝器互换使用，即冷凝器连同蒸馏冷凝物（$Mg + MgCl_2$）用作下一炉的还原反应罐，反应罐经冷却取出海绵钛坨后用作另一炉的冷凝器，这样便可实现蒸馏镁循环。用高温阀门或镁板隔断连接反应罐与冷凝器间的通道，由还原转入蒸馏作业时可适时开通。

半联合法装置（图5-10）为前苏联各钛厂所普遍采用，单炉生产能力约4t海绵钛。还原过程中 $MgCl_2$ 由罐底部排放。还原反应结束后，适当降低反应罐的温度，并在氩气保护下将罐盖中部通道内的钢盲板（连同 $TiCl_4$ 加料管）拆下，换为镁盲板，并尽快组装好冷凝器等设备，使罐内还原产物保持在较高温度下直接转入真空蒸馏作业。

联合法装置中反应罐和冷凝器呈水平排列，中间用管道连接（图 5-11）。罐盖上设有高温密封阀门，用来隔断或连通管道。反应罐置于电阻炉内，冷凝器置于冷却槽内，直接用水冷却。

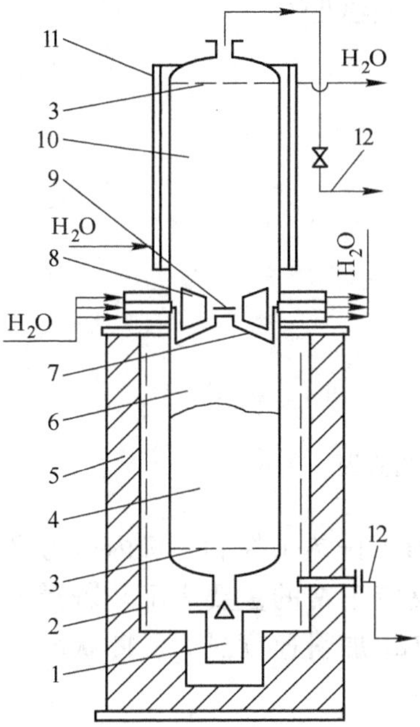

图 5-10 半联合法装置示意图

1—真空罩；2—电阻丝；3—活底；
4—还原产物；5—电阻炉；6—反应罐；
7—反应罐盖；8—隔热板；9—镁盲板；
10—冷凝器；11—冷却筒；12—真空管道

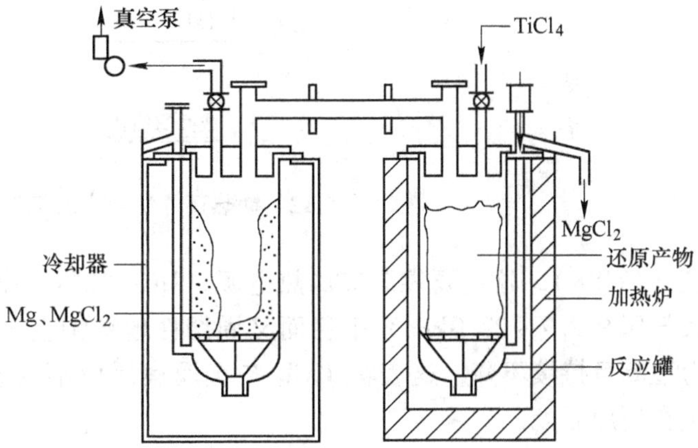

图 5-11 联合法装置示意图

日本初期用的联合法装置，海绵钛单炉生产能力为5t，后增大至 7～10t。与传统镁热还原法和半联合法相比，联合法可大幅度降低电耗、镁耗，缩短作业周期，并可增大反应罐直径尺寸，提高炉生产能力。工艺过程镁热还原法生产海绵钛的工艺流程由镁还原、真空蒸馏分离还原产物中的 Mg 和 $MgCl_2$、成品处理（破碎、分级）等作业组成，如图 5-12 所示。还原蒸馏过程均已实现自动控制。

镁热还原过程须在惰性气体保护气氛下进行。为此，需预先将反应罐抽真空再充氩气保持正压。液镁按化学计量过量 40%～60% 先加入罐中，升温至 1023～1073K 时开始连续加入 $TiCl_4$ 进行还原。生成的 $MgCl_2$ 体积约为钛的 10 倍，须定时排出罐外。排出 $MgCl_2$ 除能提高罐容积的利用系数外，并可不断使新鲜镁液面裸露（Mg 的密度小于 $MgCl_2$），有利还原反应的进行。加完 $TiCl_4$ 后，保温 1～2h 使熔体中的低价钛（$TiCl_2$、$TiCl_4$）得到充分还原，然后再尽量将罐内的 $MgCl_2$ 排出。罐内温度不要高于 Fe－Ti 合金开始熔合的温

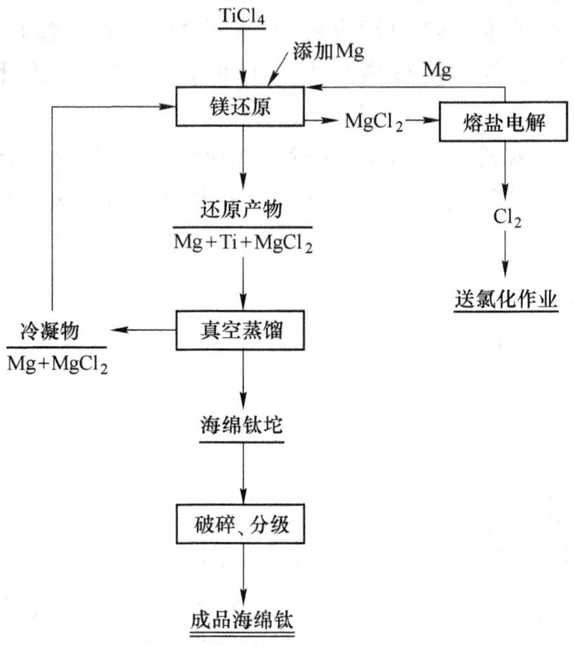

图 5-12 镁热还原法生产海绵钛的工艺流程

度（1248K），这主要靠调节加热电源、$TiCl_4$ 加料速度和通风排热来控制。罐内压力（比大气压高 2.7 ~ 27.0kPa）平稳而又周期性地缓慢上升是反应正常的重要表征。若罐内压力过高且持续不降，这表明 $TiCl_4$ 与金属镁反应不良或 $TiCl_4$ 加料速度过大，此状况常发生在还原后期。

还原过程各阶段的 $TiCl_4$ 加料速度应有所不同。初期液镁温度较低，又因钛晶核新相形成的表面能高，反应速度不大，此阶段加料速度不宜过快。还原中期，液镁表面积大，并具有大量新生成的金属钛活化点，致使反应速度加快，可增大 $TiCl_4$ 加料速度。还原后期，镁量减少，剩余镁被吸入海绵钛孔隙中使镁液面逐渐减小并消失，反应速度减慢，此时应降低加料速度并适时停加 $TiCl_4$。

真空蒸馏还原产物中一般含钛 55% ~ 65%、镁 25% ~ 35% 和 $MgCl_2$ 9% ~ 12%。蒸馏初期，控制反应罐内温度不高于 1073K，以免金属镁和 $MgCl_2$ 的蒸发速度过大与其冷凝速度不相匹配。待金属镁和 $MgCl_2$ 大量蒸出后，需提高温度（约 1223K）及真空度（约 1.33Pa），并经较长时间才能将残存于海绵钛孔隙中的金属镁和 $MgCl_2$ 蒸馏干净。

5.5.3 电解法制取海绵钛

目前，最具发展潜力的熔盐电解制备海绵钛的工艺有熔盐电解 $TiCl_4$ 和熔盐直接电解 TiO_2 两种。

$TiCl_4$ 易于提纯，可以大量生产，是提供熔盐电解制取钛的合适原料。但是，在钛的氯化物中，$TiCl_4$ 的熔点和沸点最低，易挥发，不导电，在离子键电解质中具有很小的溶解度。随着钛离子价的降低，其氯化物的熔点、沸点、导电性及在离子键电解质中的溶解度将逐渐增高。600～800℃时，在碱金属氯化物中 $TiCl_4$ 的溶解度很低，仅为0.5%～4.0%（质量分数），而 $TiCl_3$、$TiCl_2$ 的溶解度较高，在KCl电解质中可达54%（质量分数）。可见 $TiCl_4$ 的熔盐电解过程，正是通过高价到低价的反应反复进行，导致 $TiCl_4$ 在电解质的不断溶解和低价钛离子（Ti^{3+}、Ti^{2+}）再被还原为金属来实现的。

熔盐电解 $TiCl_4$ 采用的电解质体系一般是将 $TiCl_4$、$TiCl_3$ 和 $TiCl_2$ 溶于由碱金属或碱土金属氯化物组成的溶剂中。其中最常用的熔体为NaCl-KCl或NaCl-KCl-LiCl。主要参数如下：

电解液NaCl：KCl＝1：1（mol）；熔化温度700℃；电解温度720℃；$TiCl_4$ 溶解度0.52%；还原电位（相对氯参比电极）－1.899V（Ti^{2+}/Ti）。

四氯化钛电解的电极过程：

阴极反应：

$$Ti^{4+} + 2e \longrightarrow Ti^{2+} \tag{5-37}$$

$$Ti^{2+} + 2e \longrightarrow Ti \tag{5-38}$$

阳极反应：

$$2Cl^- - 2e \longrightarrow Cl_2 \tag{5-39}$$

总反应：

$$TiCl_4 = Ti + 2Cl_2 \tag{5-40}$$

$TiCl_4$ 熔盐电解法至今无法代替镁热法的原因很多，如在电解不断进行的过程中，电解质的组成波动很大、所生长的钛层不断的致密化，影响后期金属钛的析出、电解槽的腐蚀严重等。

21世纪初期，英国学者和日本学者分别提出了FFC剑桥工艺和日本OS工艺，这两种新工艺是熔盐直接电解固态二氧化钛制备金属钛新工艺，与传统的Kroll法相比，具有流程短、环境友好的优势，由此，在世界上掀起了一股熔盐电解制备金属钛的研究高潮。

FFC剑桥工艺以固态 TiO_2 为阴极，石墨为阳极，$CaCl_2$ 为熔盐。电解电压3.1V，外接直流电，电解温度900℃左右。阴极 TiO_2 得到电子后，氧离子离开阴极进入熔盐，在电场力作用下输运至阳极与碳作用后，以CO或 CO_2 离开体系，钛留在阴极，从而实现直接制备金属钛目的。图5-13所示为FFC剑桥工艺的装置简图。

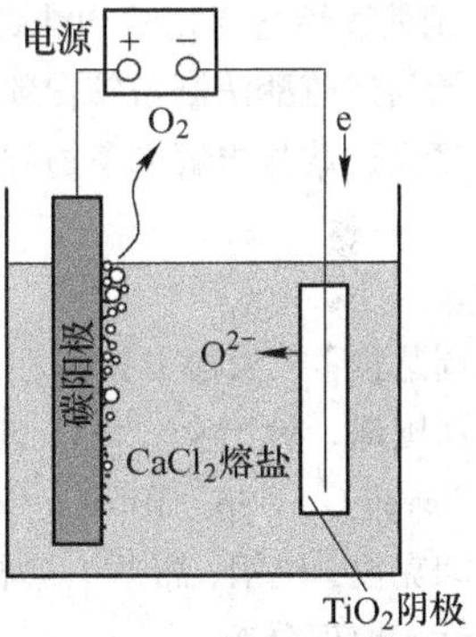

图5-13 FFC剑桥工艺简图

电极反应如下：

阴极反应：

$$TiO_2 + 4e = Ti + 2O^{2-} \tag{5-41}$$

阳极反应：

$$2O^{2-} - 4e = 2O_2 \tag{5-42}$$

总反应：

$$TiO_2 = Ti + O_2 \tag{5-43}$$

OS工艺同时包括电解和热还原两部分，以 $CaCl_2$ 为熔盐，直接电解溶解于 $CaCl_2$ 中的CaO得到溶解单质钙，溶解在熔盐中的单质钙还原 TiO_2 粉末可得到金属钛。图5-14所示为OS工艺反应原理，图5-15为该工艺的电解示意图。

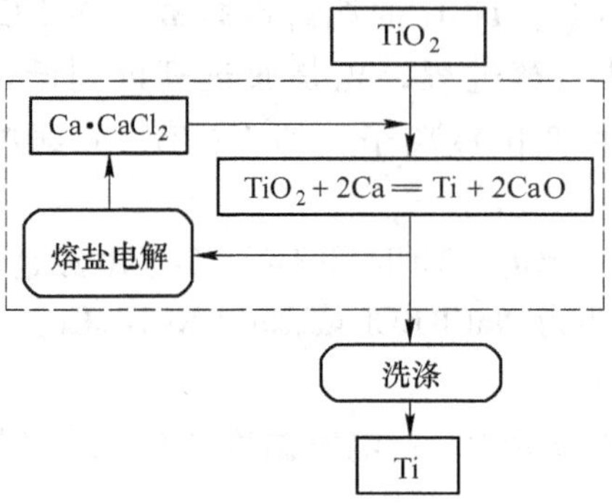

图 5-14　OS 反应原理

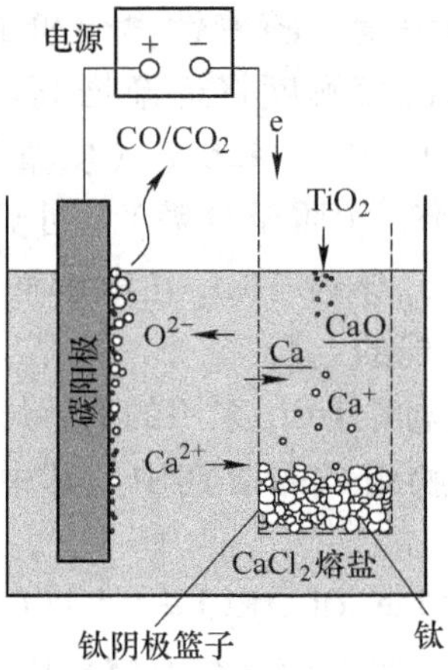

图 5-15　OS 工艺电解示意图

复习思考题

5-1　钛的主要性质及用途?

5-2　钛矿的赋存状态及各自特点?

5-3　我国高钛渣的生产工艺主要为电炉熔炼法，请简述其原理。

5-4　简述镁热法（Kroll 法）制备金属钛原理?

5-5　四氯化钛（$TiCl_4$）中的杂质根据其性质可分几类? 并请简答不同杂质的去除方法及原理。

5-6　请简述熔盐氯化法和沸腾氯化法制备 $TiCl_4$ 的工艺过程及工作原理。

5-7　请简述硫酸法制备钛白粉的工艺流程及原理，并写出相关反应方程式。

5-8　请简述熔盐电解制备海绵钛工艺（FFC 剑桥工艺）原理，并写出相关电极反应。

参 考 文 献

[1] 周芝骏，宁崇德．钛的性质及其应用［M］．北京：高等教育出版社，1993：6 ~ 8.

[2] 邓国珠．钛冶金［M］．北京：冶金工业出版社，2010.

[3] Survey G. USA. Mineral Commodity Summaries［J］. 2013：172 ~ 173.

[4] 胡克俊，姚娟，席歆．攀枝花钛资源经济价值分析［J］．世界有色金属，2008（01）：36 ~ 42.

[5] 钛矿地理分布．http：//www. mining120. com/html/1001/20100112_ 17658. asp.

[6] 我国钛矿储量位居全球第一．http：//www. askci. com/news/201302/18/1810493160796. shtml.

[7] Kotze H, Bessinger D, Beukes J. Ilmenite smelting at Ticor SA［J］. J S Afr I Min Metall. 2006；106（3）：165 ~ 170.

[8] Pistorius PC. Ilmenite smelting：the basics［J］. J S Afr I Min Metall. 2008；108（1）：35 ~ 43.

[9] Sahu K K, Alex T C, Mishra D, et al. An overview on the production of pigment grade titania from titania-rich slag［J］. Waste Manage Res. , 2006；24（1）：74 ~ 79.

[10] Yuan Z F, Wang X Q, Xu C, Li W B, et al. A new process for comprehensive utilization of complex titania ore［J］. Miner Eng. , 2006, 19（9）：975 ~ 978.

[11] 胡克俊，锡淦，姚娟，等．全球钛渣生产技术现状［J］．世界有色金属，2006（12）：26 ~ 32.

[12] 莫畏，邓国珠，罗方承．钛冶金学［M］．北京：冶金工业出版社，1998.

[13] 余家华，刘洪贵．国内外钛矿和富钛料生产现状及发展趋势［J］．世界有色金属，2003（06）：

4～8.

[14]《稀有金属手册》编辑委员会. 稀有金属手册 下册 [M]. 北京: 冶金工业出版社, 1995.

[15]《稀有金属手册》编辑委员会. 有色金属提取冶金手册 稀有高熔点金属 上册 [M]. 北京: 冶金工业出版社, 1999.

[16] WALTER (AU) H. Process for the production rutile [P]. EP0612854. 1994-08-31.

[17] 邓国珠. 富钛料的生产现状和今后发展 [J]. 钛工业发展, 2000 (4): 1～4.

[18] 邓国珠, 黄北卫, 王雪飞. 制取人造金红石工艺技术的新进展 [J]. 钢铁钒钛, 2004, 25 (1): 44～50.

[19] Mahmoud MHH, Afifi AAI, Ibrahim IA. Reductive leaching of ilmenite ore in hydrochloric acid for preparation of synthetic rutile [J]. Hydrometallurgy, 2004, 73 (1, 2): 99～109.

[20] Ogasawara T, de Araujo RVV. Hydrochloric acid leaching of a pre-reduced Brazilian ilmenite concentrate in an autoclave [J]. Hydrometallurgy. 2000, 56 (2): 203～216.

[21] THEODOREA (US) R. Process for the production systhetic rutile [P]. US4199552. 1980-04-22.

[22] 孙康. 钛铁矿的富集方法 [J], 钒钛. 1995 (5): 12～22.

[23] 邹建新, 李亮. 钒钛产品生产工艺与设备 [M]. 北京: 化学工业出版社, 2014.

[24] 李大成, 周大利, 刘恒. 镁热法海绵钛生产 [M]. 北京: 冶金工业出版社, 2009: 1～5.

[25] 杨保祥, 胡鸿飞, 何金勇, 等. 钛基材料制造 [M]. 北京: 冶金工业出版社, 2015: 260～271.

[26] 常跃仁. 四氯化钛生产工艺研究 [J]. 有色矿冶, 2009 (04): 37～39.

[27] 刘长河. 我国四氯化钛生产工艺的技术进步 [J]. 稀有金属快报, 2007 (04): 1～6.

[28] 顾荣良. 四氯化钛的生产和市场研究 [J]. 上海化工, 2008 (01): 35～38.

[29] 侯丽平. 四氯化钛的生产工艺改进 [J]. 安徽化工, 2012 (04): 51～52.

[30] 刘立文. 四氯化钛生产工艺探讨 [J]. 无机盐工业, 2013 (02): 36～38.

[31] 刘长河, 李俊强. 熔盐氯化反应机理的研究 [J]. 钛工业进展, 2011 (06): 33～37.

[32] 阎守义. 钛原料氯化方法评述 [J]. 轻金属, 2014 (03): 43～47.

[33] 阎守义, 刘禹明. 无筛板沸腾氯化与熔盐氯化生产 $TiCl_4$ 工艺浅析 [J]. 钛工业进展, 2013 (01): 8～11.

[34] 路辉, 杨仁牧, 蒙钧, 等. $TiCl_4$ 熔盐氯化炉熔盐体系研究 [J]. 钢铁钒钛, 2013 (05): 1～8.

[35] 李定元. 浮阀塔在钛工业中的应用 [J]. 钛工业进展, 1993 (02): 5～7.

[36] 野田敏男, 梁仲敏. 四氯化钛的蒸馏精制方法 [J]. 国外轻金属, 1965 (12): 24～33.

[37] 李大成, 周大利, 刘恒. 镁热法海绵钛生产 [M]. 北京: 冶金工业出版社; 2009.

[38] 任铁梅. 连续化生产金属钛的方法 [J]. 上海金属有色分册, 1991 (05): 45～50.

[39] 王震, 李坚, 华一新, 等. 钛制取工艺研究进展 [J]. 稀有金属, 2014 (05): 915～927.

[40] 王志, 袁章福, 郭占成. 金属钛生产工艺研究进展 [J]. 过程工程学报, 2004 (01): 90～96.

[41] 许原, 白晨光, 陈登福, 等. 海绵钛生产工艺研究进展 [J]. 重庆大学学报 (自然科学版), 2003 (07): 97～100.

[42] 郭胜惠, 彭金辉, 张世敏, 等. 熔盐电解法生产海绵钛的回顾和新技术开发 [J]. 轻金属, 2002 (11): 51～53.

[43] Chen G Z, Fray D J, Farthing T W. Direct electrochemical reduction of titanium dioxide to titanium in molten calcium chloride [J]. NATURE. 2000 (6802): 361～363.

[44] Ono K, Suzuki R O. A new concept for producing Ti sponge: Calciothermic reduction [J]. Jom-J Min Met Mat S., 2002, 54 (2): 59～61.

[45] Yin H B, Shibata H, Emi T, et al. "In-situ" observation of collision, agglomeration and cluster formation of alumina inclusion particles on steel melts [J]. Isij Int., 1997, 37 (10): 936～945.

6 镁 冶 金

本章导读

本章主要介绍了镁的两种生产方法以及镁的精炼与浇注工艺。现代镁工业中制备镁的方法主要有氯化镁熔盐电解法和热还原法。镁电解工艺中，根据所用原料的不同，常用的方法有道乌法、诺斯克法、阿玛克斯法、氧化镁氯化法等。热还原法根据还原剂的不同，主要有硅热法、碳化物热还原法、碳热法、金属还原法，其中后三种在工业上较少采用。本章将对生产镁的方法的基本原理、工艺流程以及镁的精炼进行系统的阐述。

6.1 概　　述

镁是一种轻金属，化学符号为 Mg，在元素周期表中属ⅡA 族（第二主族）碱土金属元素，位于第三周期。原子序数为12，相对原子质量为24.305，其在地壳中的储量排第8位。

6.1.1 镁的性质与用途

6.1.1.1 镁的性质

纯镁呈银白色，在室温下为稳定的固态，有着近乎完美的密排六方结构（hcp）。标准大气压下，熔点为（650 ± 1）℃，沸点为 1091℃；随压力的增加，镁的熔点逐渐升高。镁的密度小，为 1738kg/m^3（20℃）；蒸气压 215.95Pa（627℃），1037.1Pa（727℃）；热导率 155.5 W/(m · K)（0 ~ 100℃）；电阻率 43.9nΩ · m（20℃）。金属镁的主要物理性质见表 6-1。

表 6-1 镁的物理性质

物理性质	物 理 参 数	物理性质	物 理 参 数
摩尔体积	13.99cm^3	升华热	128kJ/mol
相对密度	1.74（20℃）、1.55（700℃）	比热容 c_p	24.869J/(mol · K)
原子半径	0.162nm	电阻率 ρ	43.9nΩ · m
离子半径	0.074nm	导热率 λ	156W/(m · K)
熔点	650℃	标准电位	−2.37V
沸点	1091℃	电化当量	0.453g/(A · h)
25℃时的熵 S°	32.66 ± 0.08J/(mol · K)	电离能	737.7kJ/mol、1450.7kJ/mol、7732.7kJ/mol
熔化潜热	8.48kJ/mol		

镁的化合价为 +2 价。固体镁在常温干燥空气中比较稳定，在湿空气中易被腐蚀。熔融镁、镁粉、镁箔易在空气中燃烧。300℃时镁开始与氮反应，生成氮化镁（Mg_3N_2）。镁不溶于碱性溶液，但能溶解在各种有机酸和无机酸（氢酸和铬酸除外）中。金属镁无磁性，抗冲击而不产生火花，具有良好的导热和热消散性。镁无毒，不易碎裂，也可以用于染色和电镀。镁的强正电性，使得其能与大部分合金元素形成金属间化合物。

其化学性质可归结为如下几点：

（1）与氧的亲和力大，其表面易被空气氧化；镁在其熔点以上易在空气中燃烧，发出炫目的白光。

（2）与冷水发生缓慢反应，与热水和酸类发生强烈反应生成氢气和相应镁化物，与氢氟酸反应因生成氟化镁膜而中止。

（3）镁与氢发生反应生成氢化镁，被用于储氢合金的开发。

（4）与 $TiCl_4$ 反应生成金属钛。

（5）腐蚀性：1）化学腐蚀：耐碱（pH >10.2）、不耐酸（低浓度和高温的氢氟酸除外）；2）土壤腐蚀：耐黏土腐蚀，有氯化物时腐蚀剧烈；3）电化学腐蚀：牺牲阳极。

6.1.1.2　镁的用途

镁主要用于制造轻金属合金、球墨铸铁、科学仪器等，也能用于制造烟火、闪光粉、镁盐、吸气器、照明弹等。

镁可用于制造铝合金，镁作为合金元素可以提高铝的机械强度，改善机械加工及耐碱腐蚀性能。由于镁基合金（含铝、锰、锌、锂等）的结构件或压铸件的比强度（单位重量的强度）大，在汽车、航空、航天等工业中，用镁代替部分的铝，可减轻结构的重量。与塑料相比，镁合金具有重量轻、比强度高、减振性好、热疲劳性能好、不易老化，导热性良好、电磁屏蔽能力强、压铸工艺性能良好，尤其易于回收等优点，是替代钢铁、铝合金和工程塑料的新一代高性能结构材料。

镁常用作还原剂，用于置换钛、锆、铀、铍等金属。镁粉用于钢液脱硫。此外，镁粉还用于制造化工产品、药品、烟火、照明弹、油漆涂料、焊丝以及供球墨铸铁用作球化剂等。

镁牺牲阳极作为有效的防止金属腐蚀的方法之一，可广泛用在地下铁制管道、石油管道、储罐、海上设施及装备等。

金属镁能与大多数非金属和酸反应；在高压下能与氢直接合成氢化镁；镁能与卤化烃作用合成格氏试剂，广泛应用于有机合成；应用镁的格里纳德（Grignard）反应，可以合成多种复杂的有机化合物；镁具有生成配位化合物的明显倾向。

镁和镁合金成为现代汽车、电子、通信等行业的首选材料，被誉为“21 世纪的绿色工程材料”。

6.1.2 镁矿资源

镁是地壳中分布较广的元素之一，在地壳中含量约为 2.09%。海水中镁以氯化物形态存在，约为 1.28g/L。镁在海水中的含量仅次于氯和钠，总量达 6×10^{16}t。

6.1.2.1　镁矿种类

在自然界中镁只能以化合物形态存在，在已知的 1500 多种矿物中，镁化合物占 200

多种。分布较广的镁矿有菱镁矿（$MgCO_3$）、白云石（$CaCO_3 \cdot MgCO_3$）、镁橄榄石（Mg_2SiO_4）、滑石（$3MgO \cdot 4SiO_2 \cdot 2H_2O$）、蛇纹石（$3MgO \cdot 2SiO_2 \cdot 2H_2O$）、硫酸镁钒（$MgSO_4 \cdot H_2O$）、泻利盐（$MgSO_4 \cdot 7H_2O$）、钾镁钒（$MgSO_4 \cdot KCl \cdot 6H_2O$）、无水钾镁矾（$2MgSO_4 \cdot K_2SO_4$）、水氯镁石（$MgCl_2 \cdot 6H_2O$）、光卤石（$KCl \cdot MgCl \cdot 6H_2O$）等。

6.1.2.2 国内外镁矿资源分布

菱镁矿在许多国家中都有，如中国、原苏联、挪威、印度、巴西等，世界上最大的菱镁矿矿床就在我国辽宁省东南部。白云石的分布最广，几乎各国都有。在某些没有菱镁矿的国家就用白云石作为生产镁的主要原料，如美国、法国、加拿大等。我国的镁资源仅次于澳大利亚，位居世界第二位，尤其是白云石资源极为丰富，几乎遍布全国各省。世界上最大的光卤石矿床在原苏联的乌拉尔和东德的艾利贝区，我国青海盐湖也有大量的光卤石，且质量优异。

海水、盐湖水中所含的 $MgCl_2$ 经过富集、去杂后，可作为生产金属镁的原料。美国镁矿资源不多，故其金属镁大部分是以海水为原料制取的。我国的海岸线很长，沿海各地提取食盐后副产物卤水是生产金属镁的重要原料。

6.1.3 镁的生产工艺

目前镁的生产方法可分为两大类：氯化镁熔盐电解法和热还原法。世界各国的炼镁方法都是根据自己国家的资源特点来组建镁工业的，并且都有自身独特的经验。

6.1.3.1 氯化镁熔盐电解法

炼镁采用氯化物熔盐体系，得到的产品是金属镁与氯气。现行电解制镁工艺主要包括了电解原料的制备及氯化镁的电解两大过程。按装入镁电解槽中氯化镁原料种类的不同，电解法炼镁工艺可分为氯化镁工艺流程、光卤石工艺流程及联合工艺流程三大类。除了以光卤石为原料以外，电解法炼镁的工艺总体都是以无水氯化镁作为电解原料。以光卤石为原料时，由于光卤石的成分符合电解的要求，只是需要对其组成进行适当的调整，也就是除掉其中所含的 NaCl，制备人造光卤石（$KCl \cdot MgCl_2 \cdot 6H_2O$），然后脱水制备 $KCl \cdot MgCl_2$，再作为原料进行电解。

氯化镁熔体的物理化学性质（熔点高、易挥发、黏度大、导电率低、极易水解）决定了不能用纯氯化镁或单一的氯化镁熔体作为电解质来进行电解，一般采用 $MgCl_2$、KCl、NaCl、$CaCl_2$、$BaCl_2$ 的混合熔体作电解质。电解质的组成和性质对电解过程的指标有较大的影响，而且不同的原料需采用不同组成的电解质。

6.1.3.2 热还原法

利用某种还原剂从含镁化合物中还原制得金属镁。根据还原剂的不同，可分为金属热还原法、碳化物热还原法和碳热法。金属热还原法是指用木炭、煤、焦炭、石墨粉等炭质材料作为还原剂。碳热还原法是指用硅、硅-铁、铝、铝-硅-铁、钙、硅-钙等作为还原剂。碳化物热还原法指的是用碳化钙（CaC_2）之类的碳化物作为还原剂。

热还原法有如下特点：可作为原料的天然矿物资源种类多，分布广，易获得；可利用电、油、天然气等多种能源进行生产；工艺过程简单，投资少，建厂快速；生产过程不产生有毒废弃物，对环境污染小，还原残渣可作水泥原料、肥料或铸型硬化剂；间接加热的横罐真空还原炉所得镁纯度高等。不过，其缺点在于：设备产能低；机械化程度差；半连续法所得镁含硅量高；所用还原剂价格贵等。

在国外，电解法镁产量占镁的总产量约80%；在国内，则是热还原法占主导地位，占总产量97%。

6.2 电解法制备镁的生产工艺

6.2.1 电解法制备镁的基本原理

镁电解工业虽然已有超过100年的历史，但其生产方法一直在变化。过去使用过的及现在正在使用的电解炼镁法共有十几种，各种方法中电解和精炼虽不断发展而有不同，但其基本原理是一致的，都是在电解槽中电解熔融氯化镁从而得到金属镁及其他副产物。

镁电解质主要由$MgCl_2$、NaCl、$CaCl_2$和KCl等成分组成。NaCl和KCl是典型的离子晶体化合物，熔化时能解离成为简单离子Na^+、K^+和Cl^-。$MgCl_2$晶体具有层状结构，为介于离子晶体和分子晶体间的过渡型晶体。当其熔化时，层间键力首先被破坏，而保存层内牢固的离子键力。因此，在纯$MgCl_2$熔盐中不存在二价镁离子。$MgCl_2$的电离按下式进行：$MgCl_2 = MgCl^+ + Cl^-$。而更可能的电离方式为：$2MgCl_2 = MgCl^+ + MgCl_3^-$。经过理论分析及实验验证，得出在含$MgCl_2$、NaCl、$CaCl_2$和KCl的电解质中，只有氯、钠和钾大量地以简单离子的形态存在。镁和钙主要以下列形态的络离子存在：$CaCl^+$、$MgCl^+$、$CaCl_3^-$、$MgCl_3^-$、$MgCl_4^{2-}$。熔体中只有少量的钙、镁等简单离子。故在$MgCl_2$熔盐电解过程中，电流主要由Na^+、K^+和Cl^-等简单离子传输。但由于电解质基本成分中$MgCl_2$的分解电压最低，因此在阴极并不是Na^+、K^+放电，而是析出金属镁。

电极反应式如下：

阳极（石墨）： $2Cl^- - 2e \longrightarrow Cl_2$

阴极（钢）： $Mg^{2+} + 2e \longrightarrow Mg$

由于氯化镁熔点高、导电性差、挥发性强、容易水解，故在镁电解中不单独用作电解质。目前镁电解生产使用的电解质主要有三个体系：$MgCl_2$-NaCl-$CaCl_2$系、$MgCl_2$-NaCl-KCl系和$MgCl_2$-NaCl-$CaCl_2$-KCl系。为使析出的镁更容易汇集，电解质中常加入约2%的氟化钙或氟化镁。某些时候，氯化锂和氯化钡也可作为电解质的基本成分。$MgCl_2$在800℃的最低分解电压为2.51V，电解质中浓度下限为5%～10%。

镁电解时，电解槽内的物料按一定的方式做循环运动，如图6-1所示。

6.2.2 电解法制备镁的工艺流程

1916年DOW工艺在美国Michighn的Midland首次得到应用。当时所用的制备$MgCl_2$的方法是将海水与煅烧白云石一起制成泥浆，与盐酸反应，生成氯化镁溶液，将其浓缩并干燥处理后生成$MgCl_2 \cdot 3/2H_2O$。这种原料直接加入电解槽内进行反应，副产物氯气可以回收利用。1941年道屋（DOW）化学公司在塔克赛斯自由港建立了一个工厂，从海水中

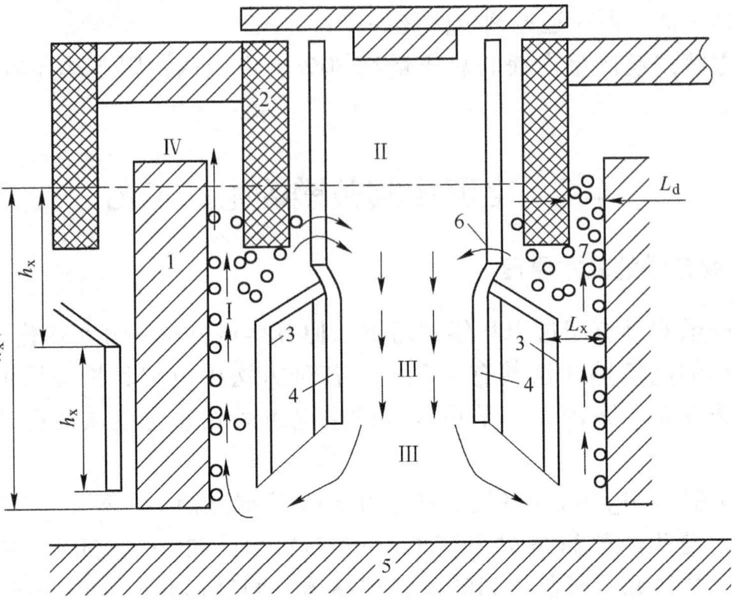

图 6-1 电解法制镁电解槽原理

Ⅰ—极间空间区；Ⅱ—集镁区；Ⅲ—沉渣区；Ⅳ—集氯区

1—阳极；2—隔板；3—阴极工作面板；4—阴极平衡杆；5—槽底；6—电解质水平；7—充满氯气泡的熔体

提取镁的电解原料。海水由引水槽引入，滤过淤泥后导入沉淀池，与石灰混合，过滤后与20% HCl 反应生成 $MgCl_2$，蒸发后得到固体氯化镁，然后经干燥炉干燥得到低水合氯化镁（$MgCl_2 \cdot 3/2H_2O$），成为 DOW 工艺电解制镁的原料。许多生产厂家都采用与 DOW 工艺类似的方法电解海水来生产镁，主要差别在于提取无水氯化镁的方法不同。DOW 化学公司通过在含大量 $MgCl_2$、NaCl 和 $CaCl_2$ 混合溶液的电解池中直接加入少量部分脱水氯化物来迅速脱水，工艺流程如图 6-2 所示。

挪威诺斯克水电公司是世界上著名的电解法炼镁企业，该公司所属的帕斯格伦厂（Porsgrunn Plant）为了减少能量消耗并减轻环境污染，建立了新的生产流程，只用氯化镁卤水作原料，制取无水氯化镁。在此新流程中，生产每吨镁，可得副产品氯气 2.9t。把卤水先经提纯，因为其中除了质量分数为 30% 的 $MgCl_2$ 之外，还有不少杂质（如硼和硫）必须予以清除，以免影响电解的电流效率。其生产流程如图 6-3 所示。

以阿玛克斯法为代表的工艺取美国大盐湖（The Great Salt Lake）的卤水，在太阳池中浓缩，经进一步浓缩、提纯和脱水后，获得氯化镁（$MgCl_2 \cdot 6H_2O$）溶液，用喷雾和熔融氯化脱水法获得无水氯化镁熔体，最后电解得粗镁，精炼后得到商品镁。其工艺流程如图 6-4 所示。

前苏联则主要采用往电解池中加入无水光卤石来脱水，如图 6-5 所示。

图 6-6 所示为我国以菱镁矿为原料的电解法炼镁的工艺流程，该工艺的特点是以菱镁矿为原料，将矿物颗粒氯化，所得的氯化镁熔体电解制备金属镁。

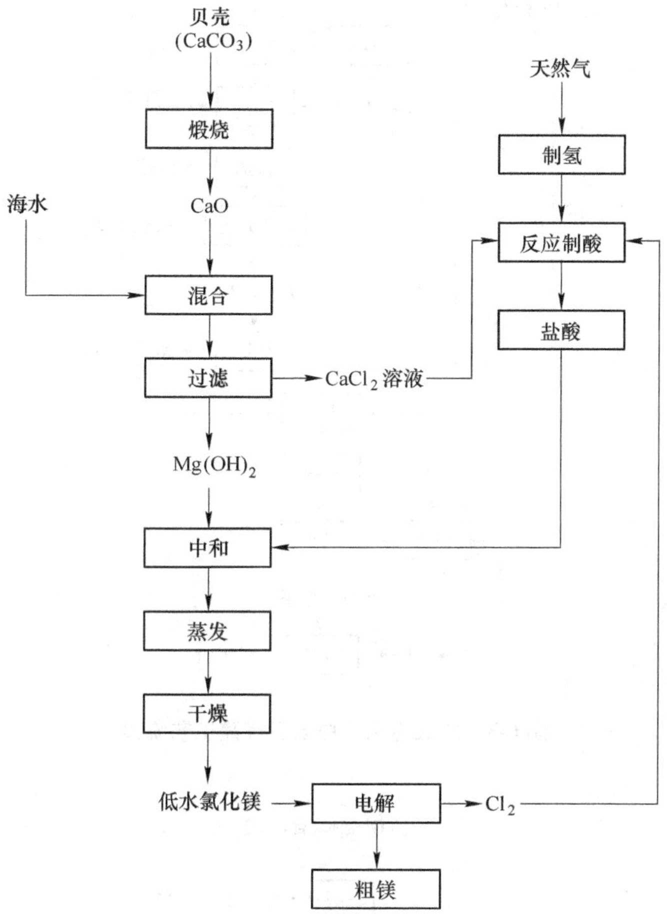

图 6-2 DOW 化学公司海水炼镁工艺流程

图 6-7 所示为 Magnola 炼镁工艺流程。该工艺的特点是以蛇纹石中的氯化镁为电解法炼镁的原料，将石棉矿尾渣浸泡在浓盐酸中制取氯化镁溶液，利用调节 pH 值和离子交换技术来制备超高纯度的氯化镁溶液，然后再进行脱水和电解得到粗镁。

澳大利亚金属镁公司（AMC）开发了一种制备无水氯化镁原料的全新工艺，在氯化镁溶液中加入一种称为 Gylcol 的物质，蒸馏脱水，然后喷入氨生成六氨合氯化镁，接着焙烧制备高质量的无水氯化镁。在该工艺中，溶剂和氨都可以循环使用，其流程如图 6-8 所示。

图 6-9 所示为以光卤石为原料的电解法炼镁工艺流程。天然光卤石中含 NaCl 太高，不能满足电解质的合理组成，因此为了满足电解的要求，天然光卤石必须进行再结晶处理，制成人造光卤石。其原理就是：在温度变化时，$MgCl_2$、KCl、NaCl 在水中的溶解度不同。随着 $MgCl_2$ 浓度的升高，KCl 和 NaCl 在水中的溶解度则下降；且随着温度的升高，NaCl 的溶解度下降得比 KCl 更快，借此将溶液中的 NaCl 除掉，得到合乎电解质要求的组成成分——人造光卤石，而后进行脱水、电解。

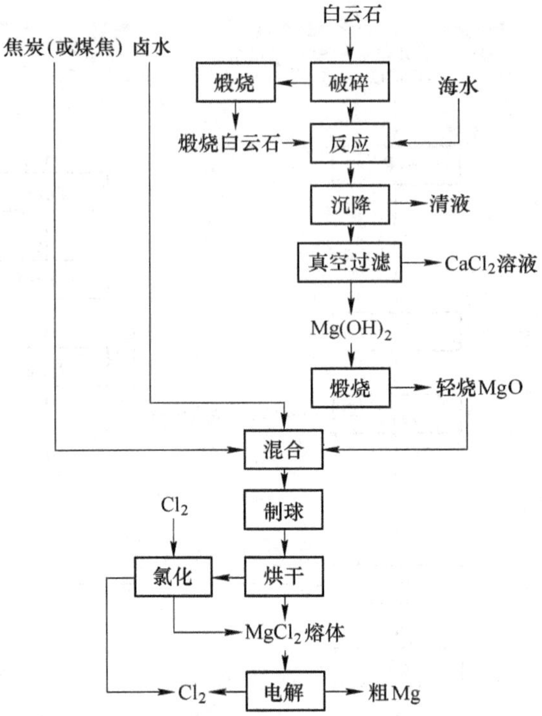

图6-3 挪威海水－白云石炼镁工艺流程

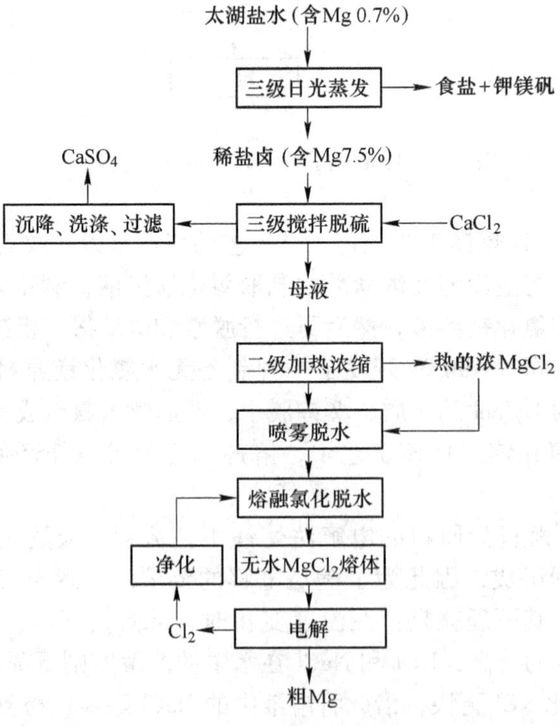

图6-4 美国铅公司盐湖水炼镁的工艺流程

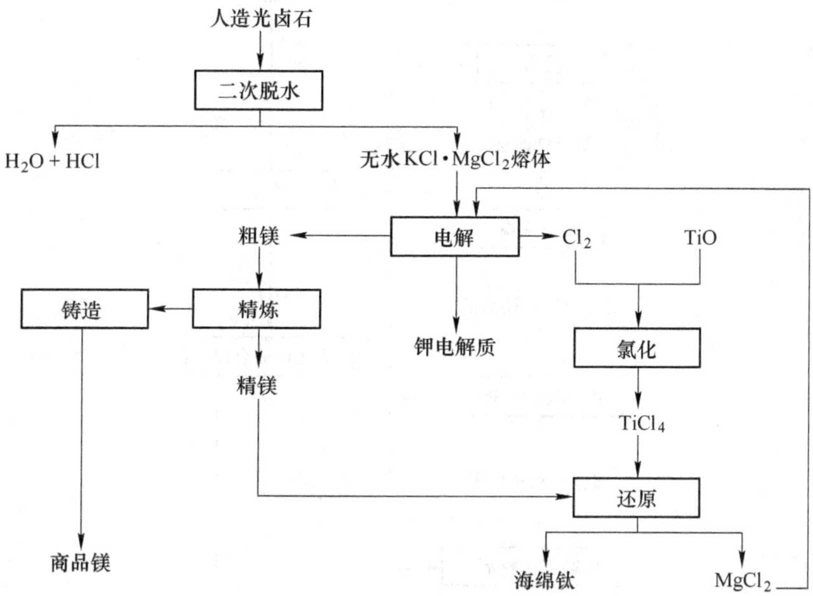

图 6-5 前苏联光卤石－镁钛联合工艺流程

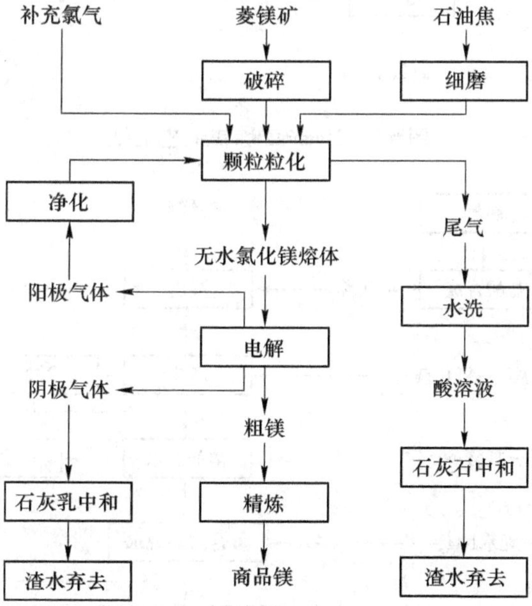

图 6-6 我国菱镁矿炼镁的工艺流程

6.2.3 电解法制备镁的工业应用

工业应用上对镁电解质有以下要求：(1) 电解质中不应该含有比 Mg^{2+} 更正电性的金属离子（如 Al^{3+}、Fe^{3+}、Mn^{2+}、Ti^{4+}）和非金属阳离子（如 H^+、B^{3+}、Si^{4+}），也不该含

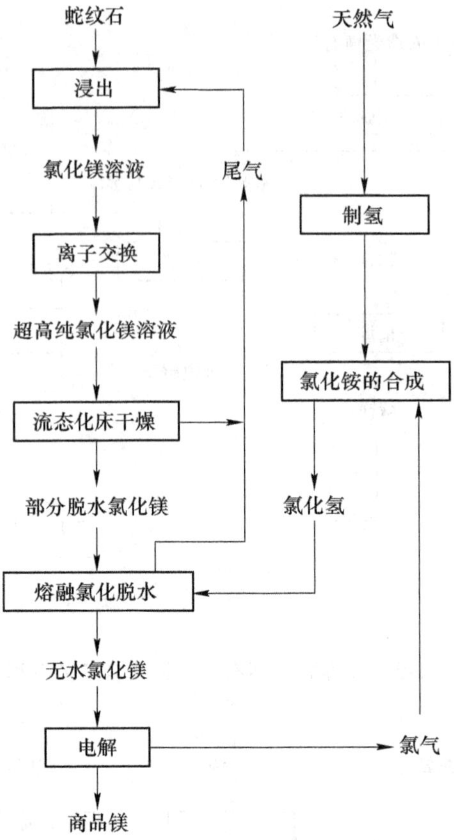

图 6-7 Magnola 炼镁工艺流程

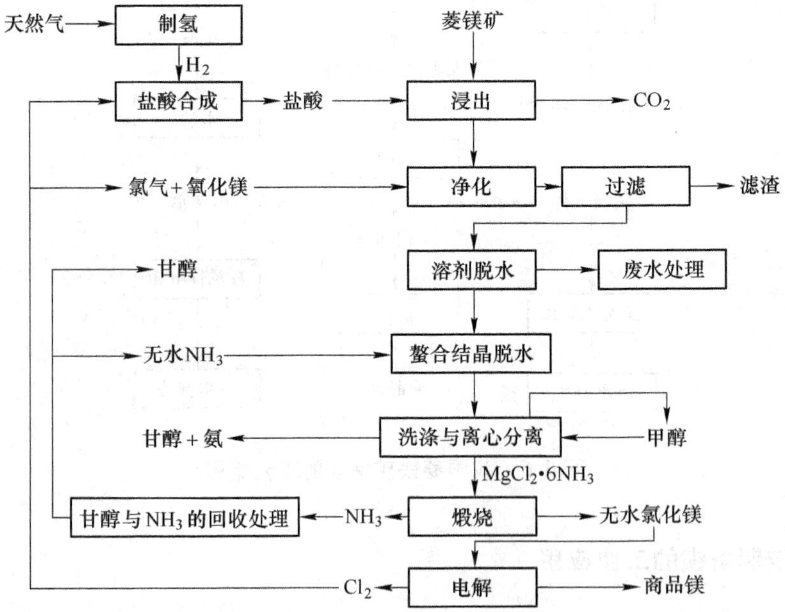

图 6-8 澳大利亚 AMC 公司溶剂脱水炼镁工艺流程

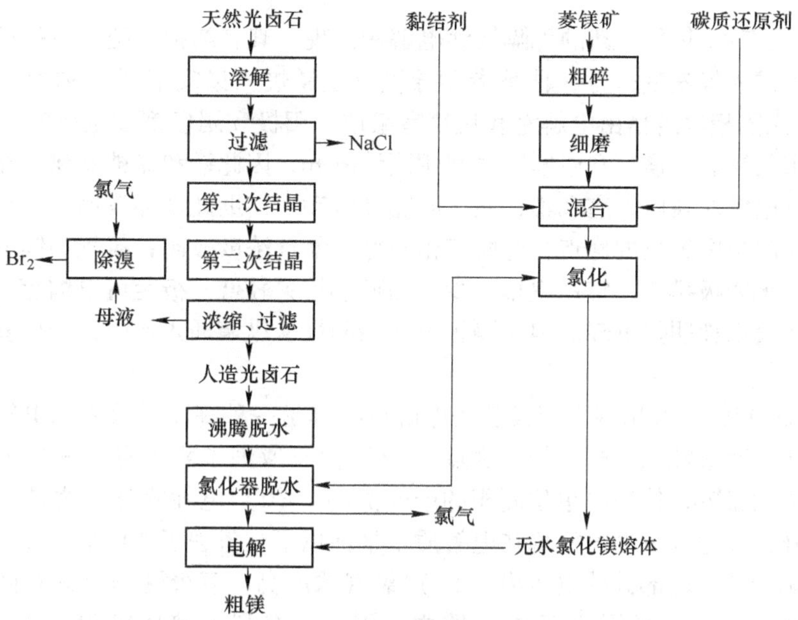

图 6-9 光卤石－菱镁矿混合给料炼镁流程

有较多的比 Cl^- 更负电性的阴离子（如 F^-），因为这些离子会优先在电极板上析出。（2）具有良好的导电性能，以降低电解质电压降。（3）具有适当的初晶温度。为使镁保持熔融状态，电解温度应比镁的熔点高，过高会使电解效率降低、熔体蒸发损失加大及热损失增加。电解温度一般比镁的熔点高 30～70℃，比电解质的初晶温度高 80～100℃。（4）电解质密度应比液镁高 0.03～0.12g/cm^3，以保证液镁能顺利从电解质中浮至表面，在表面又不至于暴露太多。（5）电解质应有较小的黏度，以利于氯气、金属镁、渣与电解质的分离。（6）电解质应对阴极有较大的表面张力，以利于液镁及氯气形成较大的液滴和气泡，对空气的表面张力应小，以利于电解质对表面液镁的保护。

镁电解质组成的两个范例：

（1）以光卤石为原料；电解质成分：$MgCl_2$ 5%～15%，KCl 70%～80%，NaCl 5%～15%；电解温度 680～720℃。

（2）氧化镁为原料；电解质成分：$MgCl_2$ 12%～15%，KCl 5%～7%，$CaCl_2$ 38%～42%，NaCl 40%～45%；电解温度 690～720℃。

自 1886 年开始镁生产工业应用以来，镁电解槽的结构发生了很大变化。最初，镁电解槽是一种简单的无隔板镁电解槽。它结构简单，极距易于调整，但其不能密封，氯气不能收集，电流效率和电能效率都很低。

20 世纪 30 年代后，出现了有隔板的镁电解槽。其曾是镁电解工业最广泛使用的电解槽，分为三种类型：上插阳极电解槽、侧插阳极电解槽和底插阳极电解槽。三者的主要差别就在于阳极的安装方式不同。与上插槽相比，侧插槽的优点是阳极室密封性好，阳极气体浓度高，寿命也比上插槽约长一倍；缺点是阳极更换困难，阳极铸铁接点易发生电化学溶解。底插槽的优缺点与侧插槽相同，但底插槽铸铁接点的溶解现象有所缓和。

到了20世纪40年代，新的无隔板镁电解槽出现。其有两种类型：一种是借电解质的循环运动使镁进入集镁室；另一种是借助导镁槽使镁进入集镁室（又称为阿尔肯型无隔板电解槽）。无隔板电解槽由电解室和集镁室组成。阳极和阴极都在电解室，集镁室用来收集电解室来的镁。集镁室和电解室之间用隔墙隔开，因此镁和氯被隔离。在循环集镁的无隔板槽中，电解质在电解室和集镁室之间循环流动。借助此循环流动，镁从电解室进入到集镁室。无隔板电解槽的优点：电解室密封好，氯气浓度较高；氯气与镁分离较好，电流效率较高；无阴极排气，集镁室排气少，因而热损失较低，极距可以缩短，加上电流效率较高，故能量消耗明显下降。但无隔板电解槽阴极从纵墙插入槽内，所以安装和检修都较困难。

20世纪80年代，又出现了双极性镁电解槽，其是一种高能量效率的电解槽。与单极性电解槽相比，双极性电解槽有如下优点：（1）由于取消了阴极室及减少了阴极块的数量，电解室更加紧凑，使槽底单位面积的产能提高。（2）电耗降低。这是由于双极槽除两端电极以外，其他双极性电极均在电解质水平面以下，省去了相应的母线，降低了电极间距，因而减少了相应部分的电压降。（3）氯气浓度高。双极性槽上只有两端阴、阳极伸出槽体，其余电极全部浸没于电解质中，因此，有利于整体密封，并可减少污染。（4）铝、铜母线用量减少，槽电流强度可以大幅度下降，使整流设备投资降低。不过，双极性镁电解槽也有缺点，主要为：（1）对双极性电极的要求高，既要适合氯气的析出，也要适合镁的析出；（2）电极周围漏电。

双极性电解槽原理如图6-10所示。

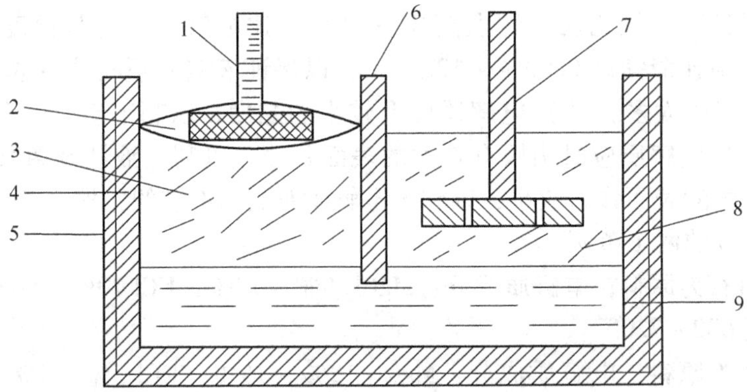

图6-10　双极性电解槽原理

1—钢阳极；2—镁；3—电解质；4—耐火砖内衬；5—钢壳；6—耐火材料隔板；7—石墨阳极；8—电解质 *B*；9—Mg-Al 合金液

以天然菱镁矿、海水－白云石为原料可直接制取无水氯化镁。但是从海水、大盐湖水、卤水等原料中用湿法制取的氯化镁都以氯化镁水合物的形式存在，必须进行深度脱水，才能送去电解，否则电解时能耗高、电流效率低。

氯化镁水合物脱水不能采取简单的加热方法，因为氯化镁分解成氧化镁和氯化氢气体，氧化镁无助于电解过程，引起镁的损失，氯化氢则会使设备受到严重腐蚀。

6.3 热还原法制备镁生产工艺

热还原法主要采用还原剂加热还原氧化镁，根据还原剂的不同，热还原法又分为硅热法、碳化物热还原法、碳热还原法和金属还原法，其中后面三种在工业上较少采用。硅热法采用硅铁还原氧化镁，生产工艺有 Pidgeon 工艺（皮江法）、Magnetherm（马格内姆）工艺及 Bolzano（波尔扎诺）工艺。皮江法属于外热法，马格内姆工艺和波尔扎诺工艺属于内热法。

6.3.1 热还原法制备镁的基本原理

硅铁合金（含75% Si）在高温和减压下还原白云石中的 MgO，得到纯镁和二钙硅酸盐渣。发生的反应是：

$$2(CaO\cdot MgO)_{(s)}+Si(Si\text{-}Fe)_{(s)}=\!=\!=2Mg_{(g)}+2CaO\cdot SiO_{2(s)}$$

有关该反应进行的可能性，可参照图6-11。在该图中绘示出各种氧化物的标准生成自

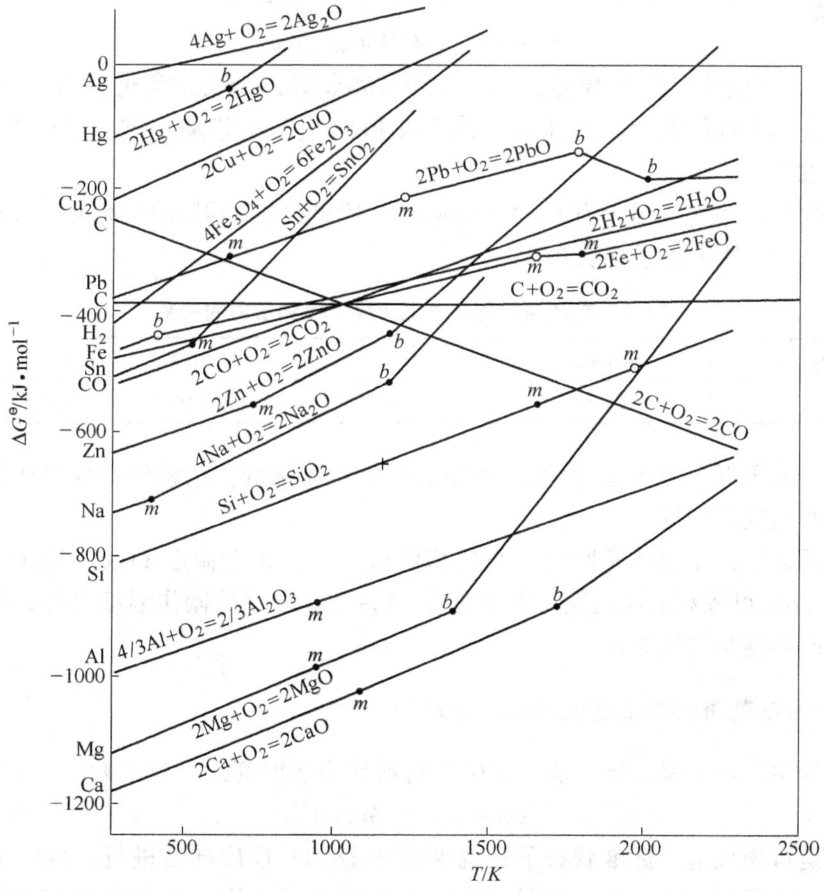

图6-11 氧化物的自由能图（艾林汉图）

m—熔化温度；*b*—沸腾温度；+—相转变

由能随温度而改变的曲线。从该图看出，反应 $Si + O_2 = SiO_2$ 的标准生成自由能比反应 $2Mg + O_2 = 2MgO$ 的标准生成自由能大，随温度升高到 2000K 以上时，二者位置互换，这时候有可能用 Si 还原 MgO。

这里有两点值得考虑：

(1) 当用硅（铁）还原白云石时，生成了稳定的化合物二钙硅酸盐，此时还原起始温度降低约 600℃。所以，用白云石作原料是有利的。

(2) 艾林汉图上的标准生成自由能是指在标准状态下，即参与反应的气态物质的分压为 0.1MPa，而固态或液态物质的活度均为 1 时的生成自由能。如果参与反应的物质不是处于标准状态，则反应的自由能变化值应为：

$$\Delta G = \Delta G^{\ominus} + RT\ln p$$

式中 p——参与反应的物质的原始分压比；

$RT\ln p$——反应自由能变化值的修正值。

在 $a\text{Me} + O_2 \rightarrow b\text{MeO}$（这里 O_2 为 0.1MPa）形式的反应中，自由能变化值的修正值为 $RT\ln p = RT\ln p_{\text{MeO}}^{b}/(p_{\text{Me}}^{a} \cdot p_{O_2})$。

其中 $p_{O_2} = 0.1\text{MPa}$，当反应中 MeO 为固态、Me 为气态时，则：

$$\Delta G = \Delta G^{\ominus} - RT\ln p_{\text{Me}}^{a} \cdot p_{O_2}$$

由此可见，当金属 Me 的原始压力小于 0.1MPa 时，$\ln p_{\text{Me}}^{a}$ 为负值。但是 $\Delta G^{\ominus}$ 值为负值，结果使 ΔG 值的负值减小，即自由能改变值曲线向上移动。这就意味着用 Si 还原 MgO 的可能性增大。

用硅还原氧化镁（或白云石）的平衡温度，因此随压力减小而降低。用硅还原氧化镁时的平衡温度－压力关系见表 6-2。

表 6-2 硅还原氧化镁时的平衡温度和压力的关系

剩余压力/Pa	101308	1333	133.3	13.3
平均温度/℃	2375	1700	1430	1235

因此，在减压下，用 Si 还原 MgO 的温度可以明显降低。这就使得硅热还原法炼镁有可能在较低的温度下实现。

实践结果表明，在用硅还原白云石的炼镁过程中，采取温度 1100～1250℃ 和真空度 13.3～133.3Pa，可顺利还原出镁。真空除了能够降低还原的操作温度之外，还能够防止还原剂硅和产品镁被空气氧化。

6.3.2 热还原法制备镁的工艺流程及工业应用

碳热还原法：以木炭、煤、焦炭等碳质材料作为还原剂，反应式为：

$$MgO + C \rightleftharpoons Mg + CO$$

此反应是可逆反应。标准状态下，温度高于 1850℃ 反应向右进行；低于 1850℃ 时则向左。因此，为了防止冷却时，镁被 CO 氧化为 MgO，需用大量与镁不反应的中性气体（如氢气）将混合气体产物带出高温区急冷下来。故虽然此法的还原剂较便宜，但由于生产时需要大量氢气以及安全问题，目前已停用。

碳化物法其反应式为：

$$MgO + CaC_2 = Mg + CaO + 2C$$

添加少量萤石（CaF_2）粉能加速反应过程。反应在 900～1100℃ 及 100Pa 下进行，镁的收率可达到65%。但由于 CaC_2 的活性较低，又易吸湿、物料流量大等原因，此法目前也已停用。

金属热还原法：用金属或合金作为还原剂的热还原过程。其反应通式为：

$$m\mathrm{MgO} + n\mathrm{Me} = m\mathrm{Mg} + \mathrm{Me}_n\mathrm{O}_m$$

能用作还原剂的金属很多。但从经济方面考虑，工业上主要用含 Si75% 的硅铁合金（ferrosilicon）作还原剂，此时硅铁中的硅起还原作用，铁不起还原作用。此时又称为硅热法（silicothermic processes）。在某些场合也用铝硅合金作还原剂，此时硅和铝都起作用。

碳热还原法及碳化物法炼镁工艺流程如图 6-12 所示。

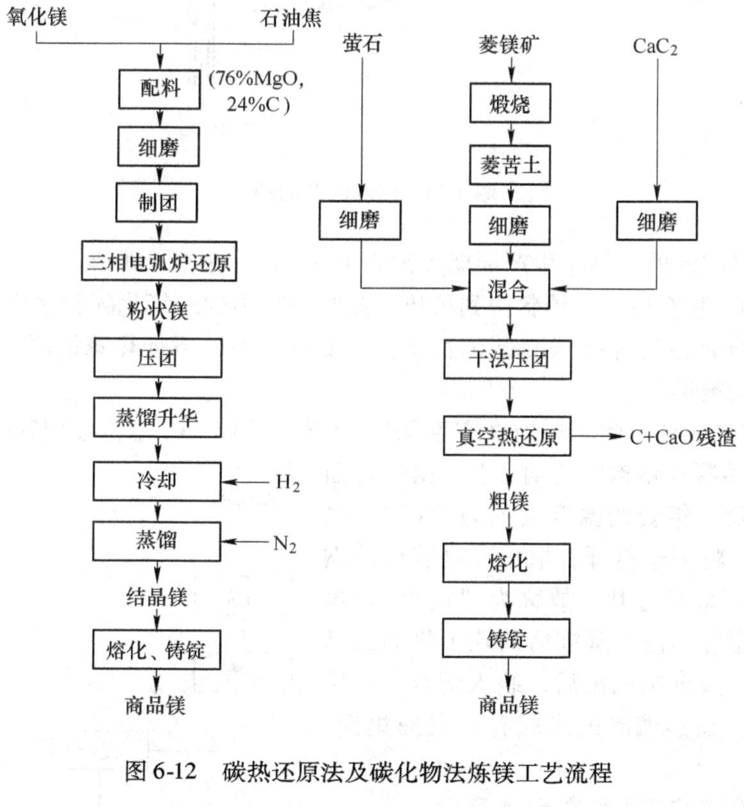

图 6-12 碳热还原法及碳化物法炼镁工艺流程

硅热还原法生产实践按所用设备不同，分为三类：皮江法（Pidgeon Process）、巴尔札诺法（Balzano Process）、玛格尼法（Magnetherm Process）

(1) 皮江法（加拿大）。1941 年加拿大科学家皮江（L. M. Pidgeon）教授发明了硅热还原炼镁工艺，称为皮江法。该工艺将煅烧后的白云石和硅铁按一定比例配比磨成细粉，压成团块，装在由耐热合金制成的蒸馏罐内，在 1150～1200℃ 及 1～13Pa 的条件下还原得到镁蒸气，然后冷凝结晶成粗镁，粗镁再精炼得到镁锭。反应式为：$2(MgO \cdot CaO) + Si(Fe) = 2Mg + 2CaO \cdot SiO_2 + (Fe)$。

特点：还原设备结构简单，容易操作管理；可利用多种能源进行还原生产。不足：热利用率低，产能低，还原罐价格昂贵，成本远高于电解法。原料与工艺参数：白云石（Mg 不低于 30%），在回转窑内煅烧（1350℃），硅铁（Si75%），CaF_2（萤石）（质量分数 2.5%）为熔剂。设备：蒸馏罐（图 6-13）用无缝钢管制成，卧式。操作温度 1200℃，外部加热。罐长 3m，内径 28cm，装料 160kg。

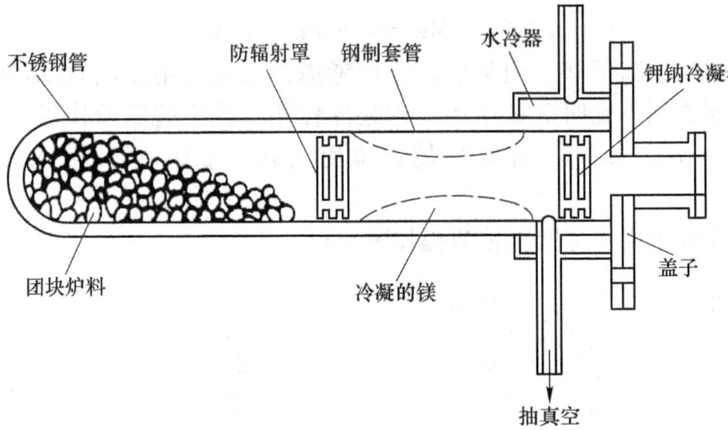

图 6-13 皮江法蒸馏罐

生产方式是间断的。每个生产周期大约为 10h，可分为三个步骤：

1）预热期。装料后，让炉料得到预热，此时炉料中的二氧化碳和水分被排除。

2）低真空加热期。装上蒸馏罐的盖子，在低真空条件下加热蒸馏罐，此时所有的二氧化碳和水分均被排除。

3）高真空加热期。此时罐内真空度保持 13.3 ~ 133.3Pa，温度达 1200℃左右。时间为 9h，镁蒸气冷凝在钢罐中的钢套上。由于外面水箱的冷却作用，钢套的温度大约为 250℃。最终，切断真空，将盖子打开，取出冷凝着镁的钢套。钢套上的镁呈皇冠状，故称为“镁冠”。这是一种结晶得很好的镁。蒸馏后的残余物为二钙硅酸盐渣和铁。残余物取出后，装入新料，开始下一轮的操作。在蒸馏罐的末端有一只捕集钾、钠的冷凝器。

皮江法炼镁工艺流程如图 6-14 所示。

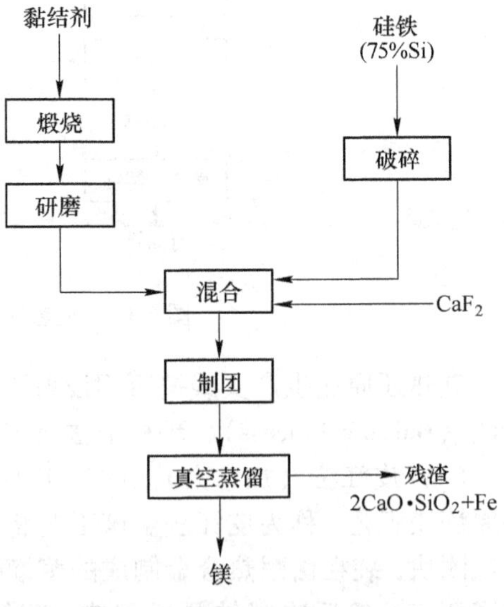

图 6-14 皮江法炼镁工艺流程

（2）巴尔札诺法（意大利）。巴尔扎诺工艺是意大利 20 世纪 60 年代发展的一种与皮江法相似的新方法。该工艺技术核心是采用盘式金属片电阻加热，还原温度为 1250℃，真空度为 133Pa。Bolzano 工艺具有较高的热效率，同时反应温度高，镁的产出率高，据报道单炉日产量达 2t。其具有如下优点：1）有较高的热效率，因而能耗低；2）反应温度高，可达1200℃以上，对物料活性的要求低，镁的还原效率和硅利用率高，生产稳定，反应速度快；3）反应炉容积大，生产率高，单炉产量在 1.5t 以上；4）反应炉体寿命很长，反应炉体几乎不消耗，因而大大降低了炉体的成本费用。

巴尔札诺法用的镁蒸馏罐如图 6-15 所示。

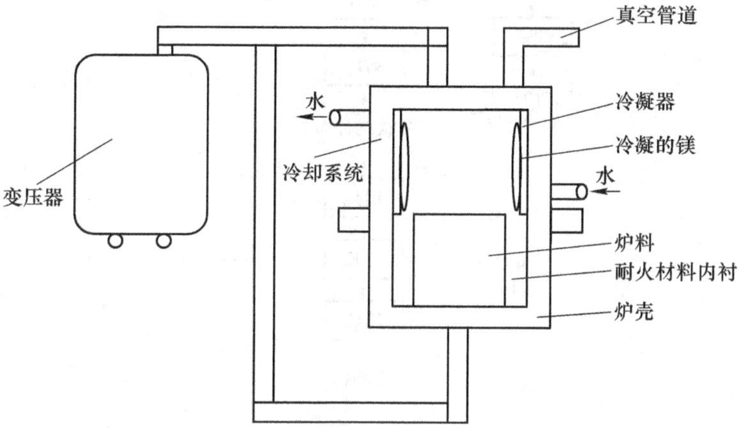

图 6-15　巴尔札诺法用的镁蒸馏罐

（3）玛格尼法（法国）。玛格尼法是 1947 年由法国发展起来的一种炼镁新工艺，也称为半连续熔渣导电法，其工艺流程如图 6-16 所示。玛格尼工艺的冶炼设备为一个钢外壳内砌有保温材料及炭素内衬的密封还原炉，采用电热元件内部加热。炉料中除煅烧白云石和硅铁外，还掺有煅烧铝土矿。加入铝土矿的目的是为了降低熔渣的熔点，利用熔渣导电产生的热量加热炉料并保持炉内温度。其还原反应为：

$$2(CaO \cdot MgO)_{(s)} + 2Si(Fe)_{(s)} + nAl_2O_{3(s)} = 2Mg_{(g)} + 2CaO \cdot SiO_2 \cdot nAl_2O_{3(l)} + Si - Fe_{(l)}$$

特点：用铝土矿和白云石作原料，硅铁为还原剂，在真空电炉进行还原反应，反应温度 1600～1700℃，真空度 0.226～13.332kPa；所有炉料呈液态，产品为液态镁，炉渣也为液态。连续加料，间断排渣和出镁，为半连续生产。

硅铁（其中 Si 的质量分数为 75%）的密度为 2.7g/cm^3，它跟炉渣相仿，因此两者混合在一起。当硅铁中硅含量降低时，即沉降到炉底。

经过 10h 的连续加料后，电炉内炉渣的深度可达 2.4m。此时，切断真空，注入惰性气体。同时变压器减少输入功率，只为维持必要的炉温。然后排出残余的贫铁（其中 Si 的质量分数为 18%）和贫镁炉渣（其中 MgO 的质量分数为 6%）。随后开始第二个生产周期。所以，生产过程也不是连续的。当第二个生产周期结束之后，将镁的冷凝罐移走，代之以一只空罐。

玛格尼工艺单炉生产能力大、产品纯度低于皮江法，但该工艺具有生产半连续化、单台设备产能大(1 台 4500kW 的炉子日产镁 7t)、环境污染小等优点。20 世纪 70 年代以来，法国、美国和前南斯拉夫都建立了玛格内姆工艺的镁厂，90 年代后，由于能源紧张相继停产。我国 20 世纪 70 年代在青海民和镁厂进行过工业性试验，后因各种原因而终止。

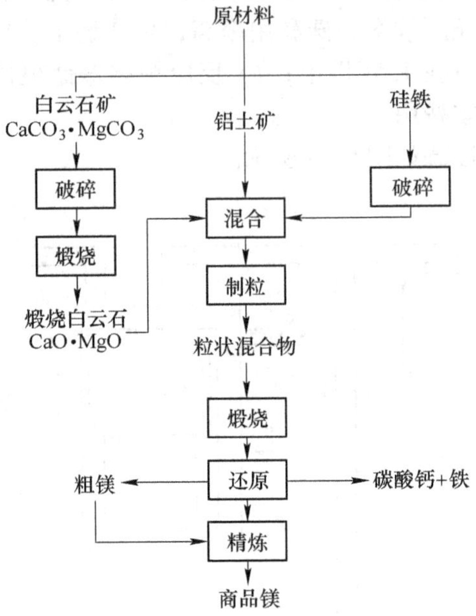

图 6-16 玛格尼法炼镁工艺流程

6.4 镁的精炼与浇注

粗镁中的杂质可分为金属杂质与非金属杂质两类。金属杂质主要有铁、铜、硅、铝、镍、锰、钾、钠等；非金属杂质主要有镁、钾、钠、钙等的氯化物和镁、钙、硅、铁等的氧化物。电解法制得粗镁中主要杂质是氯化物，来源于电解质以及阴极副产物，其含量可达2%～3%。热还原法的杂质主要是金属（钾、钠）及氧化物，来源于炉料。

杂质的存在对金属镁的性能有着不良的影响，如它们会降低镁的耐腐蚀性能，一些金属杂质会使镁的力学性能变坏。这正是限定镁中杂质含量和对粗镁进行精炼的基本原因。

镁的纯度达到99.85%以上者，即可满足一般用户的要求。纯度更高的镁可用真空蒸馏法制取。

6.4.1 粗镁精炼

6.4.1.1 熔剂法精炼

熔剂法精炼是通过向液态镁中添加适当熔剂的方法来实现精炼的目的。在熔铸镁时，熔剂的基本成分为氯化物和氟化物盐类，可分为精炼熔剂和覆盖熔剂。精炼熔剂用来清除镁中的某些杂质，覆盖熔剂用来使熔融的镁避免被空气氧化。

精炼熔剂的主要作用是清除镁中的非金属杂质。由于熔剂对液态镁的润湿性较差，对镁中机械夹杂的氧化物粒子却润湿良好，因此，通过熔剂与这类杂质粒子接触，将它们吸附到熔剂相中，然后与熔剂一同从镁中分离。熔剂的这种作用主要依赖于氯化钾、氯化钠，特别是氯化镁。此外，镁中的碱金属会同 $MgCl_2$ 相互作用，置换出 Mg，并生成相应的氯化物。镁中的非金属夹杂物 MgO 也与 $MgCl_2$ 作用，生成沉淀。覆盖熔剂的密度低于液态镁，故能浮于其上，将镁与空气隔离，覆盖熔剂也具有一定的清除氧化物杂质的作用。

操作：

(1) 将液态镁加热至 710℃；

(2) 加入精炼剂（20kg/t 镁）；

(3) 搅拌 10min；

(4) 升温至 740℃，并静置 5～10min，再降温至 710℃，然后浇铸。

双室连续粗镁精炼炉结构示意图如图 6-17 所示。

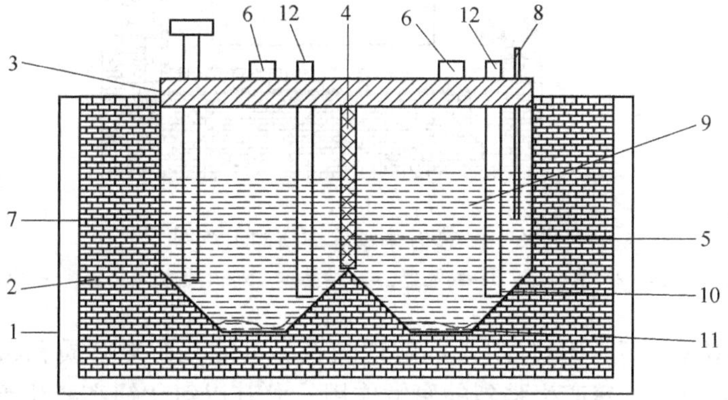

图 6-17 双室连续粗镁精炼炉结构示意图

1—外壳；2—内衬；3—盖板；4—隔墙；5—溢流孔道；6—清理孔；7—注镁管；8—排镁管；9—镁；10—熔融盐；11—渣；12—内浸式加热器

6.4.1.2 镁的升华精炼

镁的升华提纯一般在竖式蒸馏炉中进行，如图 6-18 所示。其原理是根据镁和其中所含杂质的蒸气压不同，在一定的温度和真空条件下，使镁蒸发，而与杂质分离。凡是蒸气压高、沸点低于镁的金属和盐类，首先蒸发；而蒸气压低、沸点高于镁的金属和盐类，则残留下来。因此，镁得以提纯。升华提纯时，镁从固态出发，直接冷凝成固态镁。

当升华温度为 600℃和冷凝温度为 500℃时，镁的升华过程就进行得相当快，这时候，镁中的大多数杂质实际上不升华。此时容器内的镁蒸气压稍大于 266.6Pa。因此可得到纯度 99.99% 以上的镁。其他成分的质量分数（≤）：Fe 0.002%，Si 0.0004%，Al 0.001%，Na 0.001%，Cu 0.001%，Ni 0.0001%。

6.4.2 镁锭浇注

裸态的镁锭在大气中极易遭到腐蚀，一方面是由金属镁本身的特性所决定的，另一方面是和电解镁锭的一些特点相关联。金属镁的化学活性高，因而其是耐腐蚀性能最差的金属之一，各种类型的大气均会对镁产生不同程度的腐蚀作用。例如，在干燥的大气中，镁由于受到氧化而失去金属光泽，表面上形成一层暗色的疏松多孔的膜，此层膜并不能对其下面的镁提供有效的防护；在潮湿的大气中，镁表面受到腐蚀，产物组成大致有 $MgCO_3$ ·

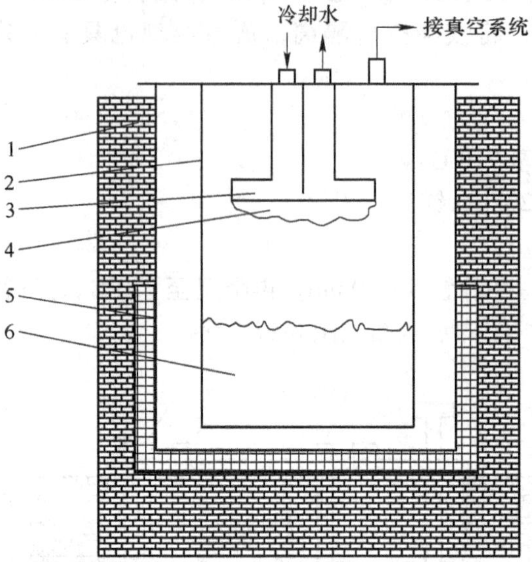

图 6-18 镁升华精炼炉结构示意图

1—电炉炉体；2—真空罐；3—结晶器；4—结晶镁；5—电热加热装置；6—原料镁

$3H_2O$、$MgSO_4 \cdot 7H_2O$、$Mg(OH)_2$ 等。电解镁的表面可能残留电解质和精炼熔剂，其主要成分为氯化物。它们会对镁产生强烈的腐蚀作用，尤其以氯化镁和氯化钙为甚，因为两者有强烈的吸水性，在大气中吸水后便形成了腐蚀电池的电解液。

因此，镁锭的后续防护是非常必须的。

依据镁锭的腐蚀原理，其防护处理应包括以下两个方面：一是去除其表面上附着的能引起腐蚀的杂质；二是增加防护性保护膜层。

工业上采用的镁锭防护方法主要有如下几种：

(1) 铬酸盐钝化法。此法即以铬酸、铬酸盐或中铬酸盐作为主要成分的溶液处理金属，以在金属表面上形成由三价铬和六价铬及金属本身的化合物组成的膜层，这种膜具有抑制金属腐蚀的钝化防护作用。

(2) 镁锭的阳极氧化处理。阳极氧化即通过电解反应来增加基体金属氧化膜的厚度，提高膜层性能的表面处理方法，这种膜具有良好的耐腐蚀性和耐磨损性能。镁的阳极氧化可在碱性溶液中进行，也可在酸性溶液中进行。

(3) 有机膜包覆法。此法即在镁锭表面上覆盖一层有机薄膜，以达到将镁锭与周围介质隔离，从而避免对镁发生腐蚀行为的一种工艺方法。例如，可将经过预处理并烘干后的镁锭于 60℃下浸渍到环氧树脂溶液中，取出后以空气干燥，使附在表面上的液态膜中的溶剂挥发，再加热到适当温度，以使树脂聚合。

复习思考题

6-1 镁的冶金有哪两种方法？所用的原料分别是什么？

6-2 简述电解法制镁的基本原理及优缺点。

6-3 请写出镁电解的电极反应式。为什么在阴阳极之间要加隔板？

6-4 简述温度对镁电解的影响。

6-5 镁电解过程中杂质有哪些？它们会对电解过程造成哪些影响？

6-6 简述皮江法炼镁的工艺过程。

6-7 在皮江法炼镁的真空热还原过程中，影响因素有哪些？

6-8 简述镁的精炼的各种工艺过程。

参 考 文 献

[1] 苏鸿英．世界镁工业生产和技术展望［J］．世界有色金属，2004（8）：36～39.

[2] Beals R S, Tissington C, Zhang X, et al. Magnesium global development: Outcomes from the TMS 2007 annual meeting [J]. JOM, 2007, 59 (8): 39～42.

[3] 张同俊，李星国．镁合金的应用和中国镁工业［J］．材料导报，2002，16（7）：11.

[4] Byron B. Global overview of automotive magnesium requirements and supply and demand [C] //International Magnesium Association (IMA), 1997.

[5] R. Vecchiattini, Ph D. Thesis. DEUIM [D]. Italy: University of Genoa, 2002.

[6] Carlson K D, Margrave J L. The characterization of high-temperature vapors [J]. Ed. JL Margrave, John Wiley and зопз, NY, 1967.

[7] Stanley R W, Berube M, Celik C, et al. The Magnola process magnesium production [J]. IMA 53. Magnesium—a Material Advancing to the 21st Century, 1996: 58～65.

[8] Duhaime P, Mercille P, Pineau M. Electrolytic process technologies for the production of primary magnesium [J]. Mineral Processing and Extractive Metallurgy, 2002, 111 (2): 53～55.

[9] Sharma R A. A new electrolytic magnesium production process [J]. Jom, 1996, 48 (10): 39～43.

[10] Faure C, Marchal J. Magnesium by the magnetherm process [J]. Journal of Metals, 1964, 16 (9): 721～723.

[11] Ding W, Zang J. The pidgeon process in China [C] //3rd Annual Australasian Magnesium Conference, Sydney, Australia, 2001, 7.

[12] Wilson C B. Modern production processes for magnesium [J]. Light Metals 1996, 1996: 1075～1079.

[13] 中国有色金属工业协会镁业分会第八届年会报告［Z］．2004.

[14] 韩薇．我国镁工业发展现状和建议［J］．世界有色金属，2002（3）：19～23.

[15] 王敏芳．国内外金属镁及其合金的生产与市场研究［J］．工业技术进步，1997（1）：43～45.

[16] 李志华，戴永年，薛怀生．真空碳热还原氧化镁的热力学分析及实验验证［J］．有色金属，2005（2）：56～59.

[17] 薛怀生，李志华．煅白真空碳热还原试验研究［J］．有色金属设计，2004（1）：21～24.

[18] 戴永年，杨斌．有色金属材料的真空冶金［M］．北京：冶金工业出版社，2000.

[19] 张晓明，姚广春，郭清富，等．铝硅合金热法炼镁的研究［J］．轻金属，1998（5）：38～43.

[20] 徐日瑶．我国皮江法炼镁工艺的技术差距和出路（1）［J］．轻金属，1996（2）：38～43.

[21] 徐日瑶．我国皮江法炼镁工艺的技术差距和出路（2）［J］．轻金属，1996（3）：40～43.

[22] 冯乃祥，彭建平，吴秀铭．提高我国镁冶金技术增强镁工业的竞争力［J］．轻金属，2002（9）：51～54.

[23] 李树林．对二十一世纪初我国镁工业发展的思考［J］．轻金属，2004（4）：38～42.

[24] 夏德宏，余淘，张刚，等．皮江法炼镁工艺用能状况诊断及节能措施［J］．工业炉，2005（2）：32～35.

[25] 夏德宏，张刚，郭梁，等．金属镁皮江法还原工艺中的热过程模拟［J］．热科学与技术，2005（9）：

257 ~ 261.
[26] 刘金平，杨雪春，谢水生，等．皮江法炼镁技术的缺陷与改进途径 [J]．冶金能源，2005 (5)：31 ~ 23.
[27] 冷举顺，李相增．皮江法炼镁技术发展现状 [J]．轻金属，1995 (11)：34 ~ 38.
[28] 徐日瑶．硅热法炼镁生产工艺 [M]．长沙：中南大学出版社，2003.
[29] 黄从运，柯劲松，张明飞，等．利用镁渣做混合材生产复合硅酸盐水泥的试验研究 [J]．水泥技术，2005 (5)：21 ~ 22.
[30] 娄光伟，张祖遂，申玉鹏，等．硅热法炼镁的节能和清洁能源解决方案 [J]．有色金属（冶炼部分），2005 (3)：16 ~ 19.

7 铅锌冶金

本章导读

目前铅冶炼主要采取火法还原熔炼工艺，包括：（1）铅还原成粗铅；（2）使杂质进入炉渣；（3）燃烧焦炭产出高温还原性炉气进行终还原。还有基夫赛特法等直接炼铅法。目前主要的炼锌方法是湿法工艺，包括：（1）浸出；（2）净化；（3）金属沉积或提取。还有鼓风炉炼锌等火法炼锌工艺。本章将对主要生产流程的基本原理和生产特点进行系统的阐述。

7.1 概　　述

7.1.1 铅锌及其化合物性质

铅锌及其化合物的性质包括物理性质和化学性质。物理性质包括结晶形状、硬度、密度、膨胀系数、弹性模数等力学性质，以及热容、热导率、熔点等热学性质及电导率等电学性质。化学性质则是反应性或其他表现原子与分子特性的结构性质。铅锌及其化合物的性质与铅锌的用途、生产工艺方法都密切相关。

7.1.1.1 铅及其化合物性质

铅是蓝灰色金属，新的断口有明显的金属光泽。它的密度大、硬度小、展性好、延性差、熔点和沸点都比较低、导热和导电性差、液态铅流动性好。铅在高温下易挥发，易造成铅的损失和工作人员的中毒。其主要物理性质见表 7-1。

表 7-1　铅的主要物理性质

性　质	单　位	数　值
熔点	K	600.65
沸点	K	2013
密度	kg/m^3	11350（293K）
热导率	W/(m·K)	35.3（300K）
电阻率	Ω·m	20.648×10^{-8}（293K）
硬度（莫氏）		1.5
比重	g/cm^3	11.3437（293K）

铅是元素周期表中第6周期元素，原子序数为82，相对原子质量为207.2。铅有+2和+4两种价态，常温下以+2价为主。常温时铅在无水空气或无空气的水中都不会起化学变化，但会与含有水和CO_2的空气作用，生成Pb_2O和$3PbCO_3 \cdot Pb(OH)_2$覆盖在铅的表层，防止其继续氧化。铅与氧反应生成四种氧化物Pb_2O、PbO、Pb_2O_3和Pb_3O_4，最稳定的是PbO。铅易溶于硝酸、硼氟酸、醋酸和硝酸银中。铅难溶于盐酸和硫酸，因其反应生成不溶的$PbCl_2$和$PbSO_4$表面膜。

7.1.1.2 锌及其化合物性质

金属锌是银白色略带蓝灰色的金属，断面有金属光泽。它的熔点和沸点都比较低、质软、有展性，加工后变硬，液态锌的流动性良好，其主要物理性质见表7-2。

表7-2 锌的主要物理性质

性 质	单 位	数 值
熔点	K	692.73
沸点	K	1180
密度	kg/m^3	7133（293K）
热导率	$W/(m \cdot K)$	116（300K）
电阻率	$\Omega \cdot m$	5.916×10^{-8}（293K）
硬度（莫氏）		2.5
比重	g/cm^3	7.133（293K）

锌是元素周期表中第4周期元素，原子序数为30，相对原子质量为65.39。+2价是锌的常见价态。锌具有良好的抗腐蚀性能。在常温下不与干燥的空气或氧气发生氧化反应，但其与含有CO_2的湿空气接触时，会在表面生产灰白色致密物$ZnCO_3 \cdot 3Zn(OH)_2$，防止其进一步氧化。常温下无空气的水对锌没有作用，但在红热温度时，锌与水反应生成氧化锌。CO_2与水蒸气混合的气体可使锌迅速氧化成ZnO，这是火法炼锌的重要反应。锌的电化学序位置很高，因此经常应用在氰化法提金和湿法炼锌中。

7.1.2 铅锌的主要用途

铅是电气工业部门制造蓄电池、汽油添加剂和电缆的原材料；由于铅具有很高的抗酸、碱性能，故它广泛应用于化工设备和冶金工厂电解槽的内衬；铅能吸收放射性射线，所以用作原子工业和医学中的防护屏；铅能与许多金属形成合金，所以铅也以合金的形式被广泛使用，如铅基轴承合金、焊料等；铅的化合物用于颜料、玻璃和橡胶工业部门。

锌的最大用途是镀锌，约占总耗锌量的40%以上；其次是用于制作各种牌号的黄铜，约占总消耗量的20%；压铸锌约占15%；其余20%～25%主要用于制造各种锌基合金、干电池、氧化锌、建筑五金制品及化学制品等。锌广泛用于航天、汽车、船舶、钢铁、机械、建筑、电子及日用工业等行业。锌的氧化物多用于橡胶、陶瓷、造纸、颜料工业；氯化锌用作木材的防腐剂，硫酸锌用于制革、纺织和医药等工业。

7.1.3 铅锌资源分布概况

在地壳中已发现的铅锌矿物约有250多种，大约1/3是硫化物和硫酸盐类。方铅矿、闪锌矿等是冶炼铅锌的主要工业矿物原料。250多种铅锌矿物中可供目前工业利用的仅有17种。其中，铅工业矿物有11种，锌工业矿物有6种，以方铅矿、闪锌矿最为重要，还有菱锌矿、白铅矿等。方铅矿（PbS）单晶常为立方体，通常呈致密块状或粒状集合体；颜色铅灰，条痕灰黑色，如图7-1所示；有金属光泽，硬度为2～3；有三组解理，沿解理面易破裂成立方体；相对密度为7.4～7.6。闪锌矿（ZnS）颜色自浅黄到棕黑色不等（因含Fe量增高而变深），条痕为白色到褐色；光泽自松脂光泽到半金属光泽，透明至半透明，如图7-1所示。硬度为3.5～4；相对密度为3.9～4.1（随含铁量的增加而降低），有荧光和摩擦磷光；主要产于接触矽卡岩型矿床和中低温热液成因矿床中，是分布最广的锌矿物；著名中国产地有云南兰坪金顶、云南会泽、广东凡口、甘肃厂坝、青海锡铁山及湖南水口山等地。

图7-1　常见的含铅或锌原料及主要成分

7.1.3.1 世界铅锌资源的分布

据《2009年美国地质统计报告》，世界铅锌储量前5位的国家分别为澳大利亚、中国、美国、哈萨克斯坦、秘鲁，储量见表7-3。

表7-3 世界铅锌资源储量前5位国家的储量 （万吨）

国 家	铅资源		锌资源	
	储 量	基础储量	储 量	基础储量
澳大利亚	2400	5900	4200	10000
中国	1100	3600	3300	9200
美国	770	1900	1400	9000
哈萨克斯坦	500	700	1400	3500
秘鲁	350	400	1800	2300

世界主要铅锌矿床有美国密苏里州东南部以及位于堪萨斯、密苏里、俄克拉荷马三洲交界处的“三洲区式”。澳大利亚的铅锌矿主要有昆士兰州芒特艾萨多金属铅锌矿床。哈萨克斯坦季良诺夫、捷克列的铅锌矿床以及秘鲁的帕斯科矿区以及新发现的戈尔戈里铅锌矿床都属世界级的铅锌矿床；储量锌大于500万吨，铅大于150万吨。加拿大的铅锌矿床主要分布在加拿大地盾区的新不伦瑞克省、不列颠哥伦比亚省和育空地区，大型矿床有沙利文、不伦瑞克、霍华兹山口、基德克里克、法鲁安维尔及派恩波特等，这些矿山的产量几乎占全国的80%。南非的铅锌矿主要分布于开普省布洛肯希尔、甘斯贝格、普里斯卡等地。秘鲁是20世纪70年代出现的铅锌矿产资源大国，也是重要的铅锌生产国和出口国，主要矿床有中部的东、西安第斯山脉之间的塞罗德帕斯科特以及莫罗科查等。

近年来主要铅锌矿分布国还在不断发现和探明新的大型、特大型铅锌矿，如美国阿拉斯加的特大型红狗铅锌矿附近又发现了阿纳拉阿克矿床，以及哈萨克斯坦剂良诺夫、马列耶夫特大型铅锌矿床等，所以世界铅锌矿床的储量处在不断变化中。

7.1.3.2 我国铅锌资源的分布

我国铅锌矿产资源经过40多年来的发展，已经形成东北、湖南、两广、滇川、西北等五大铅锌采选冶和加工配套的生产基地，其铅产量占全国总产量的85%以上，锌产量占全国总产量的95%。东北生产基地主要以七矿两厂为主，即青城子铅锌矿、八家子铅锌矿、柴河铅锌矿（现已闭坑）、桓仁铜锌矿、红透山铜锌矿、西林铅锌矿、天宝山铅锌矿和原沈阳冶炼厂、葫芦岛锌厂；湖南生产基地由水口山矿务局、桃林铅锌矿、黄沙坪铅锌矿、东坡铅锌矿和株洲冶炼厂等组成；以广东凡口铅锌矿，广西泗顶铅锌矿、大新铅锌矿、河三铅锌矿厂和大厂矿务局等为主组成了两广生产基地；云南会泽铅锌矿、澜沧老厂，四川会东铅锌矿、会理铅锌矿两个主要矿山以及一批中小型矿山形成了滇川生产基地；西北铅锌矿生产基地主要依托甘陕交界的西成－凤太矿带，包括白银有色金属公司、厂坝铅锌矿、青海锡铁山矿务局等大中型矿山。除此五大生产基地外，还有内蒙古梧桐花铅锌矿、白音诺铅锌矿、翁牛特旗硐子铅锌矿、江西银山铅锌矿、南京栖霞山铅锌银矿、贵州有赫章铅锌矿、杉树林铅锌矿等主要铅锌矿山。

中国铅锌矿产资源有以下主要特点：

(1) 矿产地分布广泛，但储量主要相对集中在几个省区。目前，已有27个省、区、市发现并勘查了铅锌资源，但从富集程度和现保有储量来看，主要集中于6个省区，铅锌合计储量大于800万吨的省区依次为云南（2662.91万吨）、内蒙古（1609.87万吨）、甘肃（1122.49万吨）、广东（1077.32万吨）、湖南（888.59万吨）、广西（878.80万吨），合计为8239.98万吨，占全国铅锌合计储量的64%。从三大经济地区分布来看，主要集中于中西部地区，铅储量占73.8%、锌储量占74.8%。

（2）成矿区域和成矿期相对集中。从目前已勘探的超大型、大中型矿床分布来看，主要集中在滇西、川滇、西秦岭－祁连山、内蒙古狼山和大兴安岭、南岭等五大成矿集中区。成矿期主要集中在燕山期和多期复合成矿期。据《中国内生金属成矿图说明书》统计的铅锌矿床的成矿期，前寒武期占6%、加里东期占3%、海西期占12%、印支期占1.3%、燕山期占39%、喜马拉雅期占0.7%、多期占38%。

（3）大中型矿床占有储量多，矿石类型复杂。在全国700多处矿产地中，大中型矿床的铅、锌储量分别占81.1%和88.4%。矿石类型多样，主要矿石类型有硫化铅矿、硫化锌矿、氧化铅矿、氧化锌矿、硫化铅锌矿、氧化铅锌矿以及混合铅锌矿等。以锌为主的铅锌矿床和铜锌矿床较多，而以铅为主的铅锌矿床不多，单铅矿床更少。

（4）铅锌矿床物质成分复杂，共伴生组分多，综合利用价值大。大多数矿床普遍共伴生Cu、Fe、S、Ag、Au、Sn、Sb、Mo、W、Hg、Co、Cd、In、Ga、Ge、Se、Ti、Sc等元素。有些矿床开采的矿石，伴生元素达50多种。特别是近20年来，通过综合勘查和矿石物质成分研究，证实许多铅锌矿床中含银高，成为铅锌银矿床或银铅锌矿床，其银储量占全国银矿总储量的60%以上，在采选冶过程中综合回收银的产量，占全国银产量的70%～80%，金的储量和产量也相当可观。

（5）贫矿多、富矿少，结构构造和矿物组成复杂的矿多、简单的矿少。目前开采的矿床，铅锌平均品位3.74%，锌高于铅，铅锌比为1：2.5。矿石组分复杂，有的入选矿石达30多种矿物，不少矿石嵌布粒度细微、结构构造复杂，属难选矿石类型，给选矿带来了困难。

7.1.3.3　我国铅锌资源开发利用现状

我国的锌矿产出虽然全球第一，但是冶炼产能大于矿山产出，因此，近几年仍需要从国外进口部分锌精矿以满足冶炼方面的需求。铅锌精矿短缺制约我国铅锌工业的长足发展，从目前情况看，我国已经从铅锌产品的净出口国转变为净进口国。

我国铅锌工业的发展在相当程度上是数量有所增长，而在企业整体实力、产业结构、产品结构、品种质量、资源综合利用以及环境保护等方面尚待提高，更为严重的是发展后劲不足，巨额产量难以为继，可持续发展战略尚未真正具体地落到实处。造成我国铅锌精矿短缺的现状有以下因素：长期的无序开采和进展比较慢的矿产勘察工作使我国可供开采的铅锌矿越来越少；近几年，铅锌矿山开采量增长较快，采富弃贫、滥挖滥采现象严重；现有部分矿山因资源枯竭，将逐年关闭，还将消失一部分生产能力。目前，我国铅锌储量中已开发利用的占54.94%，富矿大部分被利用，在未开发利用储量中大多是资源条件和建设条件不好的矿区，我国铅锌工业面临无矿可建的局面；结构失衡，产业结构矛盾突出，低水平重复建设严重，导致矿山发展滞后冶炼。

我国资源利用率和选矿回收率都远低于发达国家。矿山生产的尾矿数量多，大量尾矿只能长期堆放在尾矿库，既要占用大量农用、林用土地，矿山企业又要花费巨额资金建设尾矿库及尾矿库的维护。大量尾矿已成为制约矿山可持续发展、危及矿区及周边生态环境的重要因素。

7.2　铅提取工艺

7.2.1　火法炼铅

铅是最常用的有色金属之一。铅主要用于铅酸蓄电池、电缆护套、氧化铅和铅材，与汽车工业、化工、轻工工业等部门的发展关系密切。

目前，铅冶炼以火法为主，其中传统的烧结－鼓风炉熔炼工艺仍是从铅精矿生产铅的主要方法。统计表明，世界铅产量的80%是用此流程生产的。此工艺虽较成熟，但生产流程长，返料多，需要消耗昂贵的冶金焦，特别是对环境的污染严重，已不能适应当今社会发展的要求。

7.2.1.1　还原熔炼法

鼓风炉还原熔炼法炼铅是将铅烧结块或含铅氧化物块料在鼓风炉内进行还原熔炼生产粗铅的熔炼方法。由于较易建立和调整工艺过程的还原气氛，对原料成分的适应性强、炉床能力高，而成为当前占主导地位的炼铅方法。世界上约85%的粗铅是用此法生产的。

主要反应和要求：鼓风炉还原熔炼法炼铅要达到的目的有：(1) 使铅还原成粗铅，并将贵金属富集其中。(2) 使杂质成分进入炉渣，并尽可能使锌入渣。(3) 使大部分铜进入铳，如炉料含铜不高，则使其富集于粗铅中。(4) 若有镍、钴，则产出黄渣。鼓入炉内的风（空气、富氧空气、预热空气）在炉身下部的风口区燃烧焦炭，产出高温还原性炉气，向上穿过炉料层。在炉料逐渐下移的过程中，受上升炉气的作用，发生的主要反应有金属氧化物的选择性还原、碳质燃料的燃烧和造渣。

金属氧化物的选择性还原：要求将铅的化合物全部还原为金属铅，并富集贵金属；而另一些金属氧化物如 CaO、MgO、Al_2O_3、ZnO 不被还原，或由高价氧化物还原为低价氧化物（$Fe_2O_3 \rightarrow FeO$，$Mn_3O_4 \rightarrow MnO$），而与 SiO_2 作用形成炉渣；炉料中铜、铋的氧化物被还原为金属进入铅中，但炉料中含有硫时，铜被硫化形成铳；炉料中砷、锑、锡的氧化物部分被还原成金属进入铅中，或形成铁、镍、钴的砷化物与锑化物（黄渣）。所得的熔融产物粗铅、炉渣、锍、黄渣因密度差别及相互溶解度有限而被分离为单独的产物。为满足选择性还原的要求，鼓风炉还原熔炼法炼铅必须在炉内建立弱的还原气氛条件：风口区气相中 CO 浓度为 14%～38%，炉气通过炉料从炉顶逸出时气相中 CO 的浓度达 5%～22%。

炉料中各种铅氧化物的还原难易顺序为：$PbO \cdot Fe_2O_3$、PbO、$2PbO \cdot SiO_2$、$PbO \cdot SiO_2$。在鼓风炉还原熔炼法炼铅条件下，$PbO \cdot Fe_2O_3$ 和 PbO 在炉料温度达到973K前，实际上已被完全还原，其主要反应是：

$$PbO + CO = Pb + CO_2 \tag{7-1}$$

硅酸铅在1023～1073K的温度下已熔化，在其向下流过炽热的焦炭层时，小部分被固体碳还原：

$$2PbO \cdot SiO_2 + 2C = 2Pb + SiO_2 + 2CO_2 \tag{7-2}$$

为使硅酸盐中的铅较完全地还原，需用强碱性氧化物 CaO 和 FeO 将硅酸盐中的 PbO 置换出来：

$$2PbO \cdot SiO_2 + CaO + FeO + 2CO = 2Pb + CaO \cdot FeO \cdot SiO_2 + 2CO_2 \quad (7\text{-}3)$$

反应获得液体铅和液体炉渣。当炉料中的FeO和CaO不足或熔炼过程的速度太快时，铅的硅酸盐分解和还原都不完全，导致炉渣含铅量增加，铅的冶炼直收率下降。

炉料中的$PbSO_4$绝大部分被还原为PbS，PbS与$PbSO_4$、PbO能部分地进行交互反应生成金属铅。鼓风炉还原熔炼法炼铅的脱硫率达30%～50%，部分PbS与加入炉料中的铁屑发生沉淀反应产出金属铅。

碳质燃料的燃烧：焦炭在鼓风炉内的燃烧是熔炼过程所需要的还原剂及热量的来源。炉内的还原能力和氧化物还原的程度，取决于燃料的消耗率、料柱高度、还原时间和还原温度。炉料的熔化速度和熔炼产物的过热程度，取决于炉料的性质和风口区的温度。

7.2.1.2 直接熔炼法

近20年来，世界各国进行了旨在高效、节能和改善环境的炼铅新技术研究，冶炼过程多为直接冶炼，通常分为闪速熔炼和熔池熔炼两大类。它们的共同特点是直接熔炼铅精矿，利用硫化铅矿氧化放出大量的热量将炉料迅速熔化，产出液态铅和熔渣，使能耗降低；同时产出含SO_2较高的烟气供制酸，不仅利用了硫而且有利于保护环境。在生产过程中保持高氧位可使硫化铅充分氧化生产金属铅，但同时会使渣含铅提高。为解决此矛盾，常将冶炼过程分为氧化和还原两段，在氧化段充分氧化得到低硫铅和高铅渣，在还原段充分还原得到低铅炉渣。为此，对不同的炉型，或将炉内分为氧化、还原两个区域，或在一个炉内将作业分为氧化、还原两个阶段。目前，已成功用于工业生产的直接炼铅法主要有基夫赛特法、QSL法和顶吹熔池熔炼法等。

A 基夫赛特直接炼铅法

基夫赛特法属于闪速熔炼，其过程为：硫化铅精矿用氧气喷入闪速炉熔炼塔，在悬浮状态下强化熔炼，然后在电炉沉降池内进行沉降分离，直接产出粗铅，同时产出含SO_2高达20%～25%的烟气供制酸。图7-2所示为典型的基夫赛特工艺的设备示意图。KSS工艺是意大利Nuova Samim公司和Snamprogetti公司协作在基夫赛特专利技术基础上发展完善的炼铅技术，它是由炉本体、竖烟道区端余热锅炉、复燃室、电热区端余热锅炉和换热器五部分构成。炉本体由反应塔电热区和竖烟道组成，其示意图如图7-3所示。该工艺的主要优点是过程连续稳定，对炉料成分无严格要求，制酸尾气符合环保要求，设备使用寿命长，每个炉期可达3年。主要缺点是入炉物料需预先经干燥脱水至1%以下，一次性投资较高。

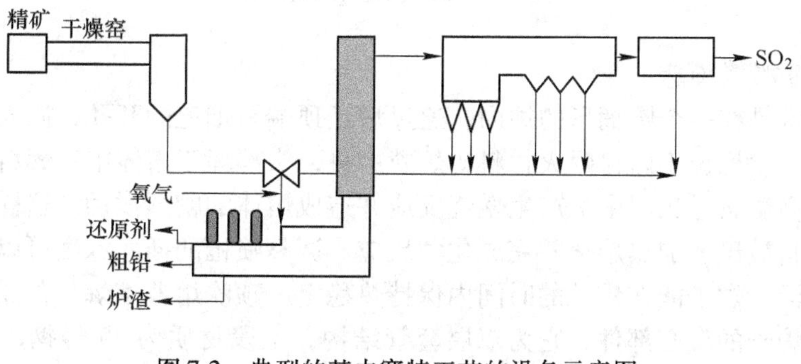

图7-2 典型的基夫赛特工艺的设备示意图

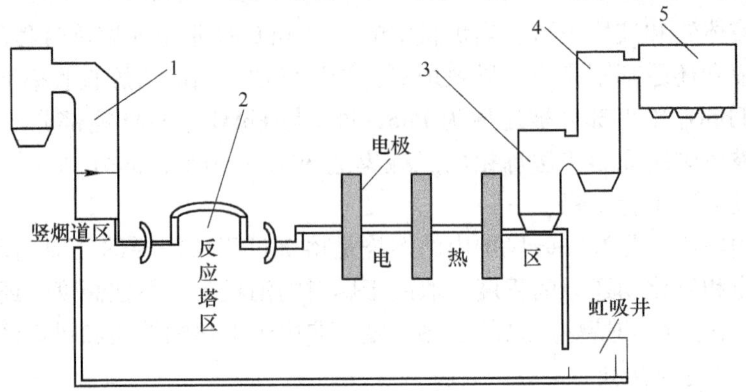

图 7-3　KSS 炉组成示意图

1—竖烟道区端余热锅炉；2—KSS 炉本体；3—复燃室；4—电热区端作热锅炉；5—换热器

B　QSL 直接炼铅法

该法为富氧底吹熔池熔炼，其 QSL 炉为可转动一定角度的卧式长圆筒，并向放铅口方向倾斜 15%，如图 7-4 所示。在氧化和还原两个区域，分别配有浸没式氧气喷嘴和粉煤喷嘴。铅精矿由顶部加入氧化区与氧枪喷入的氧气在熔池中反应生成氧化铅和 SO_2，并放出热量使过程自热；氧化铅与硫化铅发生交互反应生成一次粗铅由底部放出，炉渣由氧化区进入还原区，其中的 PbO 被粉煤喷嘴喷入的粉煤还原，渣含铅逐渐降低，同时还产出铅锌氧化物烟尘和二次粗铅。二次粗铅和一次粗铅合并一起放出，炉渣逆向运动由反应器的另一端放出。为解决铅渣混流，在氧化段与还原段之间增设一道隔墙，耐火材料采用熔铸铬镁砖，炉衬寿命可达 1 年。

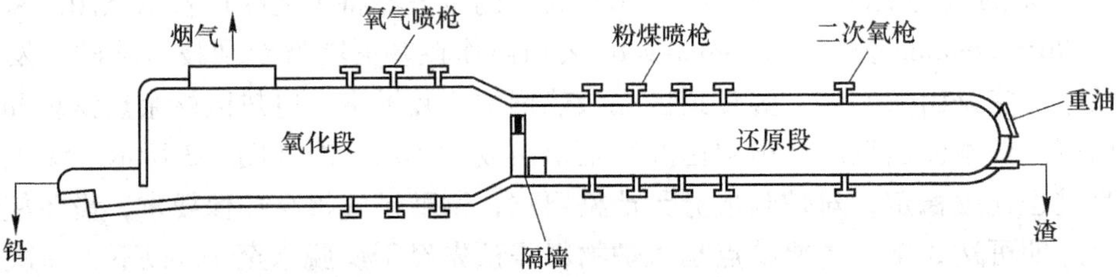

图 7-4　QSL 反应器示意图

C　顶吹熔池熔炼法

该熔炼技术是在一个圆桶形的炉内，通过炉子顶端斜烟道的开孔，插入一支由空气冷却的钢制喷枪。喷枪位于内衬耐火材料的炉膛中央，头部埋于熔体中，燃料和空气通过喷枪直接喷射到高温熔融渣层中，产生燃烧反应并造成熔体的剧烈搅动。这样，在一个小空间内加入的炉料被迅速加热熔化并完成化学反应。调整喷枪的插入深度可以控制熔体搅拌强度，操作灵活，炉子能在较长的时间内保持热稳定。顶吹熔池熔炼炉的结构如图 7-5 所示。喷枪是该炉子的核心部件，它为双层套管结构，上段材质为 45 号钢，下段喷口为不锈钢。内管通过燃料或用定量空气携带的煤粉。内外管间设有螺旋形导流片，助燃空气

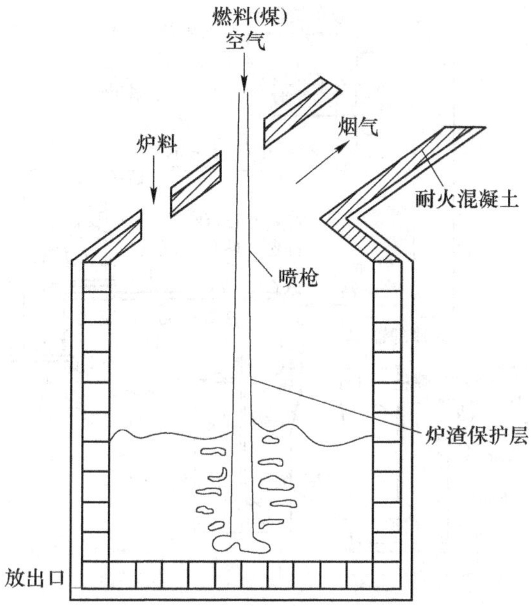

图 7-5 顶吹熔池熔炼炉示意图

（或富氧空气）从此通道中以大于两倍声速呈旋涡状流出，加大了枪体与气体间的传热，从而在喷枪外表面形成一层冷却的渣壳，此渣壳保护了喷枪，延长了喷枪的使用寿命。

顶吹熔池熔炼炉对入炉物料要求不高，不论是粒状物料还是粉状精矿、烟尘返料等，只要水分小于10%，均可直接入炉。若为粉状物料，经配料、制粒后入炉有利于降低烟尘率。该法由于主体设备结构简单，辅助、附属设备不复杂，与基夫赛特法、QSL 法相比，基建投资低得多。

艾萨炼铅法属顶吹熔池熔炼法中的一种。最初它是在同一座炉子内完成两个阶段的冶炼过程，即首先进行氧化脱硫熔炼，直接处理硫化铅精矿，熔炼产出的富铅渣进行第二阶段还原熔炼，得到粗铅。20 世纪 80 年代末，将上述两个阶段的冶炼过程分别在两台规模相同的炉子（5t/h）内进行，形成一种完全连续的两段式炼铅工艺。其设备如图 7-6 所示。

火法熔炼粗铅仍是矿产铅生产的主要方法，随着对环保要求的提高，我国现有的以烧结 - 鼓风炉还原为主的炼铅工艺必将为新的炼铅工艺所取代。这些新工艺的主要特点是充分利用了铅精矿氧化放出的大量反应热，采用空气（氧气）喷吹或悬浮等技术，使炉内的传热传质得以强化，极大地提高了熔炼强度，而且产出高 SO_2 浓度的烟气，用于制酸，提高了硫的利用率，消除环境污染。但是，作为冶炼炉的关键部件的喷枪，仍有许多工作要做。

7.2.2 湿法炼铅

传统的火法炼铅工艺成熟，金属的回收率高，但火法炼铅工艺存在两大不足之处：首先，流程短，适应范围较小，仅适应于高品位且成分较单一的硫精矿，不适应处理低品位

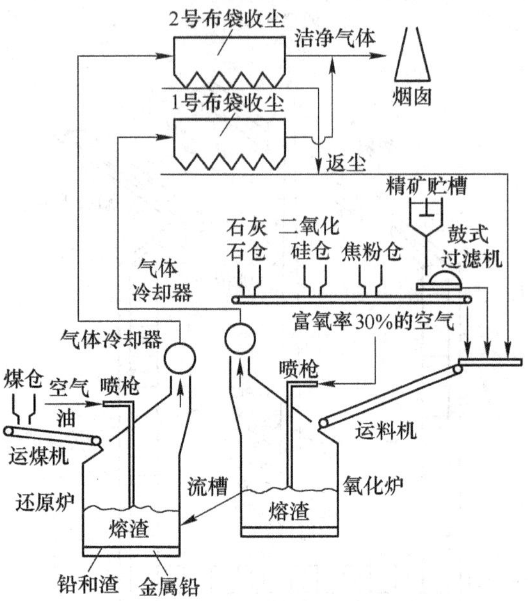

图7-6 艾萨炼铅设备示意图

的复杂矿；其次，在炼铅过程中会产生二氧化硫气体以及含铅烟尘和含铅挥发性化合物，污染大气。随着人们对资源综合利用意识的提高以及环境保护法规的健全，结合我国矿物资源具有贫矿多而富矿少、复杂矿多而单一矿少的特点，湿法炼铅与传统的火法炼铅相比较有明显的优点：不但在炼铅过程中不会产生二氧化硫气体、铅烟尘和含铅挥发物等污染物，而且较适合于处理低品位的复杂矿。因而，湿法炼铅技术引起了众多研究者的密切关注。

7.2.2.1 氯化铁食盐水浸出法

氯化铁作氧化浸出剂，NaCl 饱和溶液作增溶配合剂，方铅矿 PbS 与 $FeCl_3$ 发生如下反应：

$$PbS + 2FeCl_3 = 2FeCl_2 + PbCl_2 + S \tag{7-4}$$

从热力学上看，$PbCl_2$在氯化盐体系中的溶解度较小，但是由于 $PbCl_2$能与 Cl^-配合生成 $PbCl_4^{2-}$，从而大大提高 $PbCl_2$在溶液中的浸出率。因此，通过加入氯化钠饱和溶液增加 Cl^-的总溶度，有助于 $FeCl_3$溶液浸出铅。得到的固体 $PbCl_2$经过熔盐电解可得到金属铅，此工艺通过控制 $FeCl_3$与 NaCl 的溶液浓度、温度以及方铅矿颗粒的大小来控制该反应的速度，同时必须考虑 Fe^{3+}的循环利用。众所周知，Fe^{3+}的浓度越高、用量越大，反应的平衡时间就越短，但是过高的 Fe^{3+}浓度会因溶度黏度太大，过滤难以进行。文献表明，Fe^{3+} 150g/L、NaCl 200g/L 的酸性饱和食盐水，在 60min 内可获得较高的浸出指标。其次酸度是含铁饱和食盐水浸出过程中不可忽视的指标，必须维持不致使 Fe^{3+}水解沉淀的 pH 值，一般来讲，$pH < 0.5$ 有较好的浸出效果。由于此反应会生成氯化铅膜及硫膜，温度过低时，硫会黏附在硫化矿表面，形成牢固的阻挡层使反应速度明显降低，实验表明，温度一般为 90℃ 较好。此工艺的优点：含铁饱和食盐水作浸出剂，不仅价廉易购，而且利用

电解废气（氯气）将其再生并反复循环使用，大大降低了材料的成本，工艺流程简单，浸出反应速度快，金属的浸出率较高，适合范围较广，可用于处理低品位复杂难选的铜、铅、银、锌等混合硫化矿。

此工艺的不足：要通过电解 $PbCl_2$溶液的方法来得到纯度较高的金属铅，在技术上还存在一定的难度；$FeCl_3$再生所用氯气和氯化物水溶液都具有较高的腐蚀性，对设备具有较高的要求。

7.2.2.2 氯气选择性浸出法

该湿法炼铅工艺与三氯化铁浸出所不同的是氧化浸出剂的选择不同，此法选用氯气作为氧化浸出剂，用氯气通入到硫化铅矿浆，其反应如下：

$$PbS + Cl_2 = PbCl_2 + S \tag{7-5}$$

由于此反应属于气液相反应，要加快浸出速度，从动力学的角度看，必须消除它的内扩散和外扩散的干扰，如加强搅拌、减少矿石粒径，从而增加 Cl_2与矿接触；提高气流速度，以加快反应速度和扩散速度，从而提高转化率。此法可以选择性地浸出硫化铅，同时控制杂质的浸出，消除大量铁离子在流程中的循环和三价铁离子的再生问题；但氯气污染以及腐蚀性问题比较严重，密闭以及设备的防腐性要求更高，与三氯化铁浸出法相比较在经济上没有明显的优越性。采用 MnO_2与 HCl 间接产生氯气法以及氯酸钾氧化法可以减少直接用氯气作氧化浸出剂的腐蚀性，其他的工艺与氯气法相同，此法的明显优越在于：矿物中大多数含有 MnO_2 从而可以减少生产成本，而且流程短又简单，有利于小型工厂提铅的生产。

7.2.2.3 三氯化铁浸出－隔膜电解法

该法与 $FeCl_3$、NaCl 溶液浸出法不同，它利用 $FeCl_3$、NaCl 溶液进行固相转化，在较低的温度和较小的液固比下进行方铅矿的固相转化，而后利用浮选的方法分离杂质达到提高氯化铅的目的，而不是将 $PbCl_2$溶入溶液，然后冷却结晶，提纯氯化铅，此工艺的电极反应如下：

阴极反应： $Pb^{2+} + 2e = Pb$

阳极反应： $Fe^{2+} - e = Fe^{3+}$

其技术关键是电极电位的控制以及离子膜电阻的控制。在阴极区，溶液中主要的阳离子是 Pb^{2+}、Fe^{2+}和 H^+；在阳极区，溶液中主要的阳离子是 Pb^{2+}、Fe^{3+}、H^+。为使阳极区的三价铁不致在阴极放电而降低电流效率，采用适当的隔膜材料把阴极和阳极分开，离子膜电阻过高，会出现槽电压高和局部离子膜烧焦的现象，使反应无法进行，可以通过改变离子膜预处理的方法，使膜电阻显著降低，控制适当的电流密度。在阴离子膜使用一段时间后，进行定期处理，控制槽电压在设定值内。与三氯化铁食盐水浸出法相比较，可直接从矿石生产高质量金属铅而无需对溶液进行净化，但由于溶液中铁离子溶度高，电解过程中，三价铁不可避免地透过隔膜在阴极还原，因而电流效率较低，本工艺适合于处理以铅为主的含硅低的多金属硫化物硫金矿。

7.2.2.4 碳酸化转化法

方铅矿在碳酸铵溶液中，常压且 50～60℃通入空气就能转化成碳酸铅和元素硫，其反应如下：

$$PbS + (NH_4)_2CO_3 + 1/2O_2 + H_2O \longequal PbCO_3 + S + 2NH_4OH \quad (7\text{-}6)$$

生成的$PbCO_3$在硅氟酸溶液中溶解，用铅粉置换，净化溶液，最后用不溶阳极电解，在阴极沉积出致密光滑的金属铅，而且在一定的条件下可以使硫全部进入溶液中。该工艺实现了 $PbCO_3$与 S 的有效分离，不存在像$FeCl_3$浸出法中形成硫膜而阻碍反应进行的现象，易实现 $(NH_4)_2CO_3$的循环利用。在碱性介质中进行反应，对设备的要求较低，而且铅在硅氟酸溶液中的溶解度比较大，可以满足电解沉积的要求。

7.2.2.5　硅氟酸介质中的氧化浸出

硅氟酸介质中的氧化浸出的工艺原理：PbS 与氧化剂在硅氟酸介质中转化成 $PbSiF_6$，净化后电解沉积得到金属铅，根据所用的氧化剂的不同可以分为氧浸出和 $Fe_2(SiFe_6)_3$浸出。氧浸出的化学反应如下：

$$2PbS + O_2 + 2H_2SiF_6 \longequal 2PbSiF_6 + 2S + 2H_2O \quad (7\text{-}7)$$

此反应常为氧的扩散控制，增加氧气的溶度及气流速度，有利于提高反应速度，所以一般采用加压氧浸出法。

硫化铅的 $Fe_2(SiF_6)_3$ 浸出，其反应如下：

$$PbS + Fe_2(SiF_6)_3 \longequal PbSiF_6 + S + 2FeSiF_6 \quad (7\text{-}8)$$

$PbSiF_6$ 在水中的溶解度比 $PbCl_2$ 要大得多，完全能满足电解沉积的要求，所以 $Fe_2(SiF_6)_3$ 对方铅矿的酸性氧化浸出速度较快且反应温度较低，能够有效地实现铅的选择性浸出。在沉积过程中，铅离子在阴极还原成铅，$FeSiF_6$在阳极上被氧化成 $Fe_2(SiFe_6)_3$，实现氧化剂的再生，其技术的关键是离子膜的选择和电解电位以及电流密度的控制、选择合适的隔膜材料、保证较高的阴极电流效率。

湿法炼铅技术正在以前所未有的速度发展，尤其是三氯化铁浸出法以及碳酸化转化法，已经在技术上取得了一定的突破，并在处理复杂难选矿和低品位矿方面取得较广泛的应用，它消除二氧化硫气体和含铅烟尘对环境的污染，提高了矿产资源的综合利用率，流程较短，能生产适应市场需求的各种化工产品。湿法炼铅新技术新工艺开发和应用适合我国矿物资源的特点，而且社会效益和经济效益明显，具有良好的开发潜力和发展前景。

7.3　锌提取工艺

锌冶金主要原料是闪锌矿和高铁闪锌矿选矿得到的硫化锌精矿，少量的是红锌矿、菱锌矿和异极矿等。由这些锌矿物冶金生产出锌锭的工艺分为两大类：火法炼锌工艺和湿法炼锌工艺。目前，世界主要炼锌方法是湿法炼锌，80%以上的原生锌锭是通过湿法炼锌的方法生产出来。

7.3.1　火法炼锌

火法炼锌工艺有平罐、竖罐、电热法和密闭鼓风炉法等。其共同的特点是利用锌的沸点（906℃）较低，在冶炼过程中用还原剂将其从氧化物中还原成金属锌，并挥发进入冷凝系统中冷凝成为金属锌，从而与脉石和其他杂质分开。硫化锌精矿通常通过焙烧和烧结氧化为氧化物，然后进行还原、冷凝得到粗锌，粗锌经精馏得精锌。锌火法冶金工艺中由于使用还原剂，产生大量的温室气体，在不同程度上对大气环境有污染。

火法炼锌因还原设备的不同分为如下几种方法：鼓风炉炼锌、竖罐（平罐）炼锌、电热法炼锌。

我国现存的火法冶炼锌工艺有三种，即竖罐炼锌、ISP鼓风炉炼锌、电炉炼锌。早期在边远地区采用原始的马槽炉、马鞍炉、四方炉或略正规一点的平罐炉炼锌，由于其能耗高、回收率低、浪费资源、污染环境，已被国家明令禁止生产和新建，现已关停或改造。

竖罐炼锌国外已于1980年关闭了最后一条生产线。我国竖罐炼锌以葫芦岛锌厂为典型，该厂开发了高温沸腾焙烧、自热焦结炉、大型蒸馏炉、精馏炉、双层煤气发生炉、罐渣旋涡熔炼挥发炉等新技术，将竖罐炼锌提高到一个新水平，先后建成了20万吨/a竖罐炼锌产能。但因单系列产能难以大型化，加上能耗和环保难以与湿法工艺媲美而没有获得大规模的推广应用。

ISP鼓风炉炼锌又称帝国熔炼法，炉子上部产锌、下部产铅。鼓风炉炼锌将热交换和氧化锌还原过程在同一容器内进行，鼓风炉既能处理锌、铅混合硫化矿或锌铅氧化矿，又能处理铅锌烟尘等。硫化锌铅精矿经烧结焙烧成烧结矿，配以焦炭，加入鼓风炉内，鼓入预热空气，使炭燃烧，在高温和强还原性气氛中进行还原熔炼。还原所得锌蒸气从炉顶排出，经铅雨冷凝得粗锌，同时从炉底排出还原熔炼所产的粗铅。由于铅锌精矿烧结过程的烟气和返粉破碎的粉尘污染等环保问题难以解决，ISP工艺已是夕阳西下，在发达国家，因环保原因有多家企业已经关闭。

电炉炼锌，由于投资相对较低，属短流程、操作简易、环保没有突出问题，因此在云南、贵州、四川、陕西、甘肃、宁夏、青海等省区，有锌矿资源、电力充足的地方，近十多年来在不断发展。

7.3.2 湿法炼锌

7.3.2.1 湿法炼锌流程简介

与其他湿法冶金过程类似，湿法炼锌工艺分为三个步骤：浸出、净化、金属沉积或提取。

湿法炼锌的浸出过程是以稀硫酸或锌电解过程的废电解液作为溶剂，将含锌原料中的有价金属溶解进入溶液的过程。浸出过程的目的是将原料中锌尽可能快地完全溶解进入溶液中，并在浸出终了阶段采取措施，除去部分铁、硅、砷、锑、锗等有害杂质，同时得到沉降速度快、过滤性能好、易于液固分离的浸出矿浆。硫化锌精矿经沸腾焙烧后得到的焙砂除含ZnO外，还含有各种金属化合物，如CaO、MgO、Fe_3O_4、CuO、PbO、CoO、NiO以及铁酸锌（$ZnFe_2O_4$）等。浸出锌焙砂常用的方法是酸浸，酸浸用的酸是稀硫酸。氧化锌以及其他各种金属氧化物都比较容易溶解于稀硫酸介质中，但铁酸锌溶解比较困难，因此为了提高锌焙砂中锌的浸出率，锌焙砂的浸出一般分为三个阶段：中性浸出、酸性浸出和浸出残渣挥锌。浸出工艺流程如图7-7所示。

中性浸出使用的浸出剂为全部酸性浸出液和硫酸锌溶液的部分电解废液。中性浸出只能浸出焙砂中的部分锌，大部分锌还留在渣中有待酸性浸出。中性浸出终点的pH值为5.0~5.2。pH值过高，则锌浸出率低，Zn^{2+}容易水解损失；pH值大于5.2时，氢氧化铁胶体带负电，影响浸出液中As、Sb等杂质的共沉淀分离。pH值过低，如当低于5.0时，Fe^{3+}的水解沉淀不完全。中性浸出液中的杂质主要来自于浸出剂（酸性浸出液）。中性浸

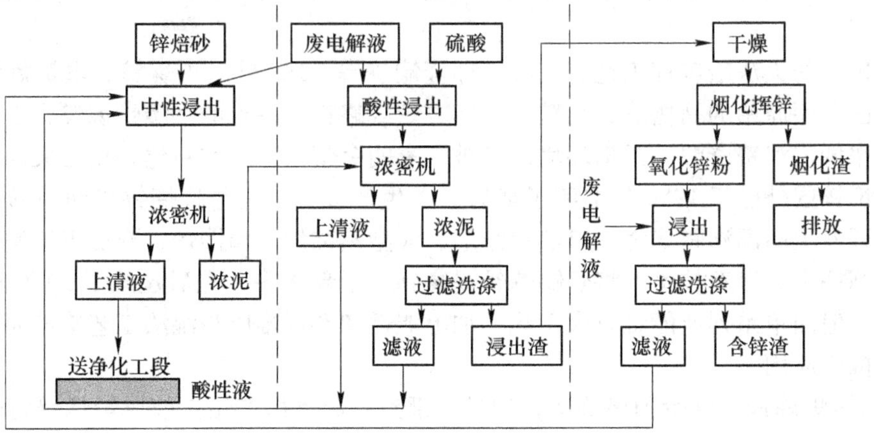

图 7-7　锌焙砂浸出的一般流程

出的目的为浸出大部分 ZnO、分离锌与其他大部分杂质。中性浸出的主要反应为：

$$ZnO + H_2SO_4 = ZnSO_4 + H_2O \tag{7-9}$$

中性浸出的渣还含有大量锌，需要进一步浸出。酸性浸出有低酸（约 60℃、1 ~ 5g/L 硫酸）浸出和热强酸性（约 85 ~ 95℃、20 ~ 60g/L 硫酸）浸出。低酸浸出中性渣时，铁酸锌的浸出率不大，一般仅为 1% ~ 3%，低酸浸出的渣含锌 20% 以上，主要是铁酸锌。为了回收锌，还需将渣高温挥锌或热酸性处理，工艺比较复杂。目前新建的厂大都采用高温、高酸（约 90℃，始酸 120 ~ 150g/L，终酸 40 ~ 60g/L）浸出中性渣。经高温、高酸浸出，铁酸锌的浸出率达 90% 以上，浸出渣中锌含量也随之大幅度降低，浸出后含铅、银的渣外排堆存。高温、高酸浸出过程中铁的浸出率也大幅度增加，铁离子浓度达到 30g/L 以上，这种酸性浸出液不能直接返回中性浸出工段，需经除铁后才能返回。

低酸浸出渣中还含有铁酸锌（$ZnO \cdot Fe_2O_3$）、少量硫化锌（ZnS）、硫酸锌（$ZnSO_4$）、氧化锌（ZnO）、硅酸锌（$ZnO \cdot SiO_2$）等物质，需要进一步处理，处理方法一般采用高温还原挥锌。处理设备有回转窑和平炉，回转窑挥锌效率高，达 90%，平炉挥锌较低，约为 80%。挥锌原理是将浸出渣与含硫低的无烟煤混合，在 1100 ~ 1300℃ 下，锌被还原为金属锌蒸汽，锌蒸汽与空气中的氧反应变为氧化锌，气体经冷却、收尘，得含锌 50% ~ 65% 的次氧化锌，次氧化锌可以直接当作产品出售，也可以进一步处理，制金属锌或高纯氧化锌。

浸出液的净化为了满足锌电积的要求，浸出液中的铜、镉、钴、镍等有害杂质必须净化至允许的含量之下。净化的目的主要是除去这些杂质和残留在溶液中的砷、锑、锗等杂质；同时使铜、镉、钴等有价金属得到富集，以便进一步回收。

净化主要方法有锌粉 - 锑盐法、锌粉 - 砷盐法、锌粉 - β - 萘酚法、锌粉 - 黄药法等。流程有一段、二段、三段和四段之分，视杂质含量而定。净化过程主要设备是净化槽，有流态化净化槽和机械搅拌槽；净化后的液固分离采用压滤机和管式过滤器等。

硫酸锌溶液的电积过程是将净化后的硫酸锌溶液（新液）送入电解槽内，用含有 0.5% ~ 1% Ag 的铅板作阳极、压延纯铝板作阴极。并联悬挂在电解槽内，通以直流电，温度控制在30~40℃，在阴极上析出金属锌（阴极锌）。示意图如图7-8所示。

A 阳极过程

采用铅银合金为阳极一方面是因为铅锌合金表面上的铅因形成PbO_2保护膜，不致继续电解，也不致与电解液反应；另一方面是氧在其上的超电位较低，氧易析出。所以阳极上的反应是氧气的析出。

$$2H_2O-4e \xlongequal{} O_2+4H^+ \quad (7\text{-}10)$$

B 阴极过程

氢在铝板上析出的超电位很大，它与锌相比较，锌离子在阴极上更易析出，所以阴极反应为：

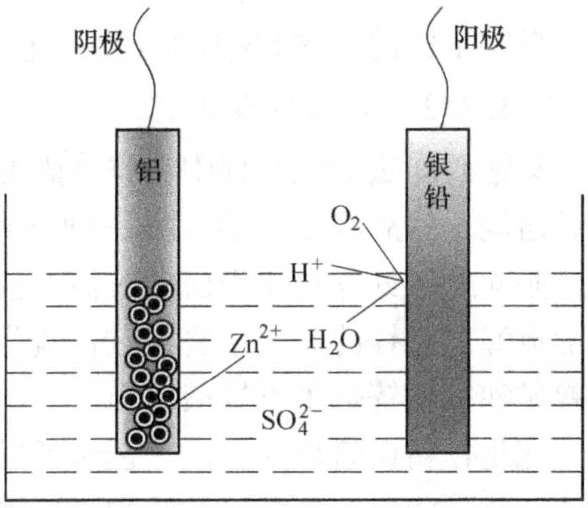

图7-8 硫酸锌溶液电积示意图

$$Zn^{2+}+2e \xlongequal{} Zn \quad (7\text{-}11)$$

C 影响电流效率的因素

（1）电解液中杂质的影响。铜、镍、钴的存在，它们会在阴极上析出，与锌形成微电池，使锌溶解（阳极），使H^+析出（阴极）。结果因锌溶解，电流效率降低，而且使锌表面产生小黑点和孔眼。允许浓度：Cu < 0.5mg/L、Ni < 1.0mg/L、Co < 3 ~ 5mg/L。砷、锑、锗的存在，影响原因同上，但影响更大，要求浓度低于0.1mg/L，浓度达1mg/L时，将使锌电积无法进行。

（2）电解液温度的影响。温度升高，氢超电位下降，使析出锌的同时，也析出氢气，电流效率下降。

（3）电解液酸度的影响。酸度大，氢电极电位下降，更易析出。另外酸度大，锌易与酸起反应，它影响电流效率。

（4）阴极上的表面状态及电解周期的影响。阴极表面粗糙，则表面积大，氢超电位下降，易析出氢。另外锌也更容易与溶液起反应而溶解。电解时间长，阴极上可能长出长刺，严重时可使电极短路，影响电流效率。

（5）其他影响，如锌离子浓度、电流密度、漏电等。锌电积要加入一定的添加剂，其作用是提高电流效率、电积锌质量和提高电积锌的剥脱能力等。添加剂一般由$SrCO_3$（硫酸与碳酸锶起反应生成硫酸锶）、胶（动物胶等）、吐酒石（$K(SbO)C_4H_4O_6$）组成。

电积锌中铅含量不易达到要求。溶液中的Pb^{2+}主要来自阳极（铅－银合金），是阳极电化学反应溶解的结果。进入溶液中的铅易在阴极上析出，影响电积锌的铅含量。另外阳极泥中含PbO_2，造成机械夹带。减少电积锌中铅含量可以采取的方法：一是加入$SrCO_3$，与硫酸反应生成$SrSO_4$，与$PbSO_4$形成混晶沉淀除去。二是如果溶液中含有（或加入）一定的Co^{2+}，因其能降低阳极放电电位，减少了阳极腐蚀，进而减低铅含量。加入的胶易在电积锌的突出不均匀部位吸附，阻止其继续增长，进而能阻止氢的析出和锌的溶解等。加入吐酒石是使锌易剥脱。当阴极上的Al_2O_3膜被破坏或有凹陷时，锌不易剥脱，加入吐酒石后，因：

$$K(SbO)C_4H_4O_6 + H_2SO_4 + 2H_2O = Sb(OH)_3 + H_2C_4H_4O_6 + KHSO_4 \quad (7\text{-}12)$$

反应生成的胶体 $Sb(OH)_3$ 带正电，吸附在铝板上，形成一层膜，使锌易剥脱下来。

7.3.2.2 湿法炼锌工艺

锌精矿湿法冶炼过程中将锌从固态物料转换为可溶态主要有两种方法：一种是先将锌精矿焙烧，然后浸出焙砂；另一种是直接浸出锌精矿。锌精矿焙烧过程中产生的二氧化硫，必须经过处理转化为硫酸，而直接浸出锌精矿过程中通常硫是以元素硫的形式收集，故形成湿法炼锌的三大主要工艺：硫化锌精矿焙烧－浸出、硫化锌精矿直接浸出工艺、氧化锌矿和氧化锌烟尘直接酸浸出。

硫化锌精矿焙烧－浸出工艺包括常规浸出、热酸浸出－黄钾铁矾法、热酸浸出－针铁矿法、热酸浸出－喷淋除铁法和高压浸出－赤铁矿法。根据统计国内外目前有 20 多家工厂采用热酸浸出－黄钾铁矾法法生产，如挪威锌公司电锌厂、澳大利亚里斯顿锌厂。该法的主要优点为：流程简单、投资少、见效快、锌浸出率较常规法有明显提高，可达95%～97%，但 Pb、Ag 及稀散金属进入矾渣中，不利于综合回收，矾渣中含有少量 Cd、As、Cu 等，易造成环境污染。

1965～1969 年比利时老山公司（Vieille Mon-tange）研究成功针铁矿法，简称 V. M. 法。该法的优点是渣量较少，约为铁矾渣量的 60%，不需要消耗碱试剂，尤其对回收稀散金属有利，如铟回收率可达 90% 以上，缺点是需增加一道还原工序，工艺流程较复杂，并需用还原剂，蒸汽消耗量较黄钾铁矾法约高 40%，因此该法的基建投资和经营费用较黄钾铁矾法要高，阻碍了该法的使用。

热酸浸出－喷淋除铁法具有流程简单，操作方便，经营费用低，投资省，对原料适应性强，不需要碱试剂，不需要还原、高温、高压过程等优点，使用于精矿来源复杂的中小型冶炼厂。锌回收稍低、渣含锌较高为此法的缺点。

高压浸出－赤铁矿法优点是金属回收高，原料的综合利用好，适于处理含 Au、Ag、Cu、In、Ge、Ga 高的原料，产出的石膏可作为商品出售，赤铁矿渣含铁高，经焙烧脱硫后可作为炼铁原料，实现“无废渣”冶炼，但因需要昂贵的钛材制造耐高温、高压设备，投资费用高，蒸汽消耗大，工艺也较复杂，因此尚未得到广泛采用。但随着环保要求的日益严格，材料设备的不断改进，该法今后必将获得很好的发展。

硫化锌精矿直接浸出工艺包括硫化锌精矿的氧压浸出 Sherritt 工艺、处理高硅硫化锌精矿的新工艺、奥托昆普湿法炼锌新工艺、硫化锌精矿催化氧化酸浸工艺和高铁硫化锌精矿直接浸出新工艺。

Sherritt 工艺对原料适应性强，能很好地处理通常对锌冶炼极为不利的含铁、铅、硅高的锌精矿；锌回收率高，可达 97% 以上，可取代传统的焙烧、制酸系统及渣处理工序，因而基建费用大幅度降低；不产生 SO_2 废气及湿法废渣，减少了硫及湿法废渣对环境的污染，产出的元素硫便于运输和储存；对 Pb、Cd 及贵金属的综合利用，也较常规方法有利。但因其对浸出设备的要求较高，引进技术的费用较大。故目前没有被广泛采用。随着国内外环保要求的日益严格，设备制造水平的不断提高，新材料研制的不断创新以及自动化程度的日益改进，相信这个先进工艺将在今后锌的生产上越来越多地被采用。

复习思考题

7-1 铅及其化合物、锌及其化合物的主要性质是什么？
7-2 鼓风炉还原熔炼法炼铅反应机理是什么？
7-3 简述鼓风炉还原熔炼法炼铅中金属氧化物的选择性还原特性。
7-4 简述炼铅冶炼的直接熔炼法有哪些，以及它们的优缺点。
7-5 炼铅新工艺的主要特点是什么？
7-6 简述湿法炼铅与火法炼铅的优缺点。
7-7 简述三氯化铁浸出－隔膜电解法的反应机理。
7-8 简述火法炼锌和湿法炼锌的特点。
7-9 锌焙砂中性浸出过程中 pH 值的影响情况是什么？
7-10 高温还原挥锌的处理方法是什么？
7-11 为什么锌焙砂浸出液需要净化？净化的目的是什么？以及有哪些净化方法？
7-12 在硫酸锌溶液电积法制取锌中，影响电流效率的因素主要有哪些？

参 考 文 献

[1] 梅光贵，王德润，周敬元，等．湿法炼锌学［M］．长沙：中南大学出版社，2001.
[2] 葛振华．我国铅锌资源现状及未来的供需形势［J］．世界有色金属，2003（9）：4～7.
[3] 陈志宇．我国铅锌资源状况及市场形势分析［J］．世界有色金属，2002（10）：7～10.
[4] 陈志宇，唐治亚，刘梦岐．我国铅锌工业竞争能力分析［J］．世界有色金属，2002（12）：10～12.
[5] 马永刚．铅锌精矿短缺制约我国铅锌工业长足发展［J］．世界有色金属，2002（2）：14～16.
[6] 戴自希．世界铅锌资源的分布、类型和勘查准则［J］．世界有色金属，2005（3）：15～23.
[7] 戴自希，张家睿．世界铅锌资源和开发利用现状［J］．世界有色金属，2004（3）：22～29.
[8] 王恭敏．解决我国有色金属资源严重短缺的对策［J］．世界有色金属，2004（5）：4～8.
[9] 黄仲权．我国铅锌工业发展的现状与对策建议［J］．世界有色金属，2004（8）：4～6.
[10] 杨大锦，等．湿法提锌工艺与技术［M］．北京：冶金工业出版社，2006.
[11] 彭容秋．铅锌冶金学［M］．北京：科学出版社，2003.
[12] 何蔼平，等．面向二十一世纪我国铅冶炼技术的改造和发展思考［J］．有色金属，2000（6）：2～6.
[13] 冯桂林，何蔼平．有色金属矿产资源的开发及加工技术—提取冶金部分［M］．昆明：云南科技出版社，2000：303～319.
[14] 徐培伦．西北铅锌冶炼厂 QSL 反应器开炉实践［J］．有色冶炼，1998（7）：17～19.
[15] 李炬，等．西北铅锌冶炼厂 QSL 炼铅工艺的技术改造［J］．有色冶炼，1997（3）：1～8.
[16] 林廷芳，等．水口山炼铅法（SKS 炼铅法）的新进展［A］．全国重冶新技术新工艺成果交流大会文集［C］．北京，1998：144～149.
[17] 郑若锋．含银铅精矿湿法冶炼工艺研究［J］．四川化工与腐蚀控制，1999，1（1）：22～25.
[18] 王德全，付一鸣．湿法炼铅的发展状况［J］．有色金属（冶炼部分），1998（6）：5～7.
[19] 刘大星，蒋开喜，王成彦．湿法冶金技术的现状及发展趋势［J］．有色冶金．2000（4）：16～22.
[20] 杨显万，邱定蕃．湿法冶金［M］．北京：冶金工业出版社，1998.
[21] 刘长水．含银铅锌硫金矿湿法综合回收工艺研究［J］．南方冶金学院学报，1995（16）：37～46.
[22] 杨声海，唐谟堂．铜锌银硫精矿冶炼新工艺［J］．湿法冶金，2000，19（2）：30～36.